太湖西部水文情势与环境生态研究

王雪松 洪 昕
王晓杰 李 骏 ◎ 主编

河海大学出版社
·南京·

图书在版编目(CIP)数据

太湖西部水文情势与环境生态研究/王雪松等主编
. -- 南京：河海大学出版社，2022.12
 ISBN 978-7-5630-7953-7

Ⅰ.①太… Ⅱ.①王… Ⅲ.①太湖-水文情势-研究
②太湖-环境生态学-研究 Ⅳ.①P344.253②X171

中国版本图书馆 CIP 数据核字(2022)第 251453 号

书　　名	太湖西部水文情势与环境生态研究
书　　号	ISBN 978-7-5630-7953-7
责任编辑	章玉霞
特约校对	袁　蓉
封面设计	徐娟娟
出版发行	河海大学出版社
地　　址	南京市西康路 1 号(邮编:210098)
电　　话	(025)83737852(总编室)　(025)83722833(营销部)　(025)83787107(编辑室)
经　　销	江苏省新华发行集团有限公司
排　　版	南京布克文化发展有限公司
印　　刷	广东虎彩云印刷有限公司
开　　本	710 毫米×1000 毫米　1/16
印　　张	14.5
字　　数	299 千字
版　　次	2022 年 12 月第 1 版
印　　次	2022 年 12 月第 1 次印刷
定　　价	89.00 元

编写委员会

审定：王雪松
审核：洪　昕

主编：王雪松　洪　昕　王晓杰　李　骏
统稿：王雪松　李　骏

编写人员：

第一章　王雪松　邵飞燕
第二章　王雪松　李　骏　王晓杰
第三章　王雪松　仲兆林　邵飞燕
第四章　李　骏　王雪松　张　鸽　纪海婷　陈佳瑜
第五章　李　骏　王雪松
第六章　王晓杰　王雪松
第七章　王雪松　李　骏　邵飞燕

参加人员：

张　喜　韩红波　黄　锴　张凌艳　赵　文　马　玲
夏玉林　强　娟　陈春伟　高建达　汪　姗　周　芸
华　晨

前言

PREFACE

太湖流域是以太湖为中心的湖泊河网系统,太湖湖泊面积为3 159 km²,蓄水总量为57.68亿m³,承担着流域防洪、水资源供给、水生态服务等重大功能。

2007年初夏,无锡市太湖水源地发生供水危机,太湖流域水污染问题由此凸显,也因此引起国家层面的重视,国家发展和改革委员会牵头组织编制了《太湖流域水环境综合治理总体方案》(以下简称《总体方案》),流域水环境综合治理拉开了序幕。

《总体方案》综合治理范围包括江苏省苏州、无锡、常州、镇江4个市共30个县(市、区),浙江省3个市共20个县(市、区)以及上海市青浦区的3个镇。《总体方案》远期2020年目标为:基本实现太湖湖体水质提高到Ⅳ类,部分水域达到Ⅲ类;富营养化趋势达到轻度-中度富营养水平;河网水(环境)功能区水质达标个数占总数的80%左右。

治太十余载,卓有成效,但太湖西部水域蓝藻水华尚未得到根本性遏制,水源地依然存在风险。太湖西部河网水(环境)功能区水质是否达到既定目标?水质是否稳定?污染物浓度的空间分异及变化趋势如何?河网及湖库等水体水生态是否复苏?其空间分异如何?研究并找到这些问题的答案可为《总体方案》的修编提供技术支撑,可为下一步太湖治理由治标到治本的转变提供思路。

太湖流域江苏境内面积为19 399 km²,占流域总面积的52.58%。太湖西部包括常州市全部和镇江市、无锡市部分区域;区域主要包括宜兴、溧阳、金坛山丘区,洮滆太平原河网以及运北沿江平原区,位于流域上游,山丘区降雨径流以及沿江口门引江水量均通过河网汇入太湖,山丘区河流均为太湖之源,太湖则为西部河网之终点。常州市位于太湖流域上游西部边界与太湖西岸之间,河网、湖泊等水体水环境状况、水文情势、水污染物迁移规律以及水污染物通量交换对太湖有着直接影响。常州市的水资源、水环境、水生态"三水"问题能够代表太湖西部上游地区，其城市"三水"问题具有典型性。研究常州市的"三水"问题对于太湖流域治理具有较大的现实意义。

本书以常州市为研究范围，以2019年作为现状年，收集了太湖流域上游典型城市河网水文水资源、水环境、水生态大量实测数据，分析研究了不同水雨情、工情组合下太湖西部边界最新水文情势及其变化规律，主要河流沿程流量变化，主要河流交汇处水量变化规律，典型城市出入境水量时空分布特征；研究了分片区代表河流、湖库水环境现状、特征污染物浓度近十年以来的历史变化趋势，代表湖库现状营养状态及其变化趋势，进而分析研究了太湖西部自上游至下游水环境质量空间梯度特征；分析评价了太湖西部各片区以及典型城市河网现状水（环境）功能区水质达标率，典型城市主要河道污染物浓度时空分布及变化；自上而下分析研究了从洮湖到滆湖再到太湖之间污染物通量的交换，年内、年际变化及空间分异，给出了区域污染物通量特征及其空间格局；分析研究了水文情势、水环境特征构成的水生境驱动下的水生态空间分异。太湖上游地区水环境治理取得的成效和存在的问题可以从本书中找到一些答案；本书可望为科研人员研究水资源、水环境、水生态"三水"融合以及太湖流域可持续发展提供参考，期望本书的出版能为今后的太湖治理作出贡献。

目录

CONTENTS

第一章 概况 ·· 001
   1.1 水资源分区 ·· 001
      1.1.1 分区原则 ·· 002
      1.1.2 分区成果 ·· 002
   1.2 研究范围 ·· 004
   1.3 水系特征 ·· 005
   1.4 社会经济特征 ·· 009
      1.4.1 自然概况 ·· 009
      1.4.2 社会经济发展特征 ··· 010
   1.5 水文气象特征 ·· 010
      1.5.1 气象特征 ·· 010
      1.5.2 水文特征 ·· 010

第二章 研究方案设计 ·· 014
   2.1 水文情势 ·· 014
      2.1.1 试验区域选取 ·· 014
      2.1.2 研究情景设计 ·· 015
      2.1.3 监测研究方案 ·· 016
   2.2 水环境 ··· 017
      2.2.1 监测对象选取 ·· 017
      2.2.2 监测研究方案 ·· 017

2.3 水生态健康 ·· 018
　　2.3.1 研究方法 ·· 018
　　2.3.2 研究对象选取 ·· 022
2.4 污染物通量 ·· 023
　　2.4.1 监测对象选取 ·· 023
　　2.4.2 监测研究方案 ·· 024

第三章　典型城市水文情势及水资源格局 ································· 028
3.1 雨水情及工情分析 ·· 028
　　3.1.1 雨情 ·· 028
　　3.1.2 水情 ·· 030
　　3.1.3 工情 ·· 033
3.2 水文情势分析 ·· 037
　　3.2.1 主要河道沿程流量变化 ·· 037
　　3.2.2 主要河道交汇处进出水量及变化规律 ······························ 041
3.3 水资源格局分析 ·· 049
　　3.3.1 入境水量及其时空分布 ·· 049
　　3.3.2 出境水量及其时空分布 ·· 050

第四章　水环境状况及影响因素 ··· 052
4.1 区域水环境状况 ·· 052
　　4.1.1 西部上游片水环境状况 ·· 052
　　4.1.2 洮滆片水环境状况 ·· 062
　　4.1.3 太滆片水环境状况 ·· 074
　　4.1.4 运北沿江片水环境状况 ·· 090
　　4.1.5 城区片水环境状况 ·· 094
　　4.1.6 区域水环境特征 ·· 099
4.2 典型城市水环境状况 ·· 103
　　4.2.1 出入境断面水质状况 ··· 103
　　4.2.2 污染物浓度时空变化及分布 ··· 106
　　4.2.3 典型城市水环境特征 ··· 120
　　4.2.4 水环境影响因素分析 ··· 121

第五章　区域污染物通量交换 ·· 123
5.1 入洮湖污染物通量分析 ··· 123

    5.1.1 年内污染物通量分析 ………………………………………… 123
    5.1.2 年际污染物通量分析 ………………………………………… 124
  5.2 出洮湖污染物通量分析 …………………………………………… 130
    5.2.1 年内污染物通量分析 ………………………………………… 130
    5.2.2 年际污染物通量分析 ………………………………………… 131
  5.3 入滆湖污染物通量分析 …………………………………………… 137
    5.3.1 年内污染物通量分析 ………………………………………… 137
    5.3.2 年际污染物通量分析 ………………………………………… 138
  5.4 出滆湖污染物通量分析 …………………………………………… 144
    5.4.1 年内污染物通量分析 ………………………………………… 144
    5.4.2 年际污染物通量分析 ………………………………………… 145
  5.5 太湖湖西入太湖污染物通量分析 ………………………………… 151
    5.5.1 年内污染物通量分析 ………………………………………… 151
    5.5.2 年际污染物通量分析 ………………………………………… 152
  5.6 区域污染物通量特征及通量交换空间格局 ……………………… 158
    5.6.1 区域污染物通量特征 ………………………………………… 158
    5.6.2 区域污染物通量交换空间格局 ……………………………… 158

第六章 区域水生态状况 …………………………………………………… 160
  6.1 西部上游片水生态状况 …………………………………………… 160
    6.1.1 简渎河 ………………………………………………………… 160
    6.1.2 茅东水库 ……………………………………………………… 166
  6.2 洮滆片水生态状况 ………………………………………………… 170
    6.2.1 钱资湖 ………………………………………………………… 170
    6.2.2 孟津河 ………………………………………………………… 175
  6.3 太滆片水生态状况 ………………………………………………… 181
  6.4 运北沿江片水生态状况 …………………………………………… 185
    6.4.1 澡港河 ………………………………………………………… 185
    6.4.2 王下河 ………………………………………………………… 191
  6.5 城区片水生态状况 ………………………………………………… 196
    6.5.1 老大运河 ……………………………………………………… 196
    6.5.2 南童子河 ……………………………………………………… 201
  6.6 区域水生态状况分析 ……………………………………………… 207

第七章 专题研究 ·· 208
7.1 沿江连续引水对区域水资源及水环境影响 ······································· 208
7.1.1 沿江连续机引水水质状况 ·· 208
7.1.2 滆湖以西河流水质状况 ··· 208
7.1.3 滆湖以东河流水质状况 ··· 209
7.2 典型城市强降雨主要污染物迁移 ·· 215
7.2.1 强降雨过程 ··· 215
7.2.2 河湖水位过程 ·· 216
7.2.3 水污染物浓度变化及空间分布 ··· 216

参考文献 ·· 220

第一章

概况

太湖流域面积3.69万 km^2,位于长三角南翼,北抵长江,南滨钱塘江,东临东海,西以茅山、天目山为界(水利部太湖流域管理局,2019)。

太湖流域地形特点为周边高、中间低,呈碟状,地貌分为山地、丘陵及平原。西部山丘区面积为 7 338 km^2,约占总面积的20%,山区高程为200～500 m(镇江吴淞高程,下同),丘陵高程为12～32 m;中东部广大平原区面积为29 557 km^2,分为中部平原区、沿江滨海高亢平原区和太湖湖区,中部平原区高程一般在5 m以下,沿江滨海高亢平原区地面高程为5.0～12.0 m,太湖湖底平均高程约为1.0 m。

太湖流域江苏境内面积19 399 km^2,占流域总面积的52.58%。太湖西部包括常州市全部和镇江市、无锡市部分区域;区域主要包括宜兴、溧阳、金坛山丘区、洮滆太平原河网以及运北沿江平原区,位于流域上游,山丘区降雨径流以及沿江口门引江水量均通过河网汇入太湖,山丘区河流均为太湖之源,太湖则为西部河网之终点。

常州市全部位于太湖西部,市域西部边界与太湖流域边界分水岭重合,东南部边界为太湖竺山湖水域,北部边界则为长江,是太湖西部典型城市。2020年,全市总面积4 372 km^2,占太湖流域江苏境内面积的22.5%。

1.1 水资源分区

水资源分区是水资源评价、规划、利用、管理的重要基础性工作,也是研究和指

本书计算数据因四舍五入原则,存在微小数值偏差。

导区域经济发展与生态环境的协调、实现区域资源和经济的互补性、利于社会经济和生态良性循环的基础性工作。水资源分区根据水资源的自然、社会和经济属性，按照开发、利用、治理、配置、节约、保护要求，将流域水系与行政区划有机结合起来，以提高基础资料的共享性和各种规划成果的可比性。

1.1.1 分区原则

根据全国水资源分区的总体要求和原则，考虑江苏省的实际情况，兼顾水资源的自然属性和开发利用要求，确定江苏省水资源分区的原则是：

（1）江苏省水资源分区总体上按照全国统一的分区进行，流域与行政区域有机结合，保持行政区域和流域分区的统分性、组合性与完整性，满足水资源评价、规划和管理的要求。

（2）高级分区应保持长江、太湖、淮河、沂沭泗等主要水系的整体性，以利于对流域、水系、水资源量及水资源利用进行分析。分区界限以水资源中地表水的区域形成（流域、水系）为主。自然条件相同的小河适当合并。

（3）低级分区应具有基本一致的自然资源、社会经济及开发治理条件，重视水资源利用的现状和规划可能，行政区内分区不宜过多、过细，基本满足水资源规划、管理的要求。

（4）分区边界条件较清楚，区域基本封闭，有一定的水文测验条件或调查资料可供计算和验证，具有可操作性。

（5）分区尽量满足并协调各项专业规划的基本要求，如防洪规划、水资源保护规划、生态环境规划、农业资源开发利用规划等。

（6）水资源分区是在一个时期内相对固定并带有一定强制性的分区模式，参照1980年以来制定的水资源评价分区和水资源利用分区，保持分区的一定延续性，并兼顾今后工程布局的可能变化，以利于各阶段评价分析成果之间的可比性。

1.1.2 分区成果

太湖流域为水资源长江区（一级区）中的二级区，按地形结合行政区，又分为4个三级区和8个四级区。二级区为太湖水系区；4个三级区分别为湖西及湖区、武阳区、杭嘉湖区、黄浦江区；8个四级分区分别为湖西区、浙西区、太湖区、武澄锡虞区、阳澄淀泖区、杭嘉湖区、浦东区、浦西区。详见图1.1-1。

太湖流域江苏境内水资源四级区包括湖西区、太湖区、武澄锡虞区、阳澄淀泖区和杭嘉湖区。其中武澄锡虞区（3 928 km²）全在江苏境内；太湖区（3 192 km²）除浙江境内环湖大堤向湖内70 m水面属于浙江省，其余范围均属江苏省；湖西区江苏境内面积7 481 km²，占湖西区总面积的99.10%；阳澄淀泖区江苏境内面积4 234 km²，占阳澄淀泖区总面积的96.38%；杭嘉湖区江苏境内面积564 km²，占

图 1.1-1　太湖流域(江苏)水资源分区示意图

杭嘉湖区总面积的 7.58%。

　　湖西区位于流域的西北部,东与武澄锡虞区和太湖区相接,南以苏浙两省分界线及宜溧山地(界岭)分水线为界,西与茅山及秦淮河流域接壤,北接长江。湖西区东侧边界为自德胜港与澡港分水线南下至新闸,又向南穿过京杭大运河接西控制线(武宜运河东岸、太滆运河北岸)至雪堰(新闸至坊前至雪堰),转向南沿雅浦港东岸直至太湖。湖西区地形复杂,高低交错,山圩相连;地势西北高、东南低、周边高、腹部低,腹部洼地中又有高地,逐步向太湖倾斜。湖西区位于太湖上游,是太湖洪水的来源地。区域排水以入太湖为主,以入长江为辅,部分洪水经运河东泄。腹部西、南两面受山洪威胁,北面有运河高片阻挡,太湖高水位时,东向排水受到顶托;运河以北排水受长江高水(潮)位影响。

　　太湖区位于流域中心,以太湖和沿湖山丘为一独立分区。行政区划分属江苏、浙江两省。其中浙江省管理浙江段环湖大堤迎水坡坡脚向湖内延伸 70 m,其余太湖水面由江苏省管理。太湖陆岸线 393.8 km(不计岛屿岸线),其中江苏 334.4 km,浙江 59.4 km。太湖大堤 282 km,其中江苏 217 km,浙江 65 km。太湖区水面面积 2 338 km²,太湖湖底平均高程为 1.0 m,非汛期平均水深基本不超过 2.0 m,设计洪水位 4.66 m 时平均水深 3.65 m。太湖上游洪水来自浙西、湖西山丘区和洮滆湖平原,以浙西来水居多。太湖洪水经望虞河北排长江、经太浦河东排黄浦江。

　　武澄锡虞区位于流域的北部,其西与湖西区接壤,南与太湖区毗邻,东以望虞河东岸为界,北滨长江。该区为平原区,地势周边高、腹部低,平原河网纵横交错。区内以白屈港为界分为高低两片,白屈港以西地势低洼,呈盆地状,为武澄锡低片;白屈港以东地势高亢,局部有小山分布,为澄锡虞高片。武澄锡虞区平原是产业集中区,江南运河贯穿而过,湖西山丘洪水易由运河东侵。该区无大型湖泊,水面率仅为6%,调蓄能力低,其排水出路为北排长江和东排望虞河,但长江高水位时受到顶托,南排太湖受水环境调度制约,防洪排涝压力较大。

太湖流域常州市境内水资源四级区包括湖西区、太湖区和武澄锡虞区。其中湖西区面积3 434 km²,占湖西区江苏境内总面积的45.90%;太湖区面积40 km²,占太湖区总面积的1.25%;武澄锡虞区面积888 km²,占武澄锡虞区总面积的22.61%。

1.2 研究范围

水文情势研究选择湖西、武澄锡虞、太湖区复杂边界的典型城市常州市武进区;水环境和水生态研究范围为常州市太湖水系区,包括湖西区、太湖区和武澄锡虞区,总面积4 362 km²。综合考虑地形、地貌和水系特征,把水环境和水生态研究范围划分为西部上游片、洮滆片、太滆片、运北沿江片、城区片。

西部上游片主要为溧阳市南部、西部和金坛区西部、北部区域,位于流域分水岭东侧,地形以山丘区为主,是流域上游主要河流的发源地。代表河流、水库有胥河、梅渚河、南河、中河、北河、丹金溧漕河、通济河、简渎河、薛埠河、沙河水库、大溪水库、茅东水库。

洮滆片主要为洮湖(长荡湖)与滆湖之间的区域,位于湖西区腹部,地形以平原、圩区为主。代表河湖有入洮湖河流方洛港、新河港、大浦港、仁河港、白石港、庄阳港、新建河;出洮湖河流湟里河、北干河、中干河;片区重要河流尧塘河;湖泊洮湖、钱资湖、滆湖。

太滆片主要为滆湖与太湖之间的区域,为湖西区、武澄锡虞区、太湖区交界区域,地形主要为平原河网、圩区。代表河湖有入滆湖河流湟里河、北干河、中干河、扁担河、孟津河、武南河、太滆运河(武宜运河西段);出滆湖河流漕桥河、烧香港、殷村港、高读港;入太湖河流直湖港、雅浦港、武进港、太滆运河、漕桥河、烧香港、殷村港、大浦港、城东港;片区重要河流武宜运河、太滆运河(武宜运河东段)、锡溧漕河、武进港、永安河;湖泊太湖竺山湖。

运北沿江片主要为京杭运河常州段以北至长江之间的区域,地形为沿江滨海平原区。代表河流有纵向通江河道浦河、新孟河、德胜河、剩银河、澡港河、新沟河;横向河道十里横河等。纵向通江河道口门均建有节制闸或水利枢纽控制。

城区片主要为常州市主城区范围,代表河流有苏南运河常州段、老大运河、南运河、北塘河、澡港河东支、横塘河、关河、大通河、采菱港等。

1.3 水系特征

研究区河流分属太湖流域南溪、洮滆太、湖区水系。

1. 南溪水系

南溪水系发源于宜溧山区,以南河(南溪河、宜溧漕河)为主要干流,沿途纳宜溧山区诸溪,串西氿、团氿和东氿三个小型湖泊,于宜兴经大浦港、城东港、洪巷港入太湖。河道主要在无锡宜兴和常州溧阳境内,全长117.5 km,流域面积3 091 km²。

干流上游段为胥河,胥河源于固城湖,横跨太湖流域与长江支流水阳江流域的分水岭,流经南京定埠镇后,东流至溧阳社渚镇王家渡入溧阳市接南河。胥河长30.0 km。

干流中游段分南北两支,南支为南河,西起高淳、溧阳边界,东流入宜兴,全长45.5 km;北支溧阳境内称为中河,长29.2 km;宜兴境内称为北溪河,长16.3 km。

干流下游段宜兴境内称为南溪河。南北两支干流均汇入宜兴西氿。

北河沟通南溪水系与洮湖,起于溧阳上沛、上兴、庆丰三乡(镇)交界处,上有上沛河、上兴河、竹箦河等支流汇入,流经前马镇、绸缪镇、别桥镇入洮湖。全长29.5 km。

丹金溧漕河、赵村河在溧阳城北汇入南河,武宜运河在宜兴城西汇入团氿,沟通了洮滆太水系。

南溪水系主要支流有梅渚河、朱淤河、湾溪河、溧戴河、新开港、屋溪河、汤桥河、丁村河、强埠河、上沛河、竹箦河等。

南溪水系是湖西山丘区洪水下泄的主要通道,境内洮、滆二湖是湖西区主要的调蓄性湖泊,对上游下泄的洪水有一定调蓄作用,同时具有区域水资源供给、渔业生产等功能。

2. 洮滆太水系

洮滆太水系位于湖西区中东部,为南溪水系以北、运河以南区域,其与运河平原区的分界线自镇江市丹徒区宝堰镇通济河起,沿胜利河接香草河向东至丹阳市南,转沿丹金溧漕河至常州市金坛区界,再向东沿鹤溪河与夏溪河的自然分水岭,穿扁担河至常州市南运河。水系由洮湖、滆湖、太湖及其关联河网组成。

洮湖西河网:以丹金溧漕河为南北纵向骨干,西连山丘区通济河、薛埠河、罗村河等承接山丘区雨洪;东有新河港、大浦港、白石港、庄阳港等泄西部洪水入洮湖调蓄,也是洮湖主要补给水源。丹金溧漕河纵贯南北,连接湖区、洮滆太、南溪三大水系,全长69 km。

洮湖与滆湖之间河网:主要有湟里河、北干河、中干河连接洮滆两湖,共同调蓄湖西区洪水;新开的新孟河南延段自江南运河至北干河纵向贯通两湖之间,可以为滆湖、涌湖、太湖及其河网补充优质长江水,同时具备区域洪水北排长江的功能,较大程度地提高了湖西区防洪排涝能力。

北部另有尧塘河、夏溪河沟通丹金溧漕河与滆湖,扁担河沟通江南运河与滆湖。

滆湖与太湖之间河网:常州境内主要有太滆运河、漕桥河;无锡宜兴境内有殷村港、烧香港、湛渎港。武宜运河纵贯南北,与以上河道交汇,沟通湖区、洮滆太、南溪三大水系。

3. 湖区水系

湖区水系又称沿江水系,是以苏南运河为横轴,北通长江、南接太湖,实现江湖水量交换的河系。可分为武澄锡子水系和运河子水系,武澄锡子水系主要有澡港河东支、北塘河、西横河(永汇河)、舜河等;运河子水系位于常州境内京杭运河以北以南地区,主要河道有新孟河、德胜河、澡港河、扁担河、武宜运河、采菱港、武进港、雅浦港等。

4. 典型城市河网

湖西区典型城市常州市武进区主要河流包括流域性河道新沟河、新孟河、苏南运河3条,区域性河道4条,跨县河道10条,重要县域河道5条,共计22条。其中主要出入境河流为:扁担河、武宜运河、采菱港、直湖港、锡溧漕河、武进港、雅浦港、太滆运河、漕桥河、夏溪河、湟里河、北干河、中干河。各河流基本情况分述如下。

(1) 新沟河

新沟河是太湖流域武澄锡虞区骨干通江河道之一,新沟河延伸拓浚工程从长江至石堰后分成两支,西支接三山港,东支接漕河、五牧河,西支平交、东支立交穿苏南运河后分别经武进港、直湖港与太湖相连,全线总长97 km。新沟河江边建48 m节制闸、180 m³/s泵站和Ⅴ级航道船闸。

河道主要功能是将直武地区经常性排水(5年一遇以下暴雨)南排太湖改为北排长江,减少入湖水量95%以上,削减直湖港、武进港入太湖污染物量。主要目的是促进太湖水体有序流动,从而改善北部湖湾水体水质,增强湖体和河网水体的有序流动,形成新的湖体循环。同时,通过工程合理的调度,增强区域河网水体的有序流动,提高水环境容量,改善河网水环境。在太湖水源地出现突发水污染事件时,应急调引长江水向梅梁湖送水,应急改善水环境,保障水源地供水安全;并可补充外调北部湖湾水体出湖的水资源量,提高流域、区域防洪除涝能力。

(2) 新孟河

新孟河延伸拓浚工程是《总体方案》中确定的提高水环境容量引排通道工程之一,同时是国务院批复的《太湖流域防洪规划》中提出的流域洪水北排长江的主要防洪工程之一,《太湖流域水资源综合规划》也将其作为流域水资源配置的重要引水河道。工程北起长江,自大夹江向南新开河道接老新孟河,沿老新孟河拓浚至苏南运河,立交过苏南运河后新开河道向南延伸至北干河,拓浚北干河连接滆湖、漕湖,拓浚太滆运河和漕桥河入太湖。兴建界牌水利枢纽、奔牛水利枢纽、两岸口门控制工程;对因河道拓浚、平地开河而受影响的沿线跨河桥梁进行拆建(新建、改建);对河道两岸受工程建设影响的水系进行必要的调整和处理。

其工程任务是加快太湖西北部湖区的水体流动,促进太湖湖体的水流循环,改善太湖、洮湖、滆湖特别是太湖西北部湖湾的水环境;提高流域和区域的防洪排水能力;配合流域其他引水工程可以满足流域枯水年的水资源配置要求;兼顾地区航运等。

(3)苏南运河(武进段)

苏南运河(武进段)起点为钟楼武进界,终点为常州无锡界,改线段沿途流经西太湖、牛塘镇、湖塘镇、高新区(北区)、遥观镇,全长28.11 km,历史最高水位6.42 m,历史最低水位2.42 m,常水位3.50 m,常水流方向自西向东,河道主要功能为行洪、航运、排涝等。

(4)扁担河

扁担河北起苏南运河,向南流经奔牛镇、邹区镇、卜弋镇、厚余镇,与孟津河交汇,是湖西区骨干河道,也是连接苏南运河和常溧线航道的市干线航道,全长15.5 km,常水流方向自北向南。其中武进境内长4.68 km,河道主要功能为行洪、引水、供水、航运等。

(5)南运河

南运河北起老运河(南运河桥)南至苏南运河河口,全长8.64 km,沿途流经牛塘镇,其中武进境内长2.34 km。常水流方向自北向南,河道主要功能为行洪、供水、航运等。

(6)武宜运河(常州段)

武宜运河(常州段)起点为江南运河改线段,终点为武进宜兴界,沿途流经牛塘镇、南夏墅街道、前黄镇,全长24.42 km,是武澄锡虞区低片的西控制线,也是洮滆高片主要的泄洪通道,常水流方向自北向南,河道主要功能为行洪、供水、航运等。

(7)太滆运河

太滆运河西起滆湖,沿线河港交错,与漕桥河相交后由百渎港东入太湖,沿途流经前黄镇、雪堰镇,武进境内全长23.91 km,常水流方向自西向东。太滆运河是武澄锡虞区低片的西控制线,是下泄滆湖到太湖区域洪水的主要通道之一。

(8)夏溪河

夏溪河起点为武进金坛界,终点为滆湖,沿途流经嘉泽镇,全长6.52 km,常水流方向自西向东,河道主要功能为行洪、排涝、供水、航运等。

(9)湟里河

湟里河西起洮湖,东接滆湖,是洮滆两湖间水量交换的重要河流。武进境内流经湟里镇,全长 8.82 km,常水流方向自西向东,河道主要功能为排涝、供水。

（10）北干河

北干河西起洮湖,东接滆湖,是洮滆两湖间水量交换的重要河流,也是新孟河清水通道之一。武进境内经湟里镇的西鲁村、后坊村、西墅村、东安村等四个行政村入滆湖,全长 10.16 km,常水流方向自西向东,河道主要功能为行洪、排涝、供水、航运等。

（11）中干河

中干河西起洮湖,东接滆湖,是洮滆两湖间水量交换的重要河流。武进境内流经湟里镇,全长 5.67 km,常水流方向自西向东,河道主要功能为行洪、排涝、航运等。

（12）孟津河

孟津河自北向南平行于滆湖西岸,起于武宜运河,流经西湖街道、嘉泽镇、湟里镇后进入宜兴,常州境内全长 27.83 km,常水流方向自北向南,河道主要功能为行洪、排涝、航运等。

（13）漕桥河

漕桥河西出滆湖,东入太湖。自尖头起经军民桥港、漕桥河港河入湖荡地区,过聚龙桥接武宜运河,经马庄、漕桥、芦漕到达百渎东,在分水墩与太滆运河合流,自百渎口入太湖,全长 21.5 km,其中武进境内长 2.18 km,常水流方向自西向东。漕桥河是新孟河清水通道之一,河道主要功能为行洪、排涝、航运等。

（14）锡溧漕河

锡溧漕河起点为无锡武进界,终点为武宜运河,沿途流经洛阳镇、礼嘉镇、雪堰镇、前黄镇,全长 23.27 km,现水流方向自西向东,河道主要功能为行洪、排涝、航运等。

（15）直湖港

直湖港北起江南运河,向南经无锡市洛社镇,常州市横林镇、雪堰镇,无锡市惠山区,在闾江口最终入太湖,全长 21 km,武进境内河道分为两段,长度为 2.02 km,其中横林段长约 1.02 km,雪堰段长约 1.00 km。新沟河工程实施后,河道底宽 20～30 m,底高 −0.50～0.00 m,河口宽约 60 m,河道主要功能为行洪、排涝、航运等。

（16）武进港

武进港北起江南运河,向南经遥观镇、横林镇、洛阳镇、雪堰镇,在龚巷村入太湖,是常州地区入太湖的主要河道,全长 28.12 km,河道主要功能为行洪、供水、航运等。

（17）雅浦港

雅浦港起点为直湖港(上湾),讫点为太湖(雅浦港闸),流经武进区和无锡市区,全长 8.9 km。其中,雅浦港武进段起点为武进无锡界,终点为太湖(雅浦港枢纽),沿途流经雪堰镇,长度 7.66 km。河道主要功能为排涝、航运等。

(18) 武南河

武南河起点为滆湖,终点为武进港,沿途流经西太湖、南夏墅街道、湖塘镇、礼嘉镇和洛阳镇,全长 19.6 km,河道主要功能为行洪、供水、景观等。

(19) 采菱港

采菱港起点为江南运河(雕庄),讫点为武进港,位于武进区境内,沿途流经武进高新区北区、湖塘镇、遥观镇、礼嘉镇,全长 12.49 km,河道主要功能为排涝、供水。

(20) 永安河

永安河北起采菱港,南至太滆运河,与苏南运河、太滆运河、武宜运河、武南河、武进港共同构成了武南地区"三横三纵"的引排水骨干河道,沿途流经湖塘镇、南夏墅街道、礼嘉镇、前黄镇,全长 16.92 km,在入太滆运河交汇处已建 16 m 永安河节制闸,属武澄锡虞区西控制线口门建筑物之一,河道主要功能为行洪、排涝、引水等。

(21) 三山港

三山港北起舜河,向南流经郑陆镇、横山桥镇、横林镇、遥观镇和丁堰街道,至江南运河(武进段)。武进境内长 13.84 km,实施新沟河延伸拓浚工程后,河道主要功能为行洪、供水、航运等。

(22) 丁塘港

丁塘港起点为北塘河,终点为老运河,全长 8.78 km,沿途流经青龙街道、丁堰街道,武进境内长 4.22 km,河道主要功能为排涝等。

1.4 社会经济特征

1.4.1 自然概况

常州地处江苏省南部、沪宁线中段,属长江三角洲沿海经济开放区,位于北纬 31°09′至 32°04′、东经 119°08′至 120°12′之间。北倚长江天堑,南与安徽省交界,东濒太湖与无锡市相连,西与南京、镇江两市接壤。

常州地貌类型属高沙平原,山丘、平圩兼有。西南为天目山余脉,西为茅山山脉,北为宁镇山脉尾部,中部和东部为宽广的平原、圩区。境内地势西南略高,东北略低,高低相差 1.5~2 m。2020 年底,常州市总面积 4 372 km²。

常州境内河道纵横交织,湖塘星罗棋布。著名的湖泊有洮湖、滆湖、太湖三大天然湖泊,并有沙河(天目湖)、大溪两大人工水库,贯通全境的京杭运河更是支流密布、脉脉相连,形成江河相通、三湖相连的水系网络。

1.4.2 社会经济发展特征

2019年，常州市常住人口473.6万人，城镇化率73.3%，低于太湖流域；人口密度为1 080人/km²，低于太湖流域平均水平；地区生产总值（GDP）为7 400.9亿元，人均GDP为15.639万元，是全国人均GDP的2.2倍，与太湖流域平均水平基本持平；总耕地面积228.78万亩[①]，人均耕地0.48亩，高于太湖流域平均水平；三产比例为2.1∶47.7∶50.2，其中第一和第二产业略高于太湖流域平均水平，第三产业略低于太湖流域平均水平。

1.5 水文气象特征

1.5.1 气象特征

常州市属北亚热带和中亚热带气候区，具有明显的亚热带季风气候特征。气候四季分明，冬季干冷，夏季湿热，光照充足，无霜期长，台风频繁，雨水丰沛。

冬季受蒙古高压控制，盛行偏北风，天气干燥寒冷。春季大陆高压衰退，太平洋副热带高压北进，锋面气旋活动频繁，雨量增多。6—7月，冷暖空气对峙，产生大范围锋面雨，时值江南梅子成熟，故称为梅雨期，也是太湖流域主要雨季。夏季受太平洋副热带高压控制，盛行东南风，水汽丰沛，天气湿热；受台风活动影响，出现暴雨天气。秋季副热带高压东移，大陆高压发展形成，天气稳定，秋高气爽，有时因极锋处于半静止状态，形成连绵秋雨。

1.5.2 水文特征

1. 降水

常州市多年平均年降水量为1 131 mm，各行政分区（天宁区、钟楼区、新北区、武进区、金坛区、溧阳市）多年平均年降水量为1 097～1 172 mm，受气候、水汽来源和地形等的综合影响，空间上分布总趋势为南部大于北部，西部大于东部，山区大于平原。

常州地区由于季风的强弱和来去时间的不稳定，降水量在年际和年内存在差异，从而造成降水及径流年、季分配不均匀，年际变化悬殊。

全年以夏季（6—8月）降水量最多，为486～509 mm，占年总量的42%～46%，南部少，北部多。冬季（12月至次年2月）降水量最少，为131～155 mm，仅占年总

---

① 1亩约为667 m²。

量的12%～13%,只及夏季降水量的1/4～1/3。春季(3—5月)降水量为254～303 mm,占年总量的23%～26%,其分布为东部少、西部多。秋季(9—11月)降水量为208～221 mm,占年总量的18%～19%。由此可见,降水量季节变化明显,雨量分配不均。

常州市最大月降水量一般出现在6月或7月,约占相应年降水量的16%,其中发生在6月中旬至7月上旬的梅雨期为主降雨期,降水量约占年降水量的23%;最小月降水量一般出现在12月,占相应年降水量的3%;最大与最小月降水量的比值约为5。汛期(5—9月)降水量占年降水量的62%,降水主要集中在6—8月,连续最大3个月降水量占年降水量的44%。4—10月为农作物生长期,即农业用水高峰期,生长期降水量约占年降水量的75%,详见表1.5-1。

表1.5-1　常州市多年平均降水量的年内分配

时段	最大月	最小月	高温干旱期	汛期	非汛期	最大连续3个月	农作物需水期
月份	6月	12月	7—8月	5—9月	10月至次年4月	6—8月	4—10月
占年降水量的百分比(%)	16	3	28	62	38	44	75

2. 蒸发

常州市水面蒸发的年内分配,主要受气温、湿度、风速、气压和太阳辐射强度等因素影响。根据沙河水库水文站蒸发观测资料统计,多年平均水面年蒸发量为845 mm。最大月蒸发量出现在7月或8月,7、8月两月合计蒸发量占全年总量的29%;最小月蒸发量均出现在1月,1月蒸发量仅占全年蒸发量的3%。最大连续4个月的蒸发量一般出现在5—8月,约占年蒸发量的50%;汛期(5—9月)蒸发量约占年蒸发量的60%;而农作物生长期(4—10月)蒸发量占蒸发量的77%。

3. 径流

常州市多年平均年地表径流量16.58亿 m³;年径流深379.2 mm;年径流量最大值发生在2016年,为65.11亿 m³;最小值发生在1997年,为4.21亿 m³。

4. 暴雨和洪水

(1) 暴雨

常州地区的暴雨主要有两种类型,一类是梅雨,一类是台风雨。

梅雨一般发生在6月中旬至7月上旬,此时,热带海洋气团与极地大陆气团形成极锋,从我国南岭北移至长江沿岸,锋面上常发生连续不断的气旋或低槽活动,加上水汽从西南方向源源不断地输入,形成阴雨连绵的气候,称为梅雨季节。梅雨型降水的特点是持续时间长、笼罩范围广、降雨总量大,一般占年降水量的20%～30%。一种年份的梅雨降水范围广、总量大、持续时间长,如1991年5—7月,梅雨期长达 55 天,全市面平均梅雨量达 878 mm,各雨量站梅雨量均在 660～1 020 mm;另一种年份的梅雨,不仅降水范围广、总量大,且降水强度特别大,如 2015 年,虽然梅雨总量仅比常年同期偏多 30%,但梅雨期内降水集中,尤其是常州市区,常州站最大 1 日、最大 3 日、最大 7 日降雨量均列历史第 1 位。

台风雨是由台风(热带气旋)穿过常州地区或经过常州邻近地区带来的降雨。常州地区年均受台风影响 2～3 次,一般在 5—10 月,但以 7 月下旬至 9 月中旬最为集中,尤以 8 月下旬至 9 月上旬最为频繁。台风雨的特点是雨强大,持续时间短,范围较小,易造成流域局部地区的洪涝灾害,如 2021 年第 6 号台风"烟花",于 7 月 27 日 7—10 时穿越溧阳南部山丘区,受其影响,常州市普降暴雨到大暴雨,溧阳平桥站过程累计雨量达 417 mm,最大 24 小时降雨量 239 mm,列历史第 1 位。

(2) 洪水

常州地区河湖发生超警戒、超保证水位以上的洪水一般在汛期(5—9 月),主要由区域性、流域性局部或连续强降雨造成,降雨量多、强度大、河湖水位创新高的代表年份有 1991 年、2015 年、2016 年。

1991 年,常州市 5 月 21 日入梅,7 月 14 日出梅,入梅时间比常年提早 29 天,梅雨期 55 天,全市面平均梅雨量达 878 mm,为常年梅雨量的 4 倍,梅雨期时长和梅雨量均列历史第 1 位。6 月 12 日至 14 日,连续三天全市范围暴雨,降雨过程延续到 6 月 16 日,全市面平均雨量达 282.6 mm,从而发生了第一次大洪涝。6 月 30 日晚开始,雨区中心一直在常州市南北徘徊,连续雨日达 12～14 天,常州站、金坛站、溧阳站累计雨量分别达 484 mm、554 mm、426 mm,从而发生了第二次大洪涝。由于暴雨接连不断,加上前期底水丰满,河湖水位猛涨,出现了 6 月份、7 月份两次大洪水,形成河湖水位全面超历史的局面,常州站最高水位 5.52 m,超过 1974 年最高水位,达历史最高。

2015 年 6 月,常州市区先后经历三次强降水过程。其中,全市于 16—17 日、26—27 日普降暴雨到大暴雨。降雨均集中在大运河沿线与沿江一带,常州市区两次成为苏南暴雨中心。常州站最大 60 分钟降雨量为 57.5 mm、最大 24 小时降雨量为 246.5 mm、最大 3 日雨量为 315.0 mm、最大 7 日雨量为 397.5 mm,均列有观测资料以来第 1 位。受持续性强降雨影响,河湖水位快速上涨并超警戒水位,大运河常州段水位先后于 6 月 17 日、27 日两次突破历史最高水位,大运河钟楼闸首次关闸,关闸后,闸上最高水位 6.43 m,闸下最高水位 6.08 m(关闸时)。大运河上游丹阳来水量大且来势凶猛,九里站最大实测来水流量达 499 m³/s(6 月 27 日)。暴雨洪水导致常州市区河湖水位居高不下,退水缓慢。

2016 年梅雨期间,太湖流域发生特大洪水,太湖最高水位达 4.87 m(7 月 8 日),仅低于 1999 年最高水位 4.97 m。常州市梅雨量为常年值的 2.6 倍,仅次于 1991 年,列历史第 2 位,主要雨日有 6 月 21 日、6 月 27 日和 7 月 1—4 日,降雨均达到暴雨、大暴雨级别。受强降雨及前期底水偏高等因素影响,河、湖、库水位出现明显上涨过程,6月28日起,主要站点普遍超警戒(汛控)水位;7月2日起,大溪水库站、沙河水库站、南渡站、河口站、王母观站、前宋水库站、溧阳站、黄埝桥站、坊前站、塘马水库站及金坛站共11个站点陆续超历史最高水位,于3—5日达最高水位,超历史最高水位0.06～1.00 m。常州站于7月5日出现最高水位6.32 m,仅次于2015年。河、湖、库洪水呈起涨快、退水缓慢、高水位维持时间长的特征。

5. 干旱和枯水

干旱通常指水资源总量少,不足以满足人类的生存和经济发展的气候现象,一般是长期现象。枯水是指无雨或少雨时期,江河流量持续减少,水位持续下降的现象。

从成因方面分析,某些年份的6月、7月,由于受副热带高压长期控制,久晴不雨,形成空梅,再加高温时间长,蒸发量大,湖泊、河道水位快速、持续下降,当年便会出现干旱。如1978年,常州市梅雨期仅2天,梅雨量不足10 mm,全年降雨量也仅为多年平均年降水量的49%。该年春汛小,空梅,高温持续时间长,春夏秋连旱。长期无雨造成河湖水位急剧下降,部分溪河断流,山区大量山塘、水库干涸。茅东水库站、大溪水库站、坊前站、漕桥站、黄埝桥站等最低水位均出现在1978年至1979年的冬春季节。常州站也在1979年1月份出现2.49 m的低水位,仅高于1968年的最低水位2.42 m。

常州市遭遇的偏枯年份主要有2011年、2013年、2019年。

2011年上半年,长江中下游地区出现了60年罕见的旱情。常州市1—6月降雨量持续偏少,累计面平均雨量较常年同期偏少6成以上。受长江中下游干旱天气影响,长江大通站5月1日出现自1950年以来同期最低水位5.25 m,而后随着上游三峡水库下泄流量的加大,大通站水位逐步上升。为缓解旱情,沿江水利枢纽加大了(翻)引水力度,补充内河水网,效果明显,但常州站4月、5月月平均水位仍分别较常年同期偏低0.03 m、0.08 m。

2013年,常州市梅雨呈入梅晚、出梅早、梅雨期短的特点,梅雨量较常年偏少近4成。主汛期,常州市高温晴热天数异常偏多,降雨持续偏少,气象部门先后开展了3次人工增雨作业,有效缓解了旱情。沿江魏村水利枢纽、澡港水利枢纽、小河新闸及镇江谏壁闸、九曲河闸全力利用高潮引水,有效抬升了区内河道水位。

2019年3月—7月,常州站累计降雨量为329.5 mm,为近20年同期平均值的51%,出现40年一遇较严重的干旱。同年9月中旬至11月下旬,常州市持续少雨,降水量为有气象记录以来最少,出现了中到重度气象意义上的干旱。针对旱情,常州市一方面调度提水浇灌,另一方面加大沿江口门引水力度,引水主要集中在5月份、11月份,尤其是11月份,受10月份降水异常偏少的影响,主要河湖水位偏低,沿江魏村水利枢纽泵站、澡港水利枢纽泵站分别开机引水24天、22天,全月引水量均列历年同期值第1位,对维持市区河网水位起到了重要作用。

第二章

研究方案设计

2.1 水文情势

2.1.1 试验区域选取

武进区地处太湖流域湖西区和武澄锡虞区的交界处，北依苏南运河，南临太湖。武宜运河以西、太滆运河以南为湖西区高片，武宜运河以东、太滆运河以北为武澄锡虞区低片。

湖西区高片由洮滆水系承接金坛和镇江丹阳来水、扁担河承接运河来水，注入滆湖调蓄，并在武宜运河东岸各交汇河流口门设闸控制。

武宜运河、南运河承接大运河来水，经武南河分流西入滆湖，另一部分水量南下出境入宜兴西氿。

武宜运河东岸、太滆运河北岸各口门控制闸多处于开启状态，仅在洪涝期分片排涝或片区保水时关闭，因此，常水期湖西区与武澄锡虞区河网畅通无阻。

武澄锡虞区低片河网通过武进港、雅浦港、太滆运河下泄太湖，2007年无锡供水危机后，为控制入太湖污染物，直武地区5年一遇以下洪水不入太，因此武进境内两处入太河流武进港、雅浦港以及相邻无锡直湖港节制闸常年关闭，而太滆运河未有节制闸控制，是区域唯一入太通道。另有漕桥河输送区域西南部边界水量入太。

为改善太湖梅梁湖水动力条件，2007年无锡供水危机后启动了梅梁湖泵站、大渲河泵站常年向大运河翻水，在一定程度上抬高了苏南运河常州下游段水位，该段水位的抬高和倒流使得苏南运河水进入锡溧漕河、直湖港,最终经太滆运河以及武宜运河—宜溧漕河—城东港入太,锡溧漕河水流方向有了较大的改变,太滆运河下泄太湖水量也因此增大,锡溧漕河逆流也顶托了太滆运河上游滆湖洪水的下泄,同时阻滞了武进腹部河网出路,改变了武南河流向,区域水文情势变得极为复杂。

由于下泄太湖受阻以及水文情势改变的双重作用,常水期湖西区与武澄锡虞区水量交换呈倒置状态,武澄锡虞区低片武进腹部河网水流缓慢,部分河网甚至长期处于停滞状态,水体自净能力下降,导致污染物浓度升高。

近年来,武进区全力加快污水收集处理系统建设,大力开展骨干河道、区级河道、乡镇河道清淤工程,实施滆湖备用水源地清淤、太湖湖西清淤、畅流活水泵站工程,全面推行河长制、省"263"专项行动、生态保护引领区建设等一系列任务,系统开展水环境整治专项行动,组织排口专项排查行动,聚焦控源截污、清淤活水、生态修复、长效管护,重点治理黑臭水体,治理成效不断突显,2018年武进区21个省级重点水功能区达标率从2016年的45.0%大幅提升至71.4%,创历史最高,但仍未达到最严格水资源管理制度考核控制目标的74%,同时,武进区全部省级水功能区双指标达标率仅为48.6%,多指标达标率低至27%,区域水生态环境状况仍不容乐观。

武进区位居太湖上游,同时是湖西区的下游,紧邻太湖;分属湖西、武澄锡虞、太湖区三大水资源分区,水系纵横交错,城市经济发达,人口稠密,水系边界与行政边界水文情势复杂多变,是太湖西部典型城市,选择该区域研究其水文情势、水资源格局,对于研究太湖西部水文水资源、水环境状况及其与太湖的相互关系、对太湖的影响具有较好的代表性。

2.1.2 研究情景设计

河网水动力条件、区域水文情势、水量交换与雨情、水情、工情密切相关。不同水期的雨水情和工情有多种组合,在分析研究历史组合工况的基础上,设计了在一个水文年(2019年4月—2020年3月)内可能出现的6种组合工况情景,详见表2.1-1。

表2.1-1 太湖西部典型城市水文情势研究设计工况组合

水期	工况组合		
非汛期	工况1:长江小潮、沿江节制闸引水	工况2:长江大潮、沿江节制闸引水	工况6:闸泵联合调度连续引水
汛期	工况3:长江小潮、沿江节制闸引水	工况4:长江大潮、沿江节制闸引水	工况5:台风期强降雨排水(魏村水利枢纽抽排)

根据以上设计工况组合,开展武进区复杂边界条件下水文情势全面监测与研究工作,分析研究武进区主要河流水量、水质的时空变化规律,探索出入境污染物通量及其变化过程,以期为区域水污染防治、水环境治理和水资源管理提供必要的

支撑。

(1) 评价区域水功能区水质现状,分析出入境河流历年水质演变和区域污染源现状;分析研判区域水环境胁迫因素。

(2) 研究不同雨水情、不同工况下主要河道流量变化规律。

(3) 研究苏南运河、武宜运河沿线各口门不同雨水情、不同工况下分流比。

(4) 研究主要河流重点交汇处流态及其变化。

(5) 研究出入境水量、水质及其时空分布,分析影响因素。

(6) 研究常州沿江连续开机引水影响范围、水质变化状况以及污染物迁移规律。

(7) 根据本研究主要结论,提出改善区域水资源问题、水环境问题初步意见和建议。

2.1.3 监测研究方案

区域水文情势发生了巨大变化,原有的监测站点的数量和位置已不能全面掌握区域水情变化。因此,在原有的监测站点基础上,增设武进区域边界口门控制以及内部河网节点控制的监测断面。

通过对研究区域出入境河道口门以及内部河网节点实施大规模、长时间、高频次水量水质同步监测,分类统计并研究不同雨水情、不同工况下出入境水量水质的变化规律以及研究区域内部重要节点水量水质变化规律、重要干流沿程水量分配和水质状况,识别区域水资源、水环境问题及其胁迫因素,提出初步意见和建议。

1. 监测指标

监测指标:流量、流向、水温、pH值、溶解氧、氨氮、高锰酸盐指数、化学需氧量、总磷、总氮。其中流量监测以流速仪桥测法为主,以走航式ADCP自动监测为辅。水质监测指标及分析方法详见表2.1-2。

表2.1-2 水质监测指标一览表

序号	项目	分析方法(标准)	备注
1	水温	温度计法(GB/T 13195—91)	现场测定
2	pH值	玻璃电极法(GB/T 6920—86)	现场测定
3	溶解氧	电化学探头法(HJ 506—2009)	现场测定
4	氨氮	纳氏试剂分光光度法(HJ 535—2009)	—
5	高锰酸盐指数	酸性高锰酸钾滴定法(GB/T 11892—89)	—
6	化学需氧量	快速消解分光光度法(HJ/T 399—2007)	—
7	总磷	钼酸铵分光光度法(GB/T 11893—89)	—
8	总氮	碱性过硫酸钾消解紫外分光光度法(HJ 636—2012)	—

2. 监测频次

（1）流量监测：每旬监测一次，遇特殊雨水情、沿江翻引（排）水、新沟河调水等特殊工情适时加测。

（2）水质监测：每月中旬监测一次，与流量测验同步采样，遇特殊雨水情、工情时进行加测。

（3）监测断面布设：本研究共布设监测断面33处，其中14处监测断面为已设断面，增设锡溧漕河欢塘桥等断面19处。应因沿江魏村、澡港2闸开机连续引水临时增设监测断面10处。

2.2 水环境

2.2.1 监测对象选取

2.2.1.1 区域水环境研究

按自然地理、水系、水文特征，将区域划分为西部上游片、洮滆片、太滆片、运北沿江片和城区片，分别选取片区内代表性水体开展区域水环境研究。

2.2.1.2 典型城市水环境研究

选取武进区为典型城市开展水环境研究。该地区地处太湖流域湖西区和武澄锡虞区的交界处，北依苏南运河，南临太湖，区域主要承接上游金坛区、常州市区来水，区域内河浜交错，水网密布，绝大部分属于武澄锡虞区低洼片，河网水流缓慢，因而该地区水环境具有典型性。

本次研究范围为武进区，重点为运南滆东区，分析范围扩展到滆西和沿江；研究周期为2019年4月—2020年3月一个水文年。

2.2.2 监测研究方案

2.2.2.1 监测站点布设

（1）区域水环境

西部上游片9条代表河流布设14个监测断面，10座代表水库布设10个监测断面，该片区内共布设24个监测断面。

洮滆片11条代表河流布设11个监测断面，3个湖泊布设5个监测断面，该片区内共布设16个监测断面。

太滆片25条代表河流（段）布设29个监测断面，1个湖泊布设1个监测断面，该片区内共布设30个监测断面。

运北沿江片7条代表河流布设11个监测断面。

城区片9条代表河流布设15个监测断面。

(2) 典型城市水环境

研究区域内主要河道 22 条，分别为苏南运河常州段、扁担河、夏溪河、湟里河、北干河、中干河、漕桥河、太滆运河、百渎港、武进港、雅浦港、武宜运河、南运河、武南河、太滆运河、永安河、锡溧漕河、采菱港、直湖港、三山港、固城河和增产河，布设 33 个监测断面。

2.2.2.2 监测项目及频次

监测项目：溶解氧、高锰酸盐指数、化学需氧量、氨氮、总磷、总氮等。

监测频次：区域水环境研究，每月监测一次；典型城市水环境研究，每月中旬监测一次，遇特殊雨水情、工情时进行加测。

2.2.2.3 监测评价方法

(1) 水质评价方法

根据《地表水环境质量标准》(GB 3838—2002)，河道水质评价项目选择溶解氧、氨氮、高锰酸盐指数、总磷，水库湖泊水质评价增加总氮，采用单因子评价法，水质综合评价按以参评指标中最差指标的水质类别作为评价结果。

(2) 湖泊营养状态评价

根据《地表水资源质量评价技术规程》(SL 395—2007)的相关规定，湖库营养状态应采用营养状态指数法进行评价，评价项目包括总磷、总氮、叶绿素 a、高锰酸盐指数和透明度。

2.3 水生态健康

2.3.1 研究方法

2019 年，江苏省出台了地方标准《生态河湖状况评价规范》(DB32/T 3674—2019)，于 2019 年 12 月 25 日施行。《生态河湖状况评价规范》中，河流指标体系包括水安全、水生物、水生境、水空间、公众满意度 5 个方面 13 项指标；湖泊（水库）指标体系包括水安全、水生物、水生境、水空间、公众满意度 5 个方面 15 项指标。河流、湖泊（水库）指标体系分别见表 2.3-1、表 2.3-2，评价标准和阈值分别见表 2.3-3、表 2.3-4。此后，常州市依据《生态河湖状况评价规范》，将"河湖健康状况评估"更名为"河湖生态状况评价"，根据常州市的河流水系特征优化增减部分指标进行河湖（库）生态状况评价，使评价更真实、准确、符合实际。

表 2.3-1　生态河流评价指标体系

指标类型	指标	权重	权重(不含集中式饮用水源地)
水安全	防洪工程达标率	0.07	0.09
	供水水量保证程度	0.06	0.09
	集中式饮用水水源地水质达标率*	0.06	0
	水功能区水质达标率	0.08	0.09
水生物	河流浮游植物多样性	0.07	0.07
	河流着生藻类多样性	0.07	0.07
水生境	生态用水满足程度	0.07	0.07
	水质优劣程度*	0.18	0.18
	河岸带植被覆盖度	0.07	0.07
水空间	岸线利用管理指数	0.10	0.10
	管理(保护)范围划定率	0.07	0.07
	综合治理程度	0.10	0.10
公众满意度	公众满意度	—	—

注：* 为否决项指标，其中集中式饮用水源地水质达标率和水质优劣程度参与评分。公众满意度不参与评分。对于有指标缺失项的河流，将缺失指标的权重平均分给该指标所在指标类型的其他指标。

表 2.3-2　生态湖泊(水库)评价指标体系

指标类型	指标	权重	权重(不含集中式饮用水源地)
水安全	防洪工程达标率	0.07	0.12
	集中式饮用水源地水质达标率*	0.07	0
	水功能区水质达标率	0.10	0.12
水生物	蓝藻密度	0.10	0.10
	大型底栖动物多样性指数	0.05	0.05
水生境	口门畅通率	0.05	0.05
	湖水交换能力	0.05	0.05
	主要入湖河流水质达标率	0.05	0.05
	生态水位满足程度	0.10	0.10
	水质优劣程度	0.08	0.08
	营养状态指数	0.08	0.08

续表

指标类型	指标	权重	权重(不含集中式饮用水源地)
水空间	水面利用管理指数	0.06	0.06
	管理(保护)范围划定率	0.06	0.06
	综合治理程度	0.08	0.08
公众满意度	公众满意度	—	—

注：* 为否决项指标，其中集中式饮用水水源地水质达标率和水质优劣程度参与评分，公众满意度不参与评分。对于有指标缺失项的湖泊(水库)，将缺失指标的权重平均分给该指标所在指标类型的其他指标。

表 2.3-3　河流生态状况评价标准和阈值

1	防洪工程达标率	公式	达标河流长度/评价河流总长度			
2	供水水量保证程度	公式	水位或流量达到供水保证水位或流量的天数/年内总天数			
		供水水量保证程度	[95%,100%]	[85%,95%)	[60%,85%)	[0%,60%)
		对照评分	100	[85,100)	[60,85)	[0,60)
3	集中式饮用水水源地水质达标率	公式	达标集中式饮用水水源地个数/评价河流集中式饮用水水源地总数			
4	水功能区水质达标率	公式	达标水功能区个数/评价水功能区总数			
5	河流浮游植物多样性	多样性指数	[3,4]	[2,3)	[1,2)	[0,1)
		对照评分	[85,100]	[65,85)	[40,65)	[0,40)
6	河流着生藻类多样性	多样性指数	[3,4]	[2,3)	[1,2)	[0,1)
		对照评分	[85,100]	[65,85)	[40,65)	[0,40)
7	生态用水满足程度	(10月至次年3月)最小日均流量占比	[30%,100%]	[20%,30%)	[10%,20%)	[0%,10%)
		对照评分	100	[80,100)	[40,80)	[0,40)
		(4—9月)最小日均流量占比	[50%,100%]	[40%,50%)	[30%,40%)	[10%,30%)	[0%,10%)
		对照评分	100	[80,100)	[40,80)	[20,40)	[0,20)
8	水质优劣程度	水质类别	Ⅰ、Ⅱ	Ⅲ	Ⅳ	Ⅴ	劣Ⅴ
		对照评分	[90,100]	[75,90)	[60,75)	[40,60)	[0,40)

续表

9	河岸带植被覆盖度	公式	河岸带植被覆盖面积/河岸带面积			
10	岸线利用管理指数	岸线利用率	已利用生产岸线长度/河岸线总长度			
		已利用岸线完好率	已利用生产岸线经保护恢复原状的长度/已利用生产岸线总长度			
11	管理(保护)范围划定率	公式	已划定管理(保护)范围的河流长度/评价河流总长度			
12	综合治理程度	公式	违法违章违规行为和设施长度/河岸线长度			
		综合治理程度	[0,0.01]	(0.01,0.02]	(0.02,0.05]	(0.05,0.1]	[0.1,1]
		对照评分	[80,100]	[60,80)	[40,60)	[0,40)	0
13	公众满意度		取所有公众满意度的平均值			
综合评估		评价等级	优	良	中	差
		得分范围	[90,100]	[75,90)	[60,75)	[0,60)

表 2.3-4　湖泊(水库)生态状况评价标准和阈值

1	防洪工程达标率	公式	达标堤防长度/现有堤防总长度			
2	集中式饮用水水源地水质达标率	公式	达标集中式饮用水水源地个数/评价湖泊(水库)集中式饮用水水源地总数			
3	水功能区水质达标率	公式	达标水功能区个数/评价水功能区总数			
4	蓝藻密度	蓝藻密度(万个/L)	[0,300]	(300,1 700]	(1 700,3 500]	(3 500,8 000)
		对照评分	[90,100]	[75,90)	[60,75)	[0,60)
5	大型底栖动物多样性指数	多样性指数	[2,3]	[1,2)		[0,1)
		对照评分	[80,100]	[60,80)		[0,60)
6	口门畅通率	顺畅状况	严重阻隔	阻隔	较顺畅	顺畅
		阻隔时间(月)	[4,12]	[2,4)	(0,2)	0
		年出入湖泊(水库)实测径流量与出入湖泊(水库)河流多年平均实测年径流量百分比	[0%,10%]	(10%,40%]	(40%,70%)	[70%,100%]
		对照评分	[0,60]	(60,75]	(75,100)	100

续表

7	湖水交换能力	湖水交换能力	[100%,150%]		[50%,100%)		[0%,50%)	
		对照评分	[80,100]		[60,80)		[0,60)	
8	主要入湖河流水质达标率	公式	年度水功能区达标次数/年度水功能区评价总次数					
9	生态水位满足程度	评价结果	年内日均水位均高于最低生态水位	日均水位低于最低生态水位,但连续3天平均水位不低于最低生态水位	连续3天平均水位低于最低生态水位,但连续7天平均水位不低于最低生态水位	连续7天平均水位低于最低生态水位	连续14天平均水位低于最低生态水位	连续30天平均水位低于最低生态水位	连续60天平均水位低于最低生态水位
		对照评分	100	75	50	30	20	10	0
10	水质优劣程度	水质类别	Ⅰ、Ⅱ	Ⅲ	Ⅳ	V		劣Ⅴ	
		对照评分	[90,100]	[75,90)	[60,75)	[40,60)		[0,40)	
11	营养状态指数	营养状态指数	中营养		轻度富营养	中度富营养		重度富营养	
		指数	[20,50]		(50,60)	(60,80)		(80,100]	
		对照评分	[90,100]		[75,90)	[60,75)		[0,60)	
12	水面利用管理指数	水面利用管理指数	[98%,100%]		[95%,98%)	[80%,95%)		[0,80%)	
		对照评分	[90,100]		[75,90)	[60,75)		[0,60)	
13	管理(保护)范围划定率	公式	已划定管理(保护)范围湖泊(水库)面积/评价湖泊(水库)正常蓄水位面积						
14	综合治理程度	公式	违法违章违规行为和设施占用湖泊(水库)岸线的长度/湖泊(水库)岸线长度						
		综合治理程度	[0,0.02]	[0.02,0.05)	[0.05,0.1)	[0.1,0.2)		[0.2,1]	
		对照评分	(90,100] | [75,90)	(60,75)	(0,60)		0	
15	公众满意度		取所有公众满意度的平均值						
	综合评估	评价等级	优		良	中		差	
		得分范围	[90,100]		[75,90)	[60,75)		[0,60)	

2.3.2 研究对象选取

研究(评价)对象的选取是河湖健康评价中的一个关键问题,之所以选取不同的评价对象进行河湖健康评价,目的是要回答不同管理层面上关注的河湖健康问题。以河流为例,评价对象可以是河段、河流、区域内的多条河流等,其中河段的健康评价涉及的空间尺度最小,是基层水行政主管部门关注的重点,河流是地方政府关注的焦点,区域则可能涉及若干省或市或县(市、区)的多条河流和多个湖泊,是国家水行政主管部门或流域管理机构或省级水行政主管部门关注的重点。

根据水系和自然地理特征以及在流域中的位置,把常州市行政区域划分为西部上游片、洮滆片、太滆片、运北沿江片和城区片 5 个片区。按片区选取有代表性的河道(湖、库)进行健康状况评价。至今,已对常州市 30 余条河道(湖、库)进行了健康状况评价。考虑评价指标体系的一致性,本研究选取 2019 年以后采用《生态河湖状况评价规范》评价指标体系评价的河道(湖、库),其中将西部上游片的简渎河和茅东水库、洮滆片的钱资湖和孟津河、太滆片的永安河、运北沿江片的澡港河和王下河、城区片的老大运河和南童子河共 9 条河道(湖、库)的生态状况评价结果进行汇总统计,分析研究太湖西部不同片区水生态状况特征。

2.4 污染物通量

2.4.1 监测对象选取

根据区域水系特征,分析计算区域出入洮湖、出入滆湖和太湖湖西入太湖污染物通量。

(1) 滆湖

滆湖入湖河道主要有 22 条,分别为武南河、太滆运河、塘门港、杨庄港、士渎港、孟津河、湟里河、新渎河、横新河、狗涺浜、北干河、庙渎浜、王家渎口、中干河、彭渎、灌渎、元村河、大儒渎、蒋家渎、庄家渎、张五渎、亳渎。

滆湖出湖河道主要有 14 条,分别为漕桥河、油车港、下底浜、小沟浜、严沟浜、殷村港、烧香港、老烧香港、湛渎港、吴家渎、梅家渎、贺家渎、朱家渎、集义渎。

(2) 洮湖

洮湖入湖河道主要有 9 条,分别为涑渎河、新河港、大浦港、白石港、仁和港、清水港、庄阳港、后渎中河、北河。

洮湖出湖河道主要有 8 条,分别为前化村河、上黄河、华荡河、中干河、儒林中河、北干河、湟里河、新建河。

(3) 太湖湖西

太湖湖西入太湖河道主要为百渎港、殷村港、烧香港、社渎港、城东港、乌溪港、大浦港、洪巷港、官渎港等。

2.4.2 监测研究方案

2.4.2.1 监测断面布设

为较准确地掌握出入湖水量,将环湖进出口门均纳入巡测范围,并按河道规模等级、汇水条件、流量大小、流向等分别确定为重点断面和一般巡测断面,其中规模较小的或者不具备测流条件的小河沟以临近具备测流条件的河道类比计算或按照过水断面面积概化计算。

以重点断面为控制,通过巡测,按湖段建立重点断面与一般巡测断面的流量关系,通过加密重点断面监测频次,以重点断面流量推算该控制范围湖段的进出水量。

1. 滆湖

(1) 入滆湖

重点断面湟里河安欢溇桥控制塘门港塘门港桥、杨庄港杨庄港桥、士溇港士溇港桥、孟津河赤村桥、新溇河新溇河桥、横新河亭子桥、狗溇浜狗溇浜桥。

重点断面北干河红湖桥控制庙溇浜尧溇小桥、王家溇口王家溇口桥、中干河湖溇桥、彭溇彭溇桥、灌溇灌溇桥、元村河元村河桥、大儒溇溇新桥、蒋家溇蒋家溇桥、庄家溇庄家溇桥、张五溇张五溇桥、亳溇亳溇桥。

另外,还有重点断面武南河武南河中桥、太滆运河红湖大桥。

(2) 出滆湖

重点断面烧香港沈家桥控制殷村港王母桥、湛溇港湖陵桥、老烧香港塘溇桥、吴家溇吴家溇桥、梅家溇梅家溇桥、贺家溇贺家溇桥、朱家溇朱家溇桥、集义溇集义溇桥。

重点断面漕桥河军民桥控制油车港油车港桥、下底浜下底浜桥、小沟浜秦庄桥、严沟浜严家桥。

滆湖出入湖河道监测站点详见图2.4-1。

2. 洮湖

(1) 入洮湖

重点断面新河港下新河桥控制新建河坟上桥、涑溇河东山桥、大浦港大浦港桥、白石港白石港桥、仁和港仁和港桥、清水港清水港桥、庄阳港庄阳港桥、后溇中河后溇中河桥、北河北河桥。

(2) 出洮湖

重点断面北干河五叶大桥控制上黄河上黄东桥、华荡河防浪埂桥、湟里河下汤桥、中干河山下河桥、儒林中河尚方桥、前化村河高岭桥。

洮湖出入湖河道监测站点详见图2.4-2。

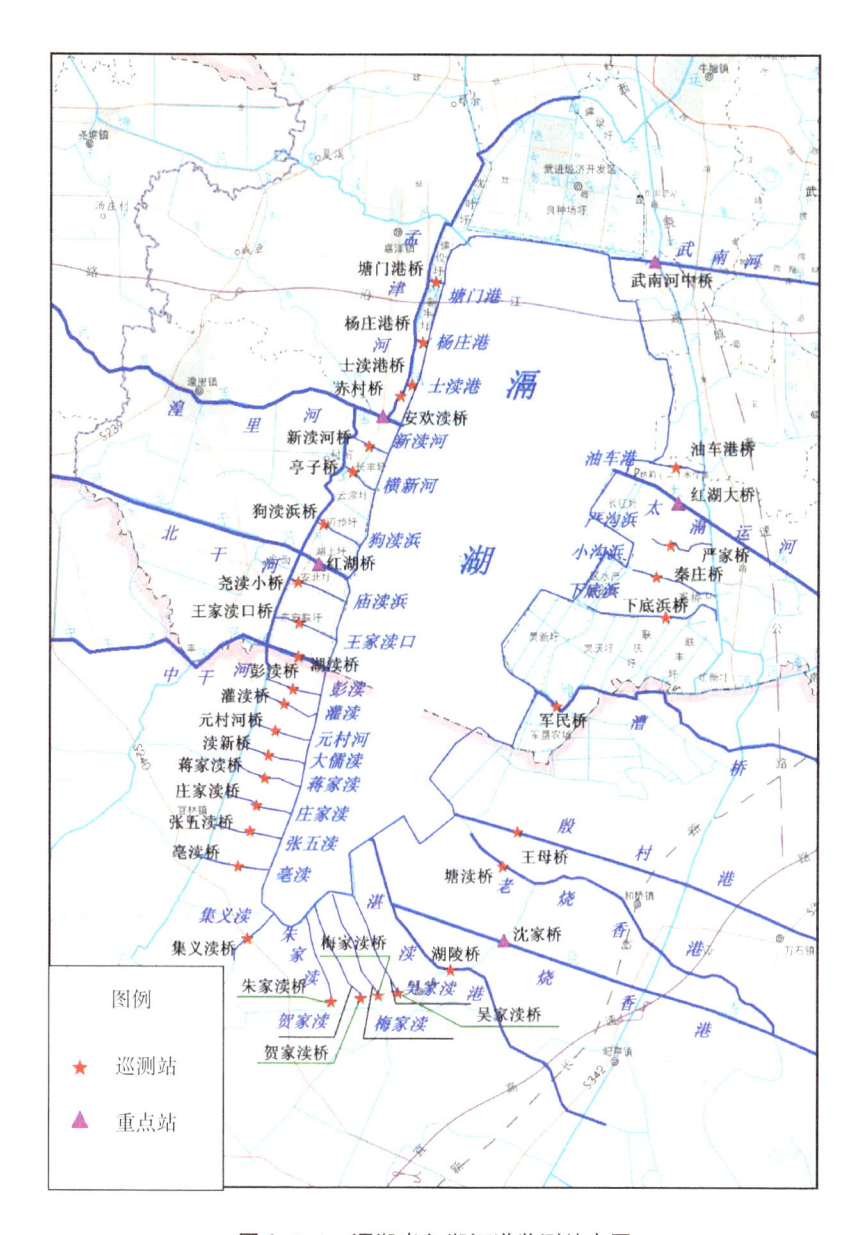

图 2.4-1　滆湖出入湖河道监测站点图

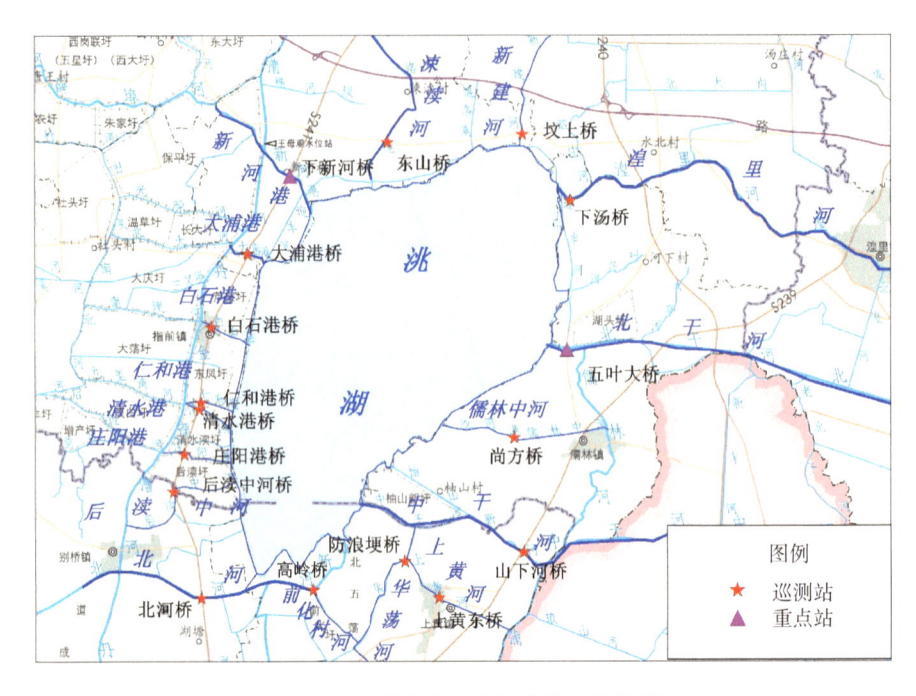

图 2.4-2　洮湖出入湖河道监测站点图

3. 太湖湖西

沿湖巡测线分为两个段,分别为浯溪桥段,重点断面浯溪桥,控制入湖河道 9 条;城东港桥段,重点断面城东港桥,控制入湖河道 14 条。详见表 2.4-1。

表 2.4-1　太湖湖西入太湖巡测断面统计表

序号	段、站	范围	重点断面	出入湖情况	控制河道
1	浯溪桥段	分水桥至师渎桥	浯溪桥	入湖	百渎港、殷村港、烧香港、师渎港等 9 条
2	城东港桥段	茭渎港的茭渎桥至乌溪桥	城东港桥	入湖	城东港、茭渎港、社渎港、官渎港、大浦港、林庄港、八房港、乌溪港等 14 条

2.4.2.2　监测项目及频次

监测项目:流量、流向、溶解氧、高锰酸盐指数、化学需氧量、氨氮、总磷、总氮等。

监测频次:常水期重点断面流量、流向每半个月监测一次,巡测断面每月监测一次;洪水期视水情变化,随时加密测次,测得完整洪水过程;水质与流量同步监测。

2.4.2.3 污染物通量计算方法

污染物通量主要根据各出、入湖口门断面的水量与水质监测成果计算,分为入湖污染物通量和出湖污染物通量。

采用时段平均浓度 C_i 与时段水量 Q_i 之积估算污染物通量,估算误差主要来源于选取的时段长短以及流量和水质监测断面、水情的代表性、水质分析方法、监测频率等。

$$W = \sum_{i=1}^{n} Q_i C_i$$

式中:W 为估算时间段的污染物通量;n 为估算时间段内的采样次数;Q_i 为时段水量;C_i 为样品 i 的浓度值。

第三章

典型城市水文情势及水资源格局

3.1 雨水情及工情分析

3.1.1 雨情

3.1.1.1 2019年雨情

1. 全市雨情

2019年全市面平均降水量为921.6 mm，较常年同期偏少18%；降水时空分布不均：在空间上，常州市区东部及溧阳南部多于其他地区，年降水量最大点为溧阳中田舍站的1 218.8 mm，最小点为滆湖坊前站的828.5 mm；在时程上，降雨主要集中在汛期，为565.2 mm，约占61%，汛前、汛后分别为253.5 mm、102.7 mm，各占28%、11%。

2. 主要降水过程

(1) 汛前(1—4月)降水

全市汛前面平均降水量为253.5 mm，较常年同期偏少12%，其中，常州市区面平均降水量为235.6 mm，为常年同期值的88%。主要降水过程有2月7—8日、2月12—13日。

2月7—8日，全市普降大到暴雪，累计面平均降雪量为9.6 mm；市区代表站常州站降雪量为27.1 mm。

2月12—13日，全市经历了一场较强降雨过程，其中12日全市中到大雨，降雨中心位于环太地区、溧阳市区及南部山丘区，13日全市小到中雨，累计面平均雨量为 34.8 mm;市区代表站常州站降雨量为 29.5 mm。

（2）汛期(5—9月)降水

全市汛期面平均降雨量为 565.2 mm,为常年同期值的 81%,较常年同期偏少近 2 成,其中,常州市区面平均降雨量为 574.2 mm,为常年同期值的 83%。

① 梅雨

常州市 6 月 18 日入梅,7 月 21 日出梅,梅雨期 34 天。2019 年常州入梅正常,出梅偏晚,梅雨期偏长,梅雨量较常年偏少一成多,降水时空分布不均,呈过程性、间歇性、局地性特点。全市面平均梅雨量为 209.9 mm,为常年同期值的 85%,其中,常州市区面平均梅雨量为 178.8 mm,为常年同期值的 73%。

梅雨期间,主要降雨过程有 6 月 18 日、7 月 6 日、7 月 12 日。

6 月 18 日凌晨起,全市普降中到大雨,局部暴雨,暴雨中心位于溧阳南部山丘区,全市面平均雨量为 41.3 mm,其中,常州市区面平均雨量为 37.3 mm;市区代表站常州站日雨量为 38.0 mm。

7 月 6 日,常州市区及金坛区普降中到大雨,溧阳市大到暴雨,暴雨中心位于溧阳中部地区,全市面平均雨量为 30.7 mm,其中,常州市区面平均雨量为 25.3 mm;市区代表站常州站日雨量为 28.5 mm。

7 月 12 日,全市普降大到暴雨,全市面平均雨量为 52.5 mm,其中,常州市区面平均雨量为 53.8 mm;市区代表站常州站日雨量为 55.0 mm。

② 台风

2019 年汛期,第 9 号台风"利奇马"于 8 月 10 日凌晨 1 时 45 分前后在浙江省温岭市沿海登陆,登陆时中心附近最大风力有 16 级(52 m/s),8 月 10 日 20 时在浙江省湖州市南浔境内减弱为热带风暴。受"利奇马"台风影响,常州市 8 月 10 日普降暴雨到大暴雨。9 日至 11 日 8 时,全市累计面平均雨量为 131.8 mm,其中,常州市区面雨量为 130.2 mm,市区代表站常州站累计雨量为 145.0 mm,最大 24 小时雨量为 139.0 mm,重现期约为 5 年。

（3）汛后(10—12月)降水

汛后全市累计面平均雨量为 102.7 mm,为常年同期值的 69%,其中常州市区面雨量为 97.9 mm,为常年同期值的 68%。降水时程分布极为不均,9 月中旬—11 月下旬全市累计降水量为 11.7 mm,为有气象记录以来最少,出现中到重度气象意义上的干旱。

3.1.1.2　2020 年 1—4 月份雨情

2020 年 1—4 月份全市累计面平均雨量为 282.7 mm,为常年同期值的 99%。降水时空分布不均;在时程上,主要集中在 1 月份和 3 月份;在空间上,总体呈南多北少态势。

3.1.1.3 雨情特点

(1) 2019年雨情特点

2019年全市降水量较常年同期偏少约2成,为平偏枯年份,9月中旬—11月下旬出现中到重度气象意义上的干旱;梅雨期偏长,梅雨量较常年偏少一成多,降雨呈过程性、间歇性、局地性特点;台风"利奇马"为常州市带来强降雨,常州站最大24小时降雨量约为5年一遇。

2019年常州市区降水量较常年同期偏少18%,经验频率P约为79%。降水时空分布不均,在时程分布上,2月、12月较常年同期偏多80%以上,3月、10月偏少70%以上;在空间分布上,降雨中心位于常州市区东北部天宁郑陆一带。

(2) 2020年1—4月雨情特点

2020年1—4月全市及市区面平均雨量均与常年同期值持平,降雨主要集中在1月份、3月份,与常年同期值相比,1月份明显偏多,4月份明显偏少;在全市范围内,降雨呈南多北少态势,在市区范围内,总体上呈西多东少态势;4月份出现一次较强降雨过程。

3.1.2 水情

3.1.2.1 市区主要河道水情

1. 2019年市区主要河道水情

(1) 汛前(1—4月)水位

汛前,常州市区主要河道水位较常年同期值普遍偏高;1—3月份,主要河道水位变化较平稳,月均水位变幅较小,4月份月均水位明显降低。受降水影响,2月中旬开始,主要河道水位持续上涨,至2月22日前后达到峰值,之后缓慢下降。市区主要河道月平均水位与常年同期值相比,1月、2月、3月明显偏高,分别偏高0.43~0.55 m、0.47~0.61 m、0.39~0.48 m,4月份偏高0.14~0.24 m。

(2) 汛期(5—9月)水位

汛期,市区主要河道月均水位与常年同期值持平或偏高,其中,5月份偏高0.03~0.17 m;6月份偏高0.09~0.13 m;7月份偏高0~0.10 m;8月份偏高较明显,偏高0.18~0.25 m;9月份偏高0.09~0.21 m。受第9号台风"利奇马"带来的强降雨影响,8月9—11日,常州市河道水位出现明显上涨过程,部分河道水位出现超警戒现象,场次洪水呈现起涨快、退水快、高水位维持时间不长的特点。

(3) 汛后(10—12月)水位

汛后,10—11月,受降雨明显偏少影响,市区主要河道水位呈持续下降趋势,12月份略有上升。

10月份,市区主要河道月均水位均较常年同期值偏低0.04~0.08 m;11月,受沿江口门持续调水引流影响,苏南运河常州站月均水位较常年同期偏高0.13 m,

市区南部的漕桥河漕桥站、太滆运河黄埝桥站分别较常年同期偏低 0.04 m、0.05 m；12 月，受降水偏多影响，市区主要河道月平均水位较常年同期偏高 0.05~0.24 m。

2. 2020 年 1—4 月市区主要河道水情

2020 年 1—4 月份，市区主要河道水位较常年同期值普遍偏高，1 月下旬受降水影响，出现一次明显涨落过程。受 1 月份降雨偏多影响，2 月份主要河道月均水位明显上涨，2—4 月，河道水位总体变化平稳，月均水位变幅较小。

市区主要河道月均水位与常年同期值相比：1 月份偏高 0.26 m~0.40 m，2 月份偏高 0.39 m~0.50 m，3 月份偏高 0.23 m~0.39 m，4 月份偏高 0.15 m~0.29 m。

市区主要河道月均水位与 2019 年同期值相比：1—3 月份偏低或基本持平，4 月份偏高或基本持平。

3.1.2.2 滆湖、太湖水情

1. 滆湖水情

（1）2019 年滆湖水情

2019 年，滆湖坊前站水位总体较常年同期值偏高。汛前，坊前站水位较常年同期值偏高，其中，1—3 月份明显偏高，月均水位比常年同期值偏高 0.44~0.56 m，4 月份偏高 0.16 m；2 月中下旬，受降水影响，坊前站水位出现一次明显的涨落过程，最高水位为 3.86 m（2 月 22 日），列有资料以来同期值第 1 位。汛期，坊前站除 7 月份月均水位较常年同期值偏低 0.04 m 外，其他月份偏高 0.12~0.17 m；受第 9 号台风"利奇马"带来的强降雨影响，8 月 9—11 日坊前站水位出现一次明显上涨过程，于 8 月 11 日 8 时 30 分达警戒水位，11 日 12 时 55 分出现年最高水位 4.18 m（超警戒水位 0.08 m），过程最大涨幅为 0.63m，超警戒持续时间约 32 h。汛后，受降水明显偏少影响，10—11 月份坊前站月均水位较常年同期值分别偏低 0.11 m、0.05 m；12 月份偏高 0.07 m。

（2）2020 年 1—4 月滆湖水情

2020 年 1—4 月份，滆湖坊前站水位较常年同期值偏高，总体变化平稳，月均水位变幅较小。与 2019 年同期相比，除 4 月份略偏高外，1—3 月均偏低；与常年同期值相比，1—4 月月均水位偏高 0.21~0.43 m；1 月下旬受降水影响，出现一次较明显上涨过程。

2. 太湖水情

（1）2019 年太湖水情

2019 年，太湖水位（环太湖的大浦口、小梅口、沙墩港、夹浦、西山 5 站平均水位）总体较常年同期值偏高。汛前，1—3 月份太湖水位较常年同期值明显偏高，月均水位偏高 0.42~0.49 m，4 月份偏高 0.13 m；汛期初期，太湖水位与常年同期值基本持平，中后期高于常年同期值，5—9 月，月均水位偏高 0~0.25 m；汛后，太湖水位持续下降，10—12 月月均水位偏低 0.10~0.18 m。

汛前受降水等影响,太湖水位自2月中旬起持续上涨,2月25日出现过程最高水位3.61 m,较常年同期值偏高0.59 m,高于防洪控制水位(3.50 m)0.11 m,列自1954年以来历史同期第1位。

汛期,太湖水位出现3次明显涨落过程:第一次受入梅后强降雨影响,6月17—20日、6月29日—7月1日、7月12—13日太湖水位出现明显上涨过程,涨幅分别为0.38 m、0.20 m、0.22 m;第二次受第9号台风"利奇马"带来的强降雨影响,太湖水位8月9—14日上涨0.40 m,最高涨至3.80 m(与警戒水位持平),下旬水位显著下降;第三次受倒槽、切变线带来的降雨影响,8月31日太湖水位再次上涨,9月6日1时至9日17时,太湖水位稳定在警戒水位3.80 m以上,形成太湖2019年1号洪水,9月7日15时涨至最高水位3.84 m,超警戒水位0.04 m,中旬开始回落。

(2) 2020年1—4月太湖水情

2020年1—4月太湖水位总体较常年同期值偏高。与2019年同期相比,除4月份略偏高外,1—3月均偏低;与常年同期值相比,1—4月均水位偏高0.17~0.42 m;1月下旬受降水影响,出现一次明显上涨过程,最大过程涨幅0.23 m。详见表3.1-1。

表3.1-1 2020年1—4月太湖平均水位统计表

	1月	2月	3月	4月	1—4月最高水位
月平均水位(m)	3.19	3.32	3.20	3.20	3.41 m(1月30日)
较常年同期值偏高(m)	0.25	0.42	0.23	0.17	

3.1.2.3 苏南运河水情

苏南运河沿线,自常州奔牛至下游无锡市区依次设有九里站、常州站、洛社站、无锡(大)站等水位、水文站。

据统计,入汛前的4月及汛期,苏南运河九里站、常州站、洛社站3站的上下游水位差较明显,非汛期水位差较小,个别时段内还出现水位下游高于上游的现象。

根据流量监测资料,研究期内,苏南运河横林东桥站分别于2019年6月17日、7月15日出现2次倒流现象,6月17日8时,苏南运河戚墅堰站、洛社站水位分别为3.56 m、3.52 m;7月15日8时,苏南运河戚墅堰站、洛社站水位均为3.81 m。苏南运河洛社站出现42次倒流现象,主要分布于2019年4月份及2020年1—2月份。

3.1.2.4 水情特点

(1) 2019年市区主要河湖水情特点

2019年汛前,市区主要河湖水位普遍较常年同期值偏高,底水较高。2月中下旬,受降水影响,主要河湖水位出现一次明显涨落过程:滆湖坊前站于2月22日达过程最高水位 3.86 m,列有资料以来同期值第 1 位;太湖平均水位于 2 月 25 日达过程最高水位 3.61 m,高于防洪控制水位(3.50 m)0.11 m,列自 1954 年以来历史同期第 1 位。

汛期,市区主要河湖月均水位与常年同期值基本持平或偏高;受第 9 号台风"利奇马"带来的强降雨影响,8 月 9—11 日,常州市河道水位出现明显上涨过程,部分河道水位出现超警戒现象,超警戒水位维持时间不长。9 月上旬,受倒槽、切变线带来的降雨影响,太湖发生 2019 年 1 号洪水,9 月 7 日出现年最高水位 3.84 m,超警戒水位 0.04 m,中旬水位开始回落。

10—11 月,受降雨明显偏少影响,全市主要河道水位呈持续下降趋势;10 月份,市区主要河道月均水位均较常年同期值偏低,11 月,受沿江口门持续调水引流影响,苏南运河水位较常年同期值偏高,市区南部的漕桥河、太滆运河等河道水位仍较常年同期值偏低。

（2）2020 年 1—4 月市区主要河道水情特点

2020 年 1—4 月份,市区主要河道水位总体变化平稳,较常年同期值普遍偏高,1 月下旬受降水影响,出现一次明显上涨过程。

（3）苏南运河水情特点

入汛前的 4 月及汛期,苏南运河九里站、常州站、洛社站 3 站的上下游水位差较明显,非汛期水位差较小,个别时段内还出现水位下游高于上游的现象。研究期内,苏南运河洛社站出现 42 次倒流现象,主要分布于 2019 年 4 月份及 2020 年 1—2 月份。

3.1.3　工情

3.1.3.1　沿江各枢纽引排水调度情况

（1）谏壁水利枢纽

2019 年,谏壁水利枢纽共引水 14.521 亿 m³,较 2018 年偏少 2.116 亿 m³,无排水;2020 年 1—4 月份,谏壁水利枢纽共引水 3.921 亿 m³,无排水。详见图 3.1-1。

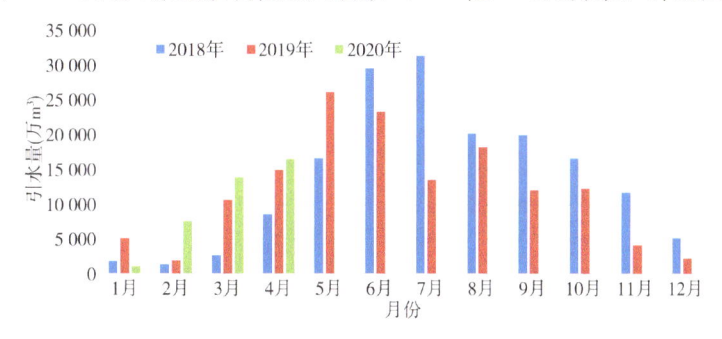

图 3.1-1　谏壁水利枢纽 2018 年、2019 年、2020 年 1—4 月份各月引水量柱状图

(2) 九曲河水利枢纽

2019年,九曲河水利枢纽共引水5.270亿 m^3,较2018年偏少0.473亿 m^3;共排水0.264亿 m^3,其中2月份、8月份分别排水0.162亿 m^3、0.102亿 m^3,较2018年偏多0.099亿 m^3;2020年1—4月份,九曲河水利枢纽共引水1.654亿 m^3,无排水。详见图3.1-2。

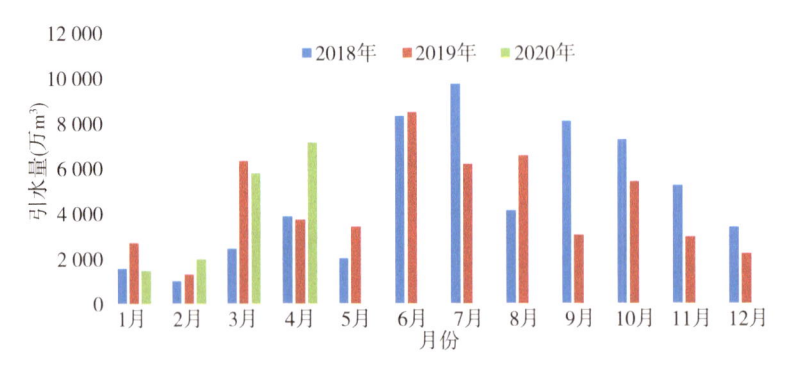

图 3.1-2 九曲河水利枢纽 2018 年、2019 年、2020 年 1—4 月份各月引水量柱状图

(3) 魏村水利枢纽

2019年,沿江魏村水利枢纽共开闸(泵)引水298天,最大引水流量190 m^3/s;开闸(泵)排水39天,最大排水流量115 m^3/s。共引水5.218亿 m^3,较2018年偏多1.543亿 m^3,较常年同期值偏多0.082亿 m^3;共排水0.563亿 m^3,较2018年偏少0.116亿 m^3,较常年同期值偏少0.187亿 m^3。

2020年1—4月份,沿江魏村水利枢纽共开闸(泵)引水104天,最大引水流量150 m^3/s,无排水;共引水1.388亿 m^3,较常年同期值偏多0.477亿 m^3。详见图3.1-3、图3.1-4。

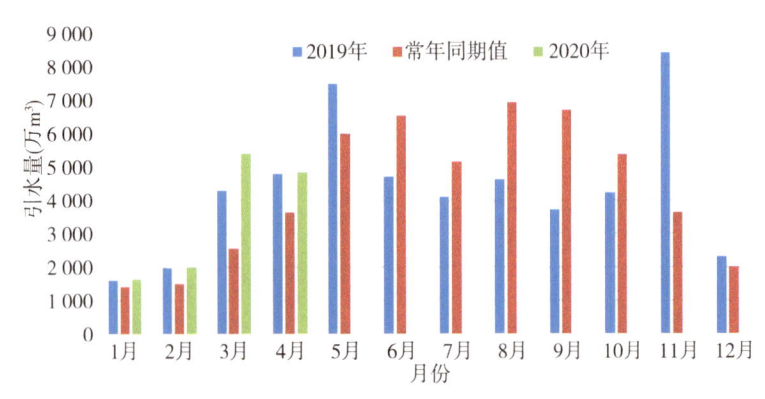

图 3.1-3 魏村水利枢纽 2019 年、2020 年 1—4 月份各月引水量及常年同期值柱状图

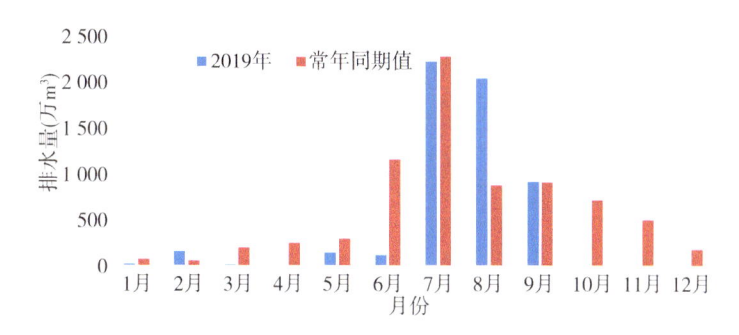

图 3.1-4　魏村水利枢纽 2019 年各月排水量及常年同期值柱状图

(5) 澡港水利枢纽

2019 年,沿江澡港水利枢纽共开闸(泵)引水 273 天,最大引水流量 108 m³/s;开闸(泵)排水 40 天,最大排水流量 80.8 m³/s。共引水 4.405 亿 m³,较 2018 年偏多 1.304 亿 m³,较常年同期值偏多 0.486 亿 m³;共排水 0.643 亿 m³,较 2018 年偏少 0.049 亿 m³,较常年同期值偏少 0.262 亿 m³。

2020 年 1—4 月份,沿江澡港水利枢纽共开闸(泵)引水 104 天,最大引水流量 113 m³/s,无排水;共引水 1.152 亿 m³,较常年同期值偏多 0.459 亿 m³。详见图 3.1-5、图 3.1-6。

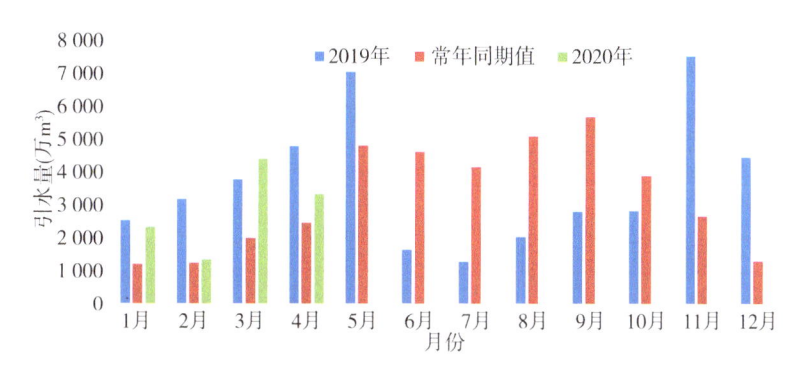

图 3.1-5　澡港水利枢纽 2019 年、2020 年 1—4 月份各月引水量及常年同期值柱状图

(6) 新沟河枢纽

2019 年,新沟河枢纽引水 66 天,共 1.247 亿 m³,集中在 10—12 月,各月分别引水 0.455 亿 m³、0.470 亿 m³、0.322 亿 m³;排水 88 天,共 2.687 亿 m³,集中在 7—9 月,2 月、3 月、5—9 月、11 月分别排水 0.286 亿 m³、0.276 亿 m³、0.083 亿 m³、0.116 亿 m³、0.353 亿 m³、1.164 亿 m³、0.393 亿 m³、0.016 亿 m³。

2020 年 1—4 月份,新沟河枢纽引水 33 天,共 0.626 亿 m³,集中在 1—3 月,各月分别引水 0.178 亿 m³、0.276 亿 m³、0.172 亿 m³;排水 34 天,共 1.110 亿 m³,集

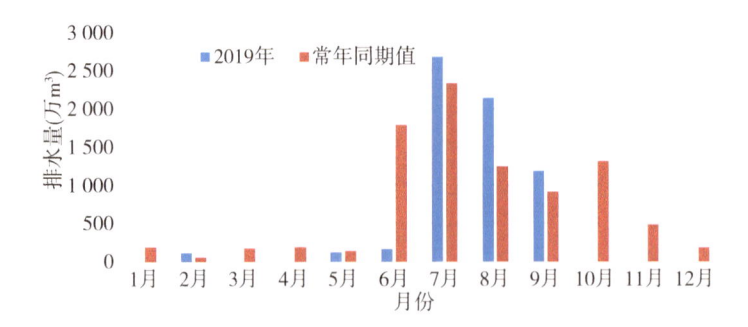

图 3.1-6　澡港水利枢纽 2019 年各月排水量及常年同期值柱状图

中在 3—4 月,各月分别排水 0.201 亿 m³、0.909 亿 m³。

3.1.3.2　环太各枢纽调度情况

(1) 武进港枢纽

2019 年,武进港枢纽于 8 月 11—13 日开闸向太湖排水,最大排水流量 86.2 m³/s,共排水 0.103 亿 m³,较 2018 年偏少 0.279 亿 m³。

(2) 雅浦港枢纽

2019 年,雅浦港枢纽分别于 7 月 13—19 日、8 月 10—13 日、9 月 2—17 日开闸向太湖排水,最大排水流量 74.5 m³/s,共排水约 0.574 亿 m³,较 2018 年偏多 0.053 亿 m³。

(3) 梅梁湖泵站

2019 年,梅梁湖泵站共开机 255 天,总翻水量 3.042 亿 m³。详见图 3.1-7。

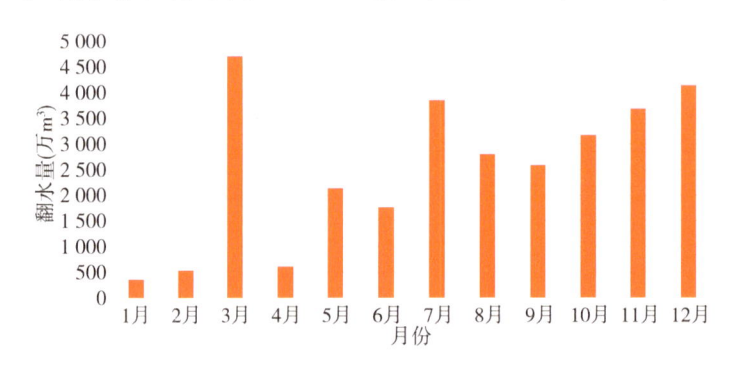

图 3.1-7　2019 年梅梁湖泵站各月翻水量柱状图

2020 年 1—4 月份,梅梁湖泵站共开机 92 天,总翻水量 1.328 亿 m³,各月翻水量分别为 0.509 亿 m³、0.448 亿 m³、0.354 亿 m³、0.017 亿 m³。

(4) 大渲河泵站

2019年,大渲河泵站共开机304天,总翻水量3.376亿 m³。详见图3.1-8。

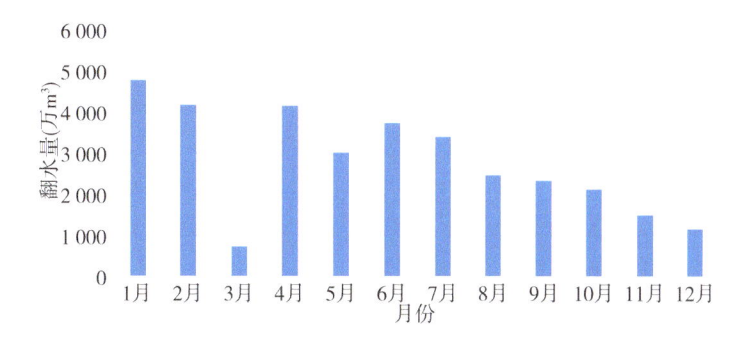

图 3.1-8　2019年大渲河泵站各月翻水量柱状图

2020年1—4月份,大渲河泵站共开机89天,总翻水量0.858亿 m³,各月翻水量分别为0.075亿 m³、0.083亿 m³、0.201亿 m³、0.499亿 m³。

3.1.3.3　工情特点

常州市2019年未发生大的洪涝灾害,降雨强度、水位涨幅、受台风影响程度均处于较低水平,9—11月出现中到重度气象意义上的干旱。

2019年,常州市沿江魏村水利枢纽、澡港水利枢纽引水量较常年同期及2018年偏多,排水量较常年同期及2018年均偏少。引水主要集中在5月、11月,尤其是11月,受10月降水异常偏少的影响,主要河湖水位偏低,沿江加大引水力度,魏村水利枢纽泵站、澡港水利枢纽泵站分别开机引水24天、22天,全月引水量均列常年同期值第1位,对维持市区河网水位起到了重要作用;排水主要集中在主汛期的7月、8月。2020年1—4月,常州市沿江魏村水利枢纽、澡港水利枢纽引水量较常年同期值偏多,主要集中在3月份。

2019年,由于市区主要入湖河道水位超警戒持续时间较短,环湖武进港、雅浦港总排水量较2018年偏少0.226亿 m³。

3.2　水文情势分析

3.2.1　主要河道沿程流量变化

(1) 苏南运河

苏南运河上下游共布设监测断面3处,分别为九里大桥、戚墅堰大桥和横林东桥。九里大桥至横林东桥段受区间河道分流影响,流量逐步减小,受下游无锡洛社站水位顶托,横林东桥段流速缓慢。苏南运河入境九里大桥断面最大实测流量为

238 m³/s,最小流量为－5.21 m³/s,平均流量为 53.9 m³/s,逆流 1 次,占比 2%,出现停滞(流量为 0)的次数为 7 次,占比为 14%;苏南运河出境断面横林东桥最大流量为 120 m³/s,最小流量为－20.2 m³/s,平均流量为 21.8 m³/s,出现倒流 2 次,占比为 4%,出现停滞(流量为 0)的次数为 9 次,占比为 18%。

研究期内,苏南运河沿程断面流量情况见表 3.2-1、图 3.2-1。由表 3.2-1 可知,研究期运河非汛期平均流量约为汛期平均流量的 2/5,最大流量是 8 月 11 日台风暴雨期的 238 m³/s。10 月 30 日—11 月 19 日,魏村水利枢纽和澡港水利枢纽先后开启泵站翻引长江水,根据工况 6 实测流量成果分析,连续引水期平均流量与研究期非汛期平均流量基本持平,常州市境内两水利枢纽连续机引长江水并未显著增大苏南运河流量。

表 3.2-1 苏南运河 2019 年 4 月—2020 年 4 月监测数据统计表

断面位置	汛期平均流量 (m³/s)	非汛期平均流量 (m³/s)	工况 1 平均流量 (m³/s)	工况 2 平均流量 (m³/s)	工况 3 平均流量 (m³/s)	工况 4 平均流量 (m³/s)	工况 5 平均流量 (m³/s)	工况 6 平均流量 (m³/s)
九里大桥	83.3	36.8	29.6	55.8	64.0	72.3	206	31.2
戚墅堰大桥	36.1	12.9	10.6	15.1	38.1	34.2	93.8	14.1
横林东桥	34.4	14.4	12.3	19.0	28.8	27.6	84.1	13.6

苏南运河九里大桥至横林东桥,流速逐渐减弱,流量减小,但上下游相关性相对较好。

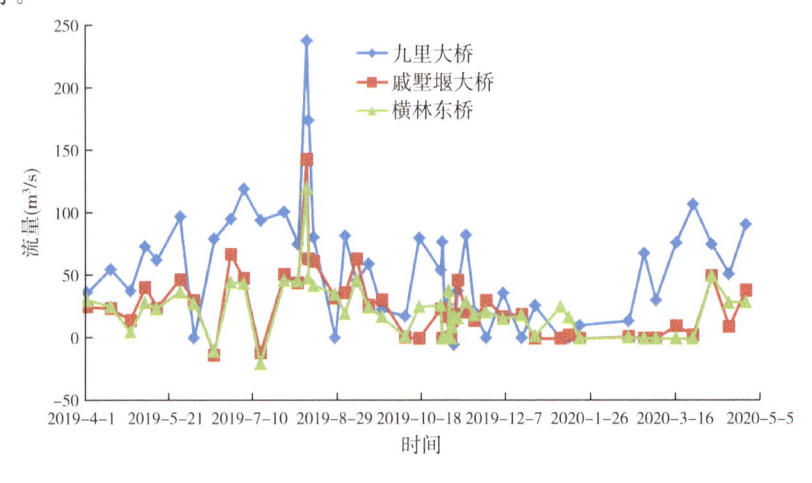

图 3.2-1 研究期苏南运河沿线实测流量演变情况示意图

(2)武宜运河和南运河

武宜运河为洮滆高片主要的泄洪通道,北端承接苏南运河来水。武宜运河和南运河沿线共布设断面 6 处,分别为南运河武宜河桥和武宜运河厚恕桥、武南路桥、西湖路桥、坊前桥、夏坊桥,其中夏坊桥为工况6(连续机引长江水)新增断面之一。武宜运河入境断面厚恕桥最大实测流量为75.1 m³/s,最小流量为－16.1 m³/s,平均流量为26.3 m³/s,逆流1次,占比为2%,出现在8月12日台风暴雨期;南运河入境断面武宜河桥最大流量为30.1 m³/s,最小流量为－12.0 m³/s,平均流量为11.7 m³/s,出现倒流1次,占比为2%,出现在8月12日台风暴雨期;武宜运河出境断面夏坊桥最大实测流量为16.7 m³/s,最小流量为0,平均流量为7.91 m³/s。

研究期武宜运河和南运河入境口门汛期、非汛期平均流量基本持平,非汛期长江大潮时段两入境口门平均流量约为长江小潮时段的2倍;汛期长江大潮时段略大于长江小潮时段,因此,武宜运河、南运河入境流量非汛期受长江潮汐变化和沿江水利枢纽引水影响显著,汛期同时受区间降雨径流影响。详见表3.2-2、图3.2-2。

表3.2-2 武宜运河和南运河2019年4月—2020年4月监测数据统计表

断面位置	汛期平均流量(m³/s)	非汛期平均流量(m³/s)	工况1平均流量(m³/s)	工况2平均流量(m³/s)	工况3平均流量(m³/s)	工况4平均流量(m³/s)	工况5平均流量(m³/s)	工况6平均流量(m³/s)
南运河(武宜河桥)	11.2	12	7.37	15.6	9.20	15.3	9.05	15.8
武宜运河(厚恕桥)	26.5	26.2	15.1	31.8	24.0	29.6	29.5	36.1
武宜运河(武南路桥)	32.4	28.9	19.1	34.3	27.5	40.5	—	37.3
武宜运河(西湖路桥)	11.8	6.70	4.33	7.18	11.3	12.8	—	9.46
武宜运河(夏坊桥)	10.0	6.80	7.86	6.43	9.14	11.6	—	5.72

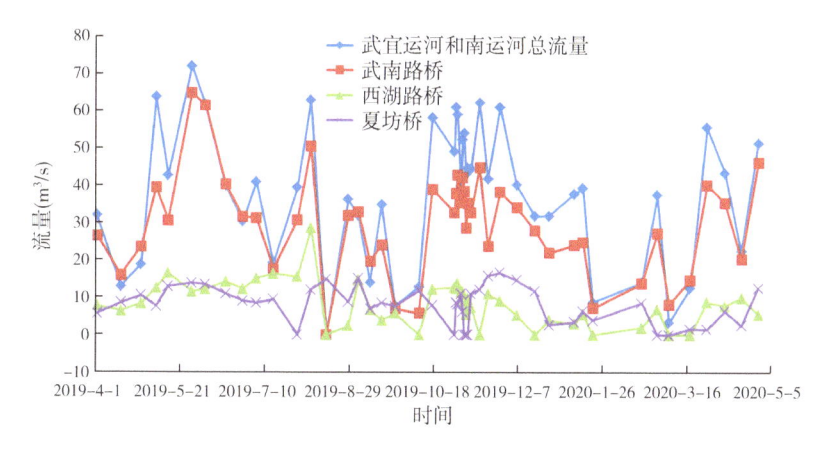

图3.2-2 研究期武宜运河沿线实测流量演变情况示意图

(3) 武进港

武进港沿线共布设断面2处,分别为慈溇大桥和戴溪大桥。武进港为新沟河的重要组成部分,北承苏南运河来水,经过遥观南枢纽后流入武南地区,沿程补充武进港支流水量,在东尖大桥处又与无锡锡溧漕河倒流来水汇合,因受下游出口武进港闸经常性关闸影响,水流下泄不畅,水流转道新、老锡溧漕河后分别流入武宜运河和太滆运河,最终汇入太湖。

武进港入境断面慈溇大桥最大实测流量为29.8 m³/s,最小流量为−36.5 m³/s(遥观南枢纽泵站翻排水流量),平均流量为10.9 m³/s;武进港戴溪大桥最大实测流量为86.1 m³/s,最小流量为0,平均流量为37.2 m³/s。详见表3.2-3。

表3.2-3 武进港2019年4月—2020年4月监测数据统计表

断面位置	汛期平均流量(m³/s)	非汛期平均流量(m³/s)	工况1平均流量(m³/s)	工况2平均流量(m³/s)	工况3平均流量(m³/s)	工况4平均流量(m³/s)	工况5平均流量(m³/s)	工况6平均流量(m³/s)
慈溇大桥	11.8	4.69	5.62	13.6	11.3	16.7	−0.28	−3.65
戴溪大桥	43.0	34.2	23.3	37.0	39.2	49.4	60.4	45.0

(4) 锡溧漕河

锡溧漕河武进境内常年处于逆流状态(从东往西流),沿线共布设断面4处,分别为欢塘桥、华渡桥、白巷桥和朱家渡桥。锡溧漕港入境断面欢塘桥最大实测流量为−64.0 m³/s,最小流量为0,平均流量为−25.9 m³/s;下游朱家渡桥最大实测流量为−51.6 m³/s,最小流量为0,平均流量为−19.5 m³/s;白巷桥最大实测流量为−52.9 m³/s,最小流量为0,平均流量为−25.4 m³/s。详见表3.2-4。

表3.2-4 锡溧漕河2019年4月—2020年4月监测数据统计表

断面位置	汛期平均流量(m³/s)	非汛期平均流量(m³/s)	工况1平均流量(m³/s)	工况2平均流量(m³/s)	工况3平均流量(m³/s)	工况4平均流量(m³/s)	工况5平均流量(m³/s)	工况6平均流量(m³/s)
欢塘桥	−29.9	−23.6	−13.9	−28.2	−25.1	−29.3	−55.7	−32.4
华渡桥	−42.0	−45.5	−31.8	−49.1	−37.4	−49.6	—	−60.7
白巷桥	−22.2	−27.1	−17.9	−25.0	−18.5	−28.3	—	−40.5
朱家渡桥	−18.1	−20.3	−22.1	−28.2	−17.3	−19.4	—	−11.9

锡溧漕河欢塘桥断面平均流量汛期略大于非汛期;在沿江节制闸引水的同等条件下,非汛期长江大潮平均流量约为长江小潮平均流量的2倍,汛期长江大潮平均流量略大于长江小潮平均流量;8月10—12日"利奇马"台风期(工况5)锡溧漕河来水流量较台风暴雨前增大86.3%。

锡溧漕河华渡桥断面主要来水水源为锡溧漕河，研究期水流变化规律与欢塘桥类似。华渡桥下游非汛期老锡溧漕河分流量略大于新锡溧漕河，汛期老锡溧漕河分流量小于新锡溧漕河。

(5) 太滆运河

太滆运河是新孟河工程的重要组成部分，河道流量受滆湖、武宜运河、锡溧漕河等来水的影响，根据沿线不同影响因素共布设断面 6 处，分别为红湖大桥、红星桥、老祝庄桥、殷墅桥、黄埝桥和分水桥。根据研究期资料分析，太滆运河红星桥以西段汛期部分时段出现逆流，枯水期和滆湖低水位期以逆流（往滆湖流）为主。武宜运河与太滆运河交汇后大部分流量下泄，仅很少部分入滆湖或沿太滆运河向东流。太滆运河老祝庄桥至殷墅桥段水流与锡溧漕河交汇后有增有减，增减幅度一般在 −20%～20%。太滆运河殷墅桥至黄埝桥段以老锡溧漕河来水为主，约占 66.7%。黄埝桥以南段由于横扁担河来水（约占 20.3%）的汇入，流量较上游增大。详见表 3.2-5、图 3.2-3。

表 3.2-5　太滆运河 2019 年 4 月—2020 年 4 月监测数据统计表

断面位置	汛期平均流量 (m^3/s)	非汛期平均流量 (m^3/s)	工况 1 平均流量 (m^3/s)	工况 2 平均流量 (m^3/s)	工况 3 平均流量 (m^3/s)	工况 4 平均流量 (m^3/s)	工况 6 平均流量 (m^3/s)
红湖大桥	−0.800	−4.16	−1.82	−6.52	0.880	−3.59	−5.08
红星桥	0.81	−1.30	0.340	−2.00	2.21	−1.53	−2.88
老祝庄桥	8.62	7.42	8.74	8.28	8.66	8.57	5.14
殷墅桥	9.80	1.05	0.660	−1.54	9.30	10.6	3.61
黄埝桥	28.9	26.80	26.7	31.5	25.7	34.4	23.0
分水桥	36.6	30.1	30.8	35.5	34.1	40.8	25.0

3.2.2　主要河道交汇处进出水量及变化规律

3.2.2.1　苏南运河沿线各交汇口门

苏南运河入境九里站到无锡洛社站主要有新孟河、扁担河、德胜河、武宜运河、南运河、采菱港、三山港、武进港、直湖港、锡溧漕河共 10 条交汇河道（图 3.2-4），其中研究期内新孟河处于施工断流状态未设监测断面，在其余 9 条河道口门处均布设监测断面。研究期老运河西枢纽施工断流，德胜河来水全部进入新运河。苏南运河研究期各主要口门流量见表 3.2-6。

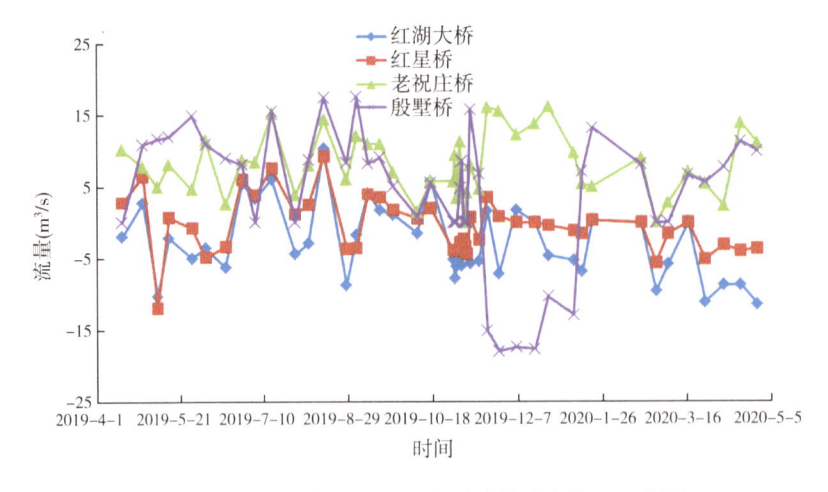

图 3.2-3 研究期太滆运河实测流量演变情况示意图

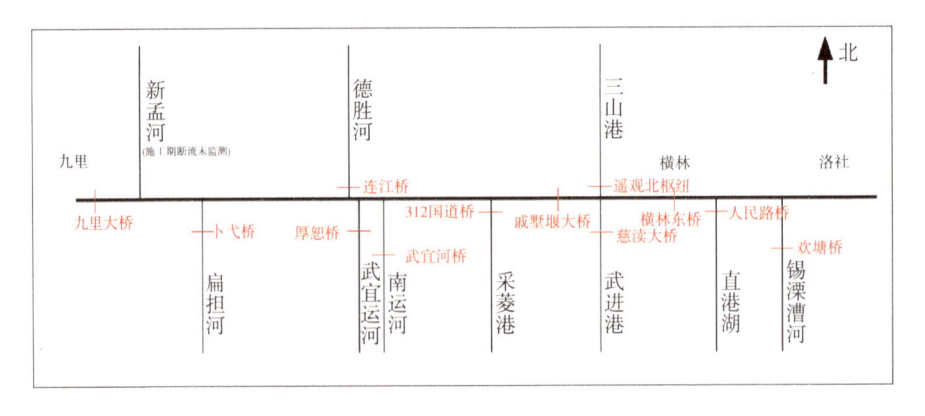

图 3.2-4 苏南运河及沿线交汇河道监测断面概化图

表 3.2-6 研究期苏南运河各主要口门各工况平均流量统计表

断面位置	工况1平均流量(m³/s)	工况2平均流量(m³/s)	工况3平均流量(m³/s)	工况4平均流量(m³/s)	工况5平均流量(m³/s)	工况6平均流量(m³/s)
苏南运河(九里大桥)	29.6	55.8	64.0	72.3	206	31.2
德胜河(连江桥)	—	—	—	—	—	36.4
扁担河(卜弋桥)	4.31	7.92	12.9	13.6	25.0	10.8
南运河(武宜河桥)	7.37	15.6	9.20	15.3	9.05	15.1
武宜运河(厚恕桥)	15.1	31.8	23.2	29.1	29.5	36.1
采菱港(312国道桥)	1.83	8.73	11.3	7.36	7.30	4.23
苏南运河(戚墅堰大桥)	10.6	15.1	38.1	34.2	93.8	14.1

续表

断面位置	工况1平均流量(m³/s)	工况2平均流量(m³/s)	工况3平均流量(m³/s)	工况4平均流量(m³/s)	工况5平均流量(m³/s)	工况6平均流量(m³/s)
武进港(慈溇大桥)	5.62	13.6	11.3	16.7	−0.28	−3.65
三山港(遥观北枢纽)	3.99	7.43	5.20	13.1	—	4.54
苏南运河(横林东桥)	12.3	19.0	28.8	27.6	84.1	13.6

(1) 扁担河分流比:研究期扁担河分流比为10%~15%,平均13%。工况1~工况6下,扁担河平均分流比分别为11%、10%、14%、14%、15%、13%。

(2) 德胜河来水流量占比:工况6下,德胜河来水流量占比为54%。

(3) 武宜运河分流比:研究期武宜运河分流比为18%~45%,平均33%。工况1~工况6下,武宜运河平均分流比分别为39%、40%、24%、29%、18%、45%。

(4) 南运河分流比:研究期南运河分流比为5%~20%,平均15%。工况1~工况6下,南运河平均分流比分别为19%、20%、10%、15%、5%、19%。

(5) 采菱港分流比:研究期采菱港分流比为4%~12%,平均7%。工况1~工况6下,采菱港平均分流比分别为5%、11%、12%、7%、4%、5%。

(6) 三山港:研究期三山港监测46次,其中正流量39次(由北往南流入苏南运河),占比为85%,以入苏南运河为主。

(7) 武进港分流比:研究期武进港分流比为0%~16%,平均11%。工况1~工况5下,武进港平均分流比分别为13%、16%、11%、15%、0;工况6下,遥观南枢纽泵站启用,不做分流比计算。

(8) 直湖港、锡溧漕河:苏南运河及直湖港的部分水流通过锡溧漕河流入武进境内。

苏南运河与扁担河、武宜运河等河道交汇处流量见图3.2-5。

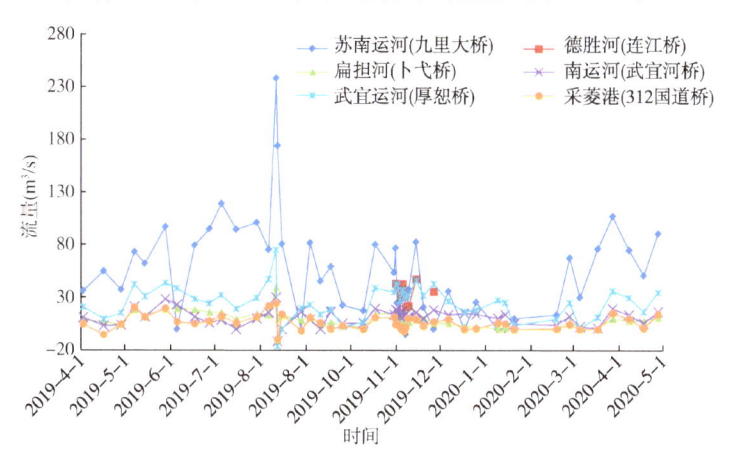

图3.2-5 苏南运河与扁担河、武宜运河等河道交汇处流量演变图

3.2.2.2 武宜运河沿线各交汇口门

武宜运河从苏南运河至宜兴界主要有武南河、孟津河、太滆运河、锡溧漕河、增产河 5 条交汇河道,本研究在上列河道上均布设口门监测断面(其中孟津河可通过上下游断面流量计算出,故未布设断面)。详见图 3.2-6。

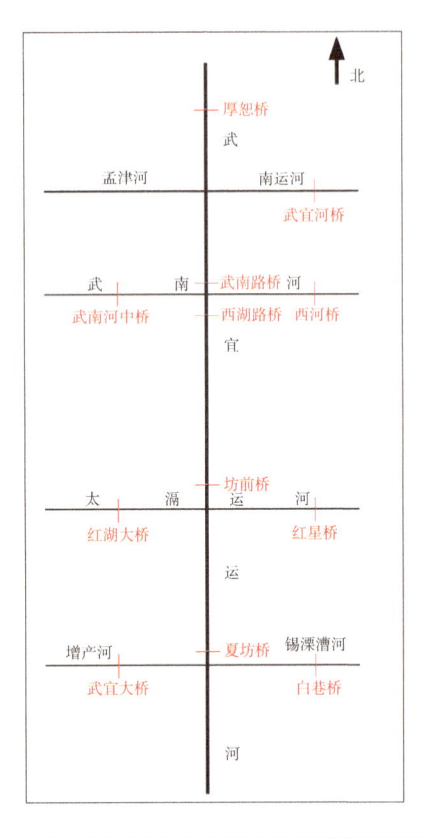

图 3.2-6　武宜运河及沿线主要交汇河道监测断面概化图

(1) 武宜运河与武南河交汇处

研究期内,武南河水流由东往西流,流态基本稳定,其中永安河东段武南河水流汇入永安河,永安河西段武南河水流汇入武宜运河,研究期武南河存在部分停滞测次(13 次,占比为 28%),研究期平均流量为 -4.89 m³/s;武宜运河西段武南河均往西流入滆湖,研究期平均流量为 -27.0 m³/s。

武宜运河水流经过武南河分流后,少量水流继续沿武宜运河南流。详见图 3.2-7、表 3.2-7。

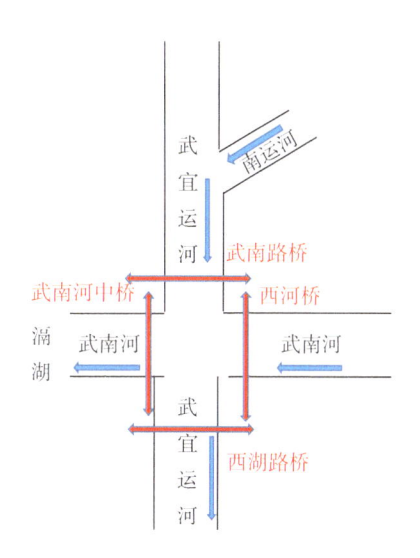

图 3.2-7　武宜运河与武南河交汇处河道示意图

表 3.2-7　研究期武宜运河与武南河交汇处各工况平均流量统计表

断面位置	工况1平均流量(m³/s)	工况2平均流量(m³/s)	工况3平均流量(m³/s)	工况4平均流量(m³/s)	工况6平均流量(m³/s)
武宜运河(武南路桥)	19.1	34.3	27.5	40.5	37.3
武宜运河(西湖路桥)	4.33	7.18	11.3	12.8	9.46
武南河(西河桥)	−2.62	−6.94	−2.34	−7.96	−6.92
武南河(武南河中桥)	−17.1	−34.1	−18.8	−36.2	−37.1

武宜运河与武南河交汇后,流量变化规律如下:工况1～工况4、工况6下,武南河中桥断面入滆湖的流量分别约占交汇口总流量的79%、83%、63%、75%、84%,分别约占武宜运河和南运河总流量的76%、72%、57%、81%、71%。详见图3.2-8。

(2) 武宜运河与太滆运河交汇处

武宜运河和太滆运河交汇处为四汊河,水流情势复杂多变。研究期太滆运河红湖大桥断面总测次47次中有32次为逆流(自东向西流),占比为68%;12次为顺流(自西向东流),占比为26%;停滞的次数3次,占比为6%。红星桥断面总测次47次中有24次为逆流(自东向西流),占比为51%;19次为顺流(自西向东流),占比为40%;停滞状态4次,占比为9%。

武宜运河水流至太滆运河交汇处进行分流,分流方式有以下三种:武宜运河下游、太滆运河东西方向均有分流为7次,占比为15%;与太滆运河红星桥断面来水汇合后部分入滆湖,部分南下为25次,占比为53%;与太滆运河红湖大桥断面来水汇合后部分向东流,部分南下为15次,占比为32%。详见图3.2-9、图3.2-10。

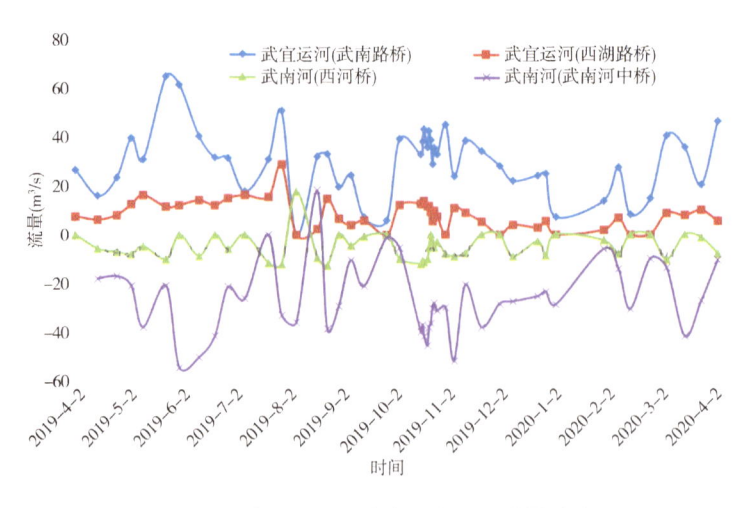

图 3.2-8　武宜运河和武南河交汇处流量演变图

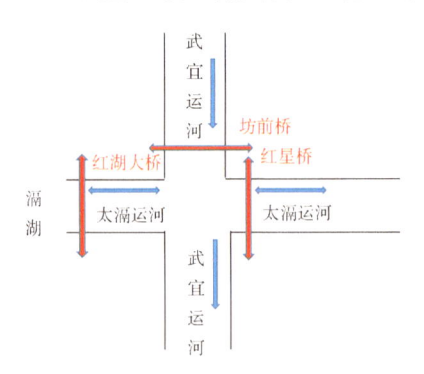

图 3.2-9　武宜运河和太滆运河交汇处河道示意图

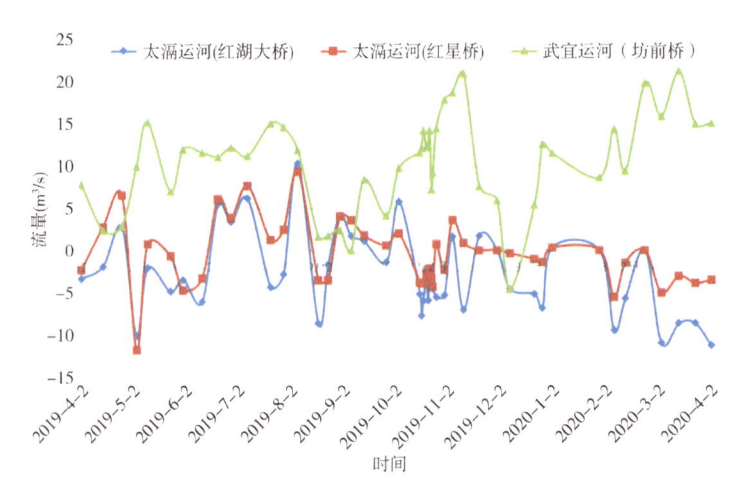

图 3.2-10　武宜运河和太滆运河交汇处流量演变图

（3）武宜运河与锡溧漕河、增产河交汇处

武宜运河和增产河、锡溧漕河交汇处为四汊河，整个流量测验期间增产河由于河道严重淤积，水深不足 1 m，增产河武宜大桥断面水流常年处于停滞状态，流量为 0。锡溧漕河白巷桥断面水流流向是自东向西，武宜运河和锡溧漕河水流交汇后全部南下至宜兴境内。详见图 3.2-11、图 3.2-12。

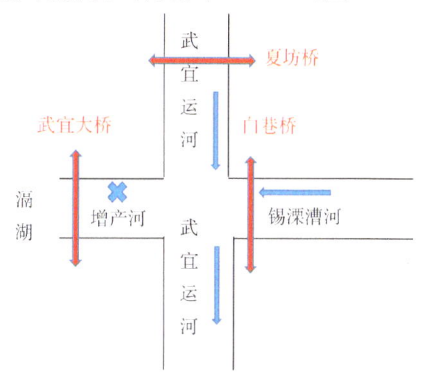

图 3.2-11　武宜运河和锡溧漕河、增产河交汇处河道示意图

图 3.2-12　武宜运河和增产河、锡溧漕河交汇处流量演变图

3.2.2.3　锡溧漕河沿线交汇口门

（1）武进港（戴溪段）与锡溧漕河交汇处

武进港（戴溪段）主要承接上游苏南运河和无锡锡溧漕河来水，研究期锡溧漕河水流自东向西逆流为常态，欢塘桥断面总测次 49 次中有 45 次为逆流（自东向西流），占比为 92%；停滞的次数 4 次，占比为 8%。研究期工况 1～工况 6 下锡溧漕

河来水流量占比分别为60%、76%、64%、59%、92%、72%。

(2) 锡溧漕河(华渡桥)西段分流比

武进港(戴溪段)的水流往南主要分成三股,一股主要水流沿锡溧漕河往西,约占96%;另两股较小水流沿武进港往南和沿无锡陆区港支浜往东南,约占4%,根据研究期的观测,无锡陆区港支浜流向不定。

锡溧漕河(华渡桥)西段分流分别沿新锡溧漕河往西流入武宜运河和沿老锡溧漕河往南流入太滆运河,研究期工况1～工况4、工况6下新老锡溧漕河分流比分别为5.6∶4.4、5.1∶4.9、4.9∶5.1、5.7∶4.3、6.7∶3.3。

(3) 新锡溧漕河与太滆运河交汇处

新锡溧漕河与太滆运河交汇处流态复杂多变,太滆运河与新锡溧漕河交汇后大部分水流沿新锡溧漕河流向武宜运河,少部分沿太滆运河汇入太湖。

太滆运河老祝庄桥断面位于新锡溧漕河与太滆运河交汇处上游450 m处,根据研究期数据,老祝庄桥断面实测最大流量为16.2 m³/s(2019年12月25日),平均流量为7.84 m³/s;太滆运河殷墅桥位于新锡溧漕河与太滆运河交汇处下游3.42 km处,殷墅桥断面实测最大正流量为17.5 m³/s(2019年9月3日),最大负流量为−18.0 m³/s(2019年11月26日,受太滆运河施工影响,11月中下旬至2020年1月上旬呈逆流状态,1月中旬后此处恢复由西往东的流态),平均流量为4.10 m³/s。

11月中旬前新锡溧漕河与太滆运河交汇处总来水流量分流比约为9∶1;11月中下旬至2020年1月上旬,该处水流全部汇入新锡溧漕河;1月中旬后,殷墅桥段河道恢复由西往东的流态,新锡溧漕河与太滆运河交汇处总来水流量分流比约为7∶3。

3.2.2.4 小结

(1) 苏南运河常州段沿线交汇口门众多,自九里入境后从扁担河开始不断分流,其中德胜河通过引江水补充了苏南运河水源,研究期各主要河流分流比为:①扁担河分流比为10%～15%;②武宜运河分流比为18%～45%;③南运河分流比为5%～20%;④采菱港分流比为4%～12%;⑤武进港分流比为0%～16%;⑥三山港以入苏南运河为主。

(2) 武宜运河沿线支流较多,在工况1下,武南河中桥断面入滆湖的流量约占交汇口总来水流量的79%,约占武宜运河和南运河总来水流量的76%。

(3) 研究期武南河流向为自东向西,流态基本稳定,其中永安河东段武南河水流汇入永安河,永安河西段武南河流入武宜运河,武宜运河西段武南河均往西流入滆湖。

(4) 研究期太滆运河水流情势复杂多变,武宜运河西段逆流占比为68%,东段逆流占比为51%;太滆运河与新锡溧漕河交汇后,少部分水流沿太滆运河汇入太湖,约占两河总来水流量的10%～30%。

(5) 武进港(戴溪段)主要承接上游苏南运河和无锡锡溧漕河来水,锡溧漕河来水流量约占71%。

(6) 研究期新、老锡溧漕河分流比约为5.5∶4.5。

3.3 水资源格局分析

3.3.1 入境水量及其时空分布

(1) 入境水量空间分布

武进区入境水量主要包括苏南运河沿线各口门来水、下游无锡来水和滆西诸河来水。研究期(2019年4月—2020年3月计12个月作为一年期,下同)境外来水总量为32.21亿 m^3,其中运河沿线入境水量为18.69亿 m^3,占58.0%;无锡来水量为10.62亿 m^3,占33.0%;滆西诸河入境水量为2.90亿 m^3,占9.0%(研究期2019年11月—2020年3月因新孟河施工,夏溪河、湟里河、北干河断流,滆西诸河来水量偏少约1成)。

运河沿线来水量主要入境口门包括扁担河、武宜运河、南运河、采菱港、武进港,各口门来水量占总入境水量比例分别为9.55%、22.2%、10.2%、6.27%、9.75%。其中武宜运河和南运河来水量占运河来水量的55.9%。

无锡来水量包括东北部的锡溧漕河来水和东南部的固城河来水,锡溧漕河水量来源于运河无锡洛社段以及区域降雨径流,固城河水量来源于无锡直湖港及其区域降雨径流。二者来水量占总入境水量比例分别为23.5%和9.46%。

滆西诸河入境水量主要来自入滆湖河道和区域降雨径流,主要河道包括夏溪河、湟里河、北干河、中干河,来水流量占总入境水量比例分别为1.52%、2.17%、1.93%、3.38%。

武进区主要入境河道共计11条,其中锡溧漕河入境水量最大,占比为23.5%,其次是武宜运河,占比为22.2%,入境水量占比接近10%的还有南运河、武进港、扁担河、固城河。滆西河道入水量很小。

(2) 入境水量在武进腹部河网的分布

滆西诸河入境水全部进入滆湖,研究期武南河常年倒流入滆,因太滆运河出口受下游顶托入多出少,滆湖水出口已转移至宜兴境内;无锡来水部分经太滆运河入太湖,部分经锡溧漕河西入武宜运河后出境。以上两处来水均不能到达武进腹部河网。

运河沿线来水量18.69亿 m^3,其中武宜运河和南运河合计10.44亿 m^3,占比为55.9%,该来水量经武南河西入滆湖水量8.16亿 m^3,经太滆运河西入滆湖水量0.79亿 m^3,合计进入滆湖水量占武宜运河和南运河总来水量的85.7%;运河沿线来水量中扁担河水量 3.08 亿 m^3 全部入滆湖,运河来水入滆湖总水量为 12.03 亿 m^3,占运河沿线总来水量的 64.4%,武宜运河和南运河剩余的 1.49 亿 m^3 水量也不能分布到腹部河网,而是沿西控制线一路南下出境。仅采菱港、武进港 5.17 亿 m^3 可分布到腹部河网,仅占运河沿线来水量的 27.7%;占入境总水量的 16.1%(武进区生活污水年排放量约 0.7 亿 t;工业废水排放量约 0.8 亿 t)。

(3) 入境水量年内分配

研究期最大月入境水量为 5 月份的 4.76 亿 m^3,最小月入境水量为 2 月份的 1.13 亿 m^3,最大月入境水量是最小月入境水量的 4.2 倍;汛期入境水量占比为 53.7%,非汛期入境水量占比为 46.3%。

(4) 入境水量与降水量、沿江引水量的相关性分析

由图 3.3-1 可见,入境水量的大小与面雨量的大小不成正比,相关性不显著。

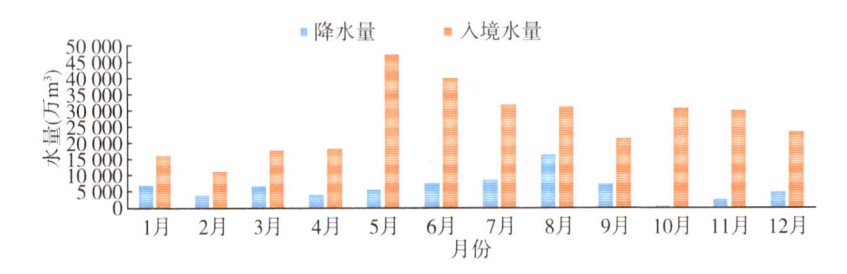

图 3.3-1 入境水量与降水量相关性示意图

入境水量中运河沿线来水占比大,本地运河来水占比为 58.0%;无锡来水中的锡溧漕河来水占比为 23.5%,大部分也是运河水,运河来水占入境总水量的 81.5%。运河来水主要由区间降雨径流和沿江引水量组成。而入境水量与降水量相关性不显著,进一步分析沿江引水量与入境水量的相关性。

相应于对武进区入境水量有影响的运河来水段,沿江引水口门有镇江境内的谏壁闸和九曲河闸,常州境内的小河新闸、魏村闸以及澡港闸,其中小河新闸因研究期新孟河工程施工与运河无水量交换,因此分别统计常州境内 2 闸引水量以及沿江 4 闸引水总量(扣除当月排水量),对比分析沿江引水量与入境水量的相关性。

由图 3.3-2 可见,武进区入境水量与常州境内引水量呈弱相关,与沿江 4 闸引水量显著相关,其中镇江谏壁闸、九曲河闸引水量对武进区入境水量影响较大。

3.3.2 出境水量及其时空分布

(1) 出境水量空间分布

武进区出境水量主要通过沿太武进港、雅浦港和太滆运河(百渎港)入太以及武宜运河南入宜兴,锡溧漕河无锡来水与武进港、太滆运河交汇后部分水量经太滆

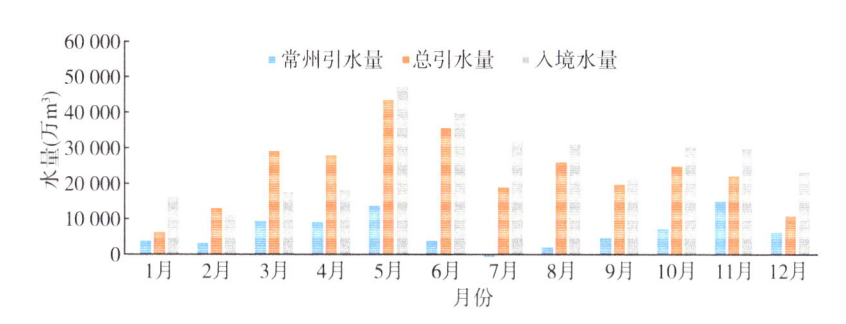

图 3.3-2　入境水量与沿江引水量相关性示意图

运河入太,部分水量西向汇入武宜运河出境;而沿太武进港和雅浦港建有节制闸控制 5 年一遇及以下洪水不入太,常年处于关闭状态,研究期内仅 8 月 11—13 日武进港开闸向太湖泄洪 0.103 亿 m^3,7 月 13—19 日、8 月 10—13 日、9 月 2—17 日雅浦港枢纽开闸向太湖泄洪 0.574 亿 m^3。

武进区出境总水量为 22.16 亿 m^3（不含滆湖从宜兴境内殷村港、烧香港、高渎港等口门出滆水量）,其中入太湖水量 12.36 亿 m^3,占比为 55.8%,经锡溧漕河、武宜运河入宜兴境的水量为 9.8 亿 m^3,占比为 44.2%。入太水量中百渎港 11.66 亿 m^3,占入太水量的 94.3%,武进港和雅浦港入太水量仅占 5.7%。经锡溧漕河、武宜运河入宜兴水量分别为 7.18 亿 m^3 和 2.62 亿 m^3,占比分别为 73.3%、26.7%。

（2）出境水量年内分配

研究期最大月出境水量为 5 月份的 2.46 亿 m^3,最小月出境水量为 4 月份的 1.37 亿 m^3;汛期出境水量占比为 46.4%,非汛期出境水量占比为 53.6%。

研究期滆湖水位蓄变量为+0.16 亿 m^3。

第四章

水环境状况及影响因素

4.1 区域水环境状况

4.1.1 西部上游片水环境状况

4.1.1.1 年内水环境状况

1. 河流

2019年,西部上游片代表河流全年期平均水质类别为Ⅲ类,汛期、非汛期平均水质类别均为Ⅲ类。

(1) 氨氮

2019年,西部上游片代表河流氨氮年均值为0.69 mg/L(Ⅲ类),年内最大均值为丹金溧漕河的1.74 mg/L(Ⅴ类),最小均值为南河的0.09 mg/L(Ⅰ类)。从年内变化来看,4月平均浓度最高,为1.01 mg/L(Ⅳ类);8月平均浓度最低,为0.27 mg/L(Ⅱ类)。详见图4.1-1。

(2) 高锰酸盐指数

2019年,西部上游片代表河流高锰酸盐指数年均值为4.5 mg/L(Ⅲ类),年内最大均值为梅渚河的5.9 mg/L(Ⅲ类),最小均值为丹金溧漕河的4.1 mg/L(Ⅲ类)。从年内变化来看,1月平均浓度最高,为4.9 mg/L(Ⅲ类);5月、10月平均浓度最低,均为4.1 mg/L(Ⅲ类)。详见图4.1-2。

(3) 总氮

2019年,西部上游片代表河流总氮年均值为4.43 mg/L,年内最大均值为梅

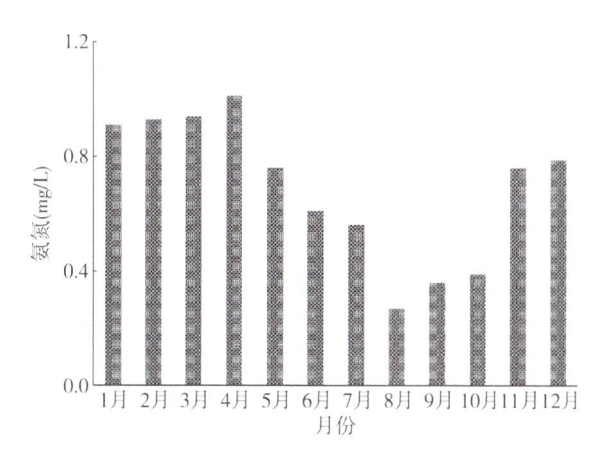

图 4.1-1　西部上游片代表河流年内氨氮浓度分布图

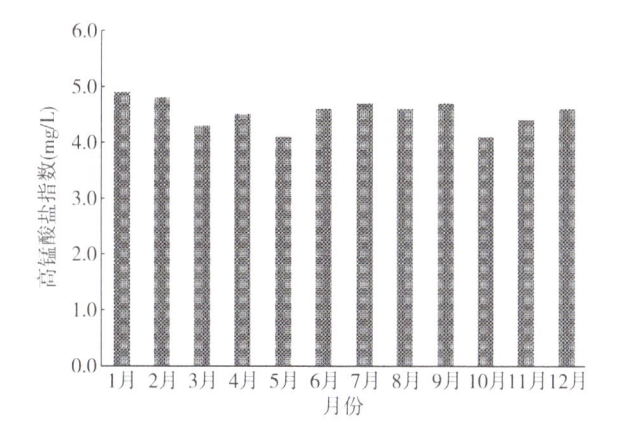

图 4.1-2　西部上游片代表河流年内高锰酸盐指数浓度分布图

渚河的 4.76 mg/L,最小均值为胥河的 3.76 mg/L。从年内变化来看,12 月平均浓度最高,为 4.95 mg/L;1 月平均浓度最低,为 3.94 mg/L。详见图 4.1-3。

（4）总磷

2019 年,西部上游片代表河流总磷年均值为 0.104 mg/L(Ⅲ类),年内最大均值为薛埠河的 0.160 mg/L(Ⅲ类),最小均值为胥河、简渎河的 0.080 mg/L(Ⅱ类)。从年内变化来看,12 月平均浓度最高,为 0.134 mg/L(Ⅲ类);2 月平均浓度最低,为 0.078 mg/L(Ⅱ类)。详见图 4.1-4。

（5）溶解氧

2019 年,西部上游片代表河流溶解氧年均值为 8.18 mg/L(Ⅰ类),年内最大均值为胥河的 9.01 mg/L(Ⅰ类),最小均值为梅渚河的 6.81 mg/L(Ⅱ类)。从年

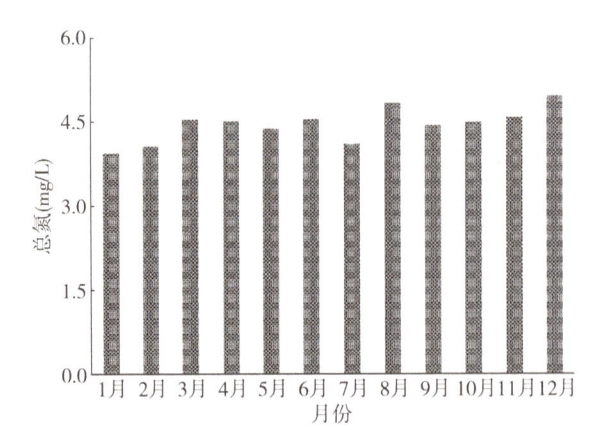

图 4.1-3　西部上游片代表河流年内总氮浓度分布图

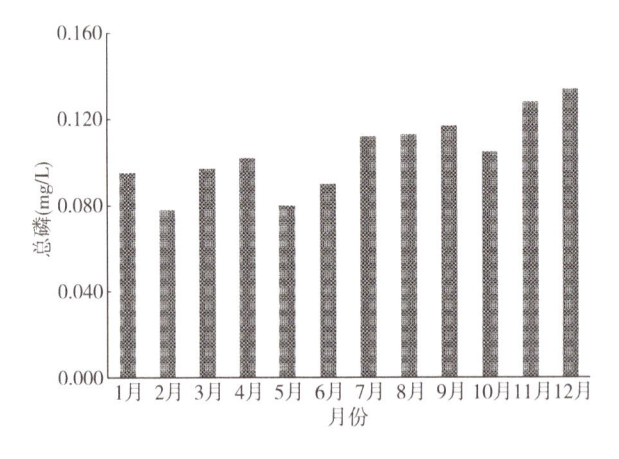

图 4.1-4　西部上游片代表河流年内总磷浓度分布图

内变化来看,2月平均浓度最高,为 10.62 mg/L(Ⅰ类);9月平均浓度最低,为 5.75 mg/L(Ⅲ类)。详见图 4.1-5。

2. 湖库

总氮不参评时,2019 年西部上游片代表水库全年期平均水质类别为Ⅱ类,汛期、非汛期平均水质类别均为Ⅱ类;总氮参评时,全年期平均水质类别为Ⅳ类,汛期、非汛期平均水质类别均为Ⅳ类。

总氮不参评时,10 座代表水库水质类别为Ⅱ～Ⅲ类,其中Ⅱ类 9 座、Ⅲ类 1 座。总氮参评时,10 座代表水库水质类别为Ⅲ～劣Ⅴ类,其中Ⅲ类 3 座、Ⅳ类 4 座、Ⅴ类 2 座、劣Ⅴ类 1 座。

2019 年,西部上游片代表水库逐月营养状态指数为 51.1～54.3,其中 7 月达

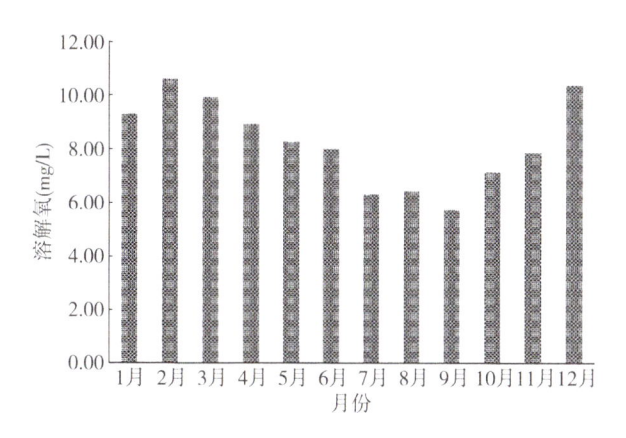

图 4.1-5　西部上游片代表河流年内溶解氧浓度分布图

到最高 54.3，2 月达到最低 51.1。全年期平均营养状态指数为 52.7(轻度富营养)，汛期平均营养状态指数为 53.0(轻度富营养)，非汛期平均营养状态指数为 52.5(轻度富营养)。详见图 4.1-6。

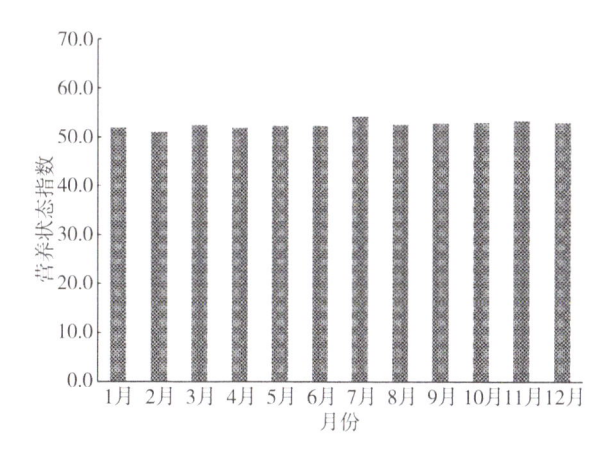

图 4.1-6　西部上游片代表水库年内营养状态指数分布图

(1) 氨氮

2019 年，西部上游片代表水库氨氮年均值为 0.21 mg/L(Ⅱ类)，年内最大均值为向阳水库、东进水库、新浮山水库的 0.26 mg/L(Ⅱ类)，最小均值为沙河水库、大溪水库的 0.10 mg/L(Ⅰ类)。从年内变化来看，6 月、12 月平均浓度最高，均为 0.23 mg/L(Ⅱ类)；8 月平均浓度最低，为 0.18mg/L(Ⅱ类)。详见图 4.1-7。

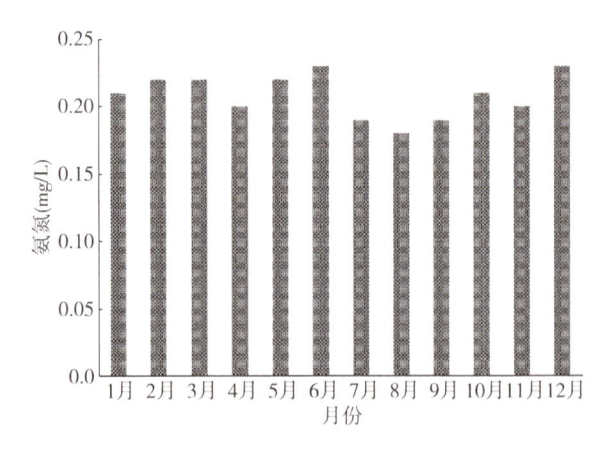

图 4.1-7　西部上游片代表水库年内氨氮浓度分布图

(2) 高锰酸盐指数

2019年,西部上游片代表水库高锰酸盐指数年均值为 3.5 mg/L(Ⅱ类),年内最大均值为吕庄水库的 3.8 mg/L(Ⅱ类),最小均值为大溪水库的 3.0 mg/L(Ⅱ类)。从年内变化来看,3月平均浓度最高,为 3.7 mg/L(Ⅱ类);2月平均浓度最低,为3.0 mg/L(Ⅱ类)。详见图 4.1-8。

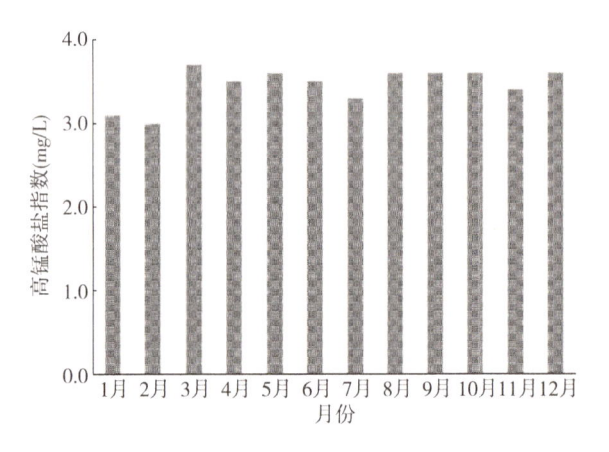

图 4.1-8　西部上游片代表水库年内高锰酸盐指数浓度分布图

(3) 总氮

2019年,西部上游片代表水库总氮年均值为 1.38 mg/L(Ⅳ类),年内最大均值为新浮山水库的 2.10 mg/L(劣Ⅴ类),最小均值为大溪水库的 0.92 mg/L(Ⅲ类)。从年内变化来看,11月平均浓度最高,为 2.00 mg/L(Ⅴ类);4月平均浓度最低,为1.02 mg/L(Ⅳ类)。详见图 4.1-9。

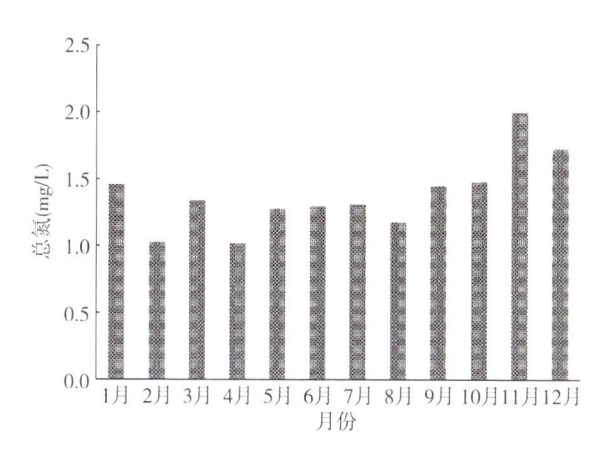

图4.1-9　西部上游片代表水库年内总氮浓度分布图

(4) 总磷

2019年,西部上游片代表水库总磷年均值为0.024 mg/L年(Ⅱ类),年内最大均值为新浮山水库的0.040 mg/L(Ⅲ类),最小均值为沙河水库、大溪水库、前宋水库、茅东水库、东进水库的0.022 mg/L(Ⅱ类)。从年内变化来看,4月平均浓度最高,为0.026 mg/L(Ⅲ类);9月、11月平均浓度最低,均为0.023 mg/L(Ⅱ类)。详见图4.1-10。

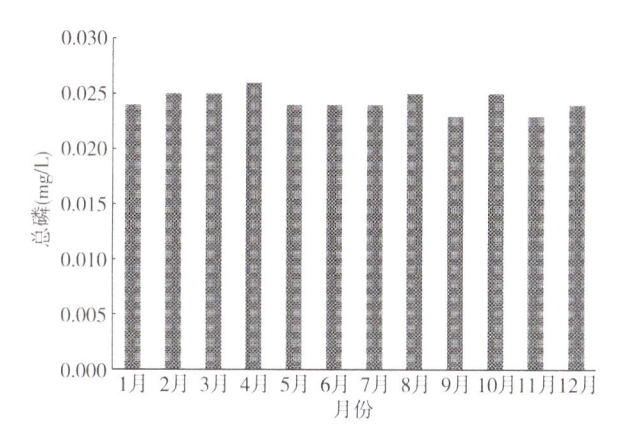

图4.1-10　西部上游片代表水库年内总磷浓度分布图

(5) 溶解氧

2019年,西部上游片代表水库溶解氧年均值为9.80 mg/L(Ⅰ类),年内最大均值为吕庄水库的9.97 mg/L(Ⅰ类),最小均值为新浮山水库的9.53 mg/L(Ⅰ类)。从年内变化来看,3月平均浓度最高,为11.44 mg/L(Ⅰ类);9月平均浓度最低,为8.02 mg/L(Ⅰ类)。详见图1.4-11。

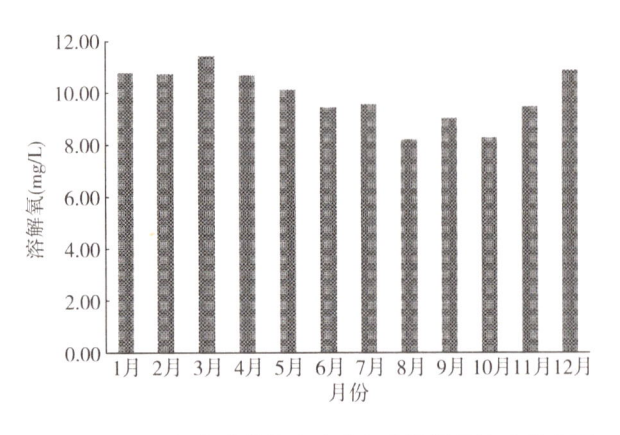

图 4.1-11 西部上游片代表水库年内溶解氧浓度分布图

4.1.1.2 年际水环境状况

(1) 河流

根据 2010—2019 年西部上游片代表河流水质监测成果分析,多年平均劣于Ⅲ类水的占 64.4%,劣于Ⅲ类的主要指标为氨氮和高锰酸盐指数,见表 4.1-1。

其中 2010—2015 年劣于Ⅲ类水的占比波动不大,2016 年劣于Ⅲ类水的占比呈明显下降趋势,水质有好转趋势,2017—2018 年呈缓慢上升趋势,到 2019 年水质明显好转,劣于Ⅲ类占比达到最低,趋势线的年均下降率为 24.7%(图 4.1-12)。

表 4.1-1　西部上游片代表河流多年水质类别评价占比表　　单位:%

年份	水质类别					劣于Ⅲ类
	Ⅱ	Ⅲ	Ⅳ	Ⅴ	劣Ⅴ	
2010 年	0	0	22.2	0	77.8	100
2011 年	0	0	33.4	33.3	33.3	100
2012 年	0	0	100	0	0	100
2013 年	0	11.1	77.8	11.1	0	88.9
2014 年	0	0	88.9	0	11.1	100
2015 年	0	11.1	66.7	11.1	11.1	88.9
2016 年	0	88.9	11.1	0	0	11.1
2017 年	0	66.7	33.3	0	0	33.3
2018 年	0	77.8	22.2	0	0	22.2
2019 年	0	100	0	0	0	0
平均	—	—	—	—	—	64.4

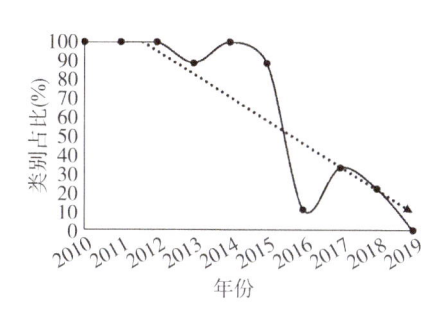

图 4.1-12　西部上游片代表河流劣于Ⅲ类水占比过程变化图

从年均趋势来分析,2010—2019 年西部上游片代表河流氨氮多年平均浓度为 1.18 mg/L,年均下降率为 11.2%；高锰酸盐指数多年平均浓度为 5.8 mg/L,年均下降率为 4.7%；总氮多年平均浓度为 4.57 mg/L,年均下降率为 1.1%；总磷多年平均浓度为 0.170 mg/L,年均下降率为 14.3%；溶解氧多年平均浓度为 6.20 mg/L,年均上升率为 5.2%。详见图 4.1-13。

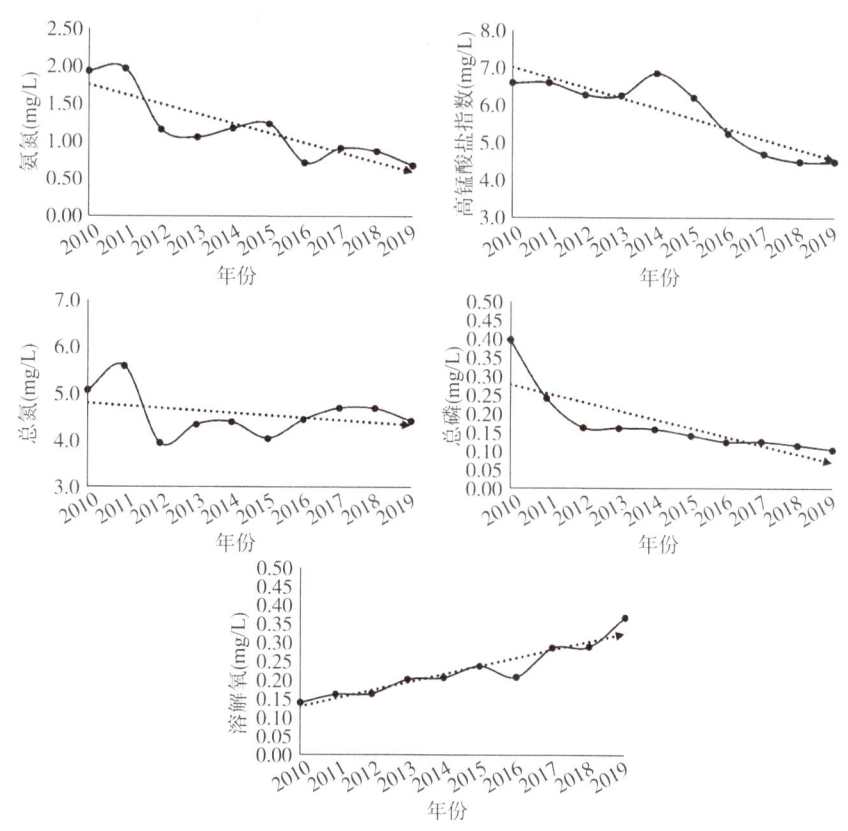

图 4.1-13　西部上游片代表河流各污染物多年浓度变化图

（2）湖库

根据2010—2019年西部上游片代表水库水质监测成果分析，总氮不参评，水质类别均为Ⅱ类，见表4.1-2、图4.1-14。

表4.1-2　西部上游片代表水库多年水质类别评价占比表　　　　单位：%

年份	水质类别 Ⅱ	Ⅲ	Ⅳ	Ⅴ	劣Ⅴ	劣于Ⅲ类
2010年	80.0	20.0	0	0	0	0
2011年	60.0	40.0	0	0	0	0
2012年	100	0	0	0	0	0
2013年	100	0	0	0	0	0
2014年	80.0	20.0	0	0	0	0
2015年	100	0	0	0	0	0
2016年	100	0	0	0	0	0
2017年	100	0	0	0	0	0
2018年	100	0	0	0	0	0
2019年	100	0	0	0	0	0

图4.1-14　西部上游片代表水库劣于Ⅲ类水占比过程变化图

从年均趋势来分析，2010—2019年西部上游片代表水库氨氮多年平均浓度为0.19 mg/L，年均上升率为2.8%；高锰酸盐指数多年平均浓度为3.3 mg/L，年均下降率为1.4%；总氮多年平均浓度为1.35 mg/L，年均下降率为3.6%；总磷多年平均浓度为0.030 mg/L，年均下降率为4.5%；溶解氧多年平均浓度为8.81 mg/L，年均上升率为1.3%。详见图4.1-15。

第四章 水环境状况及影响因素

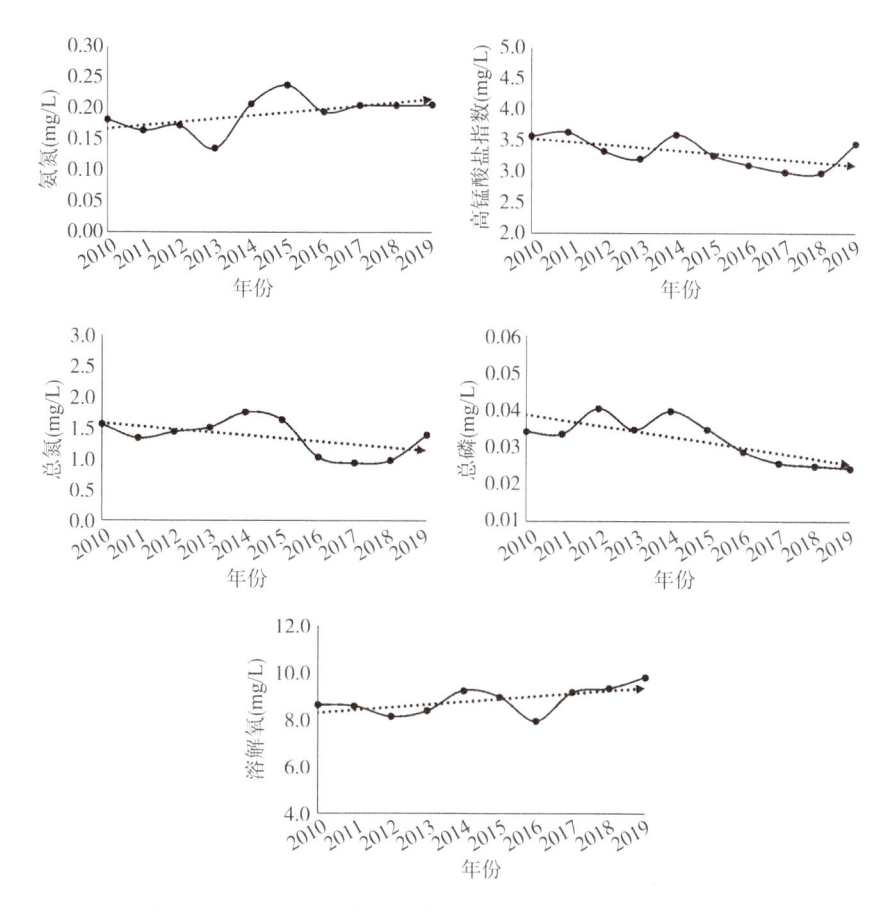

图 4.1-15　西部上游片代表水库各污染物多年浓度变化图

根据西部上游片代表水库多年营养状态评价,分析营养状态指数年际变化趋势。西部上游片水库多年营养状态指数基本为 51.4～56.1,多年平均值为 53.9,呈轻度富营养状态,年均减少率为 0.6%。详见图 4.1-16。

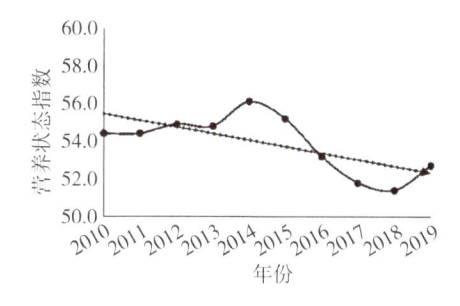

图 4.1-16　西部上游片代表水库营养状态指数变化图

061

4.1.2 洮滆片水环境状况

4.1.2.1 年内水环境状况

1. 河流

2019年,洮滆片代表河流全年期、汛期、非汛期平均水质类别均为Ⅲ类。11条代表河流除尧塘河水质类别为Ⅳ类,其余10条出入洮湖河流水质类别均为Ⅲ类,占比为90.9%。

(1) 氨氮

2019年,洮滆片7条入洮湖河流氨氮年均值为0.64 mg/L(Ⅲ类),年内最大均值为新建河的0.73 mg/L(Ⅲ类),最小均值为大浦港的0.55 mg/L(Ⅲ类)。从年内变化来看,2月平均浓度最高,为0.86 mg/L(Ⅲ类);8月平均浓度最低,为0.45 mg/L(Ⅱ类)。

2019年,洮滆片3条出洮湖河流氨氮年均值为0.63 mg/L(Ⅲ类),年内最大均值为湟里河的0.70 mg/L(Ⅲ类),最小均值为北干河的0.57 mg/L(Ⅲ类)。从年内变化来看,1月平均浓度最高,为0.73 mg/L(Ⅲ类);11月平均浓度最低,为0.53 mg/L(Ⅲ类)。详见图4.1-17。

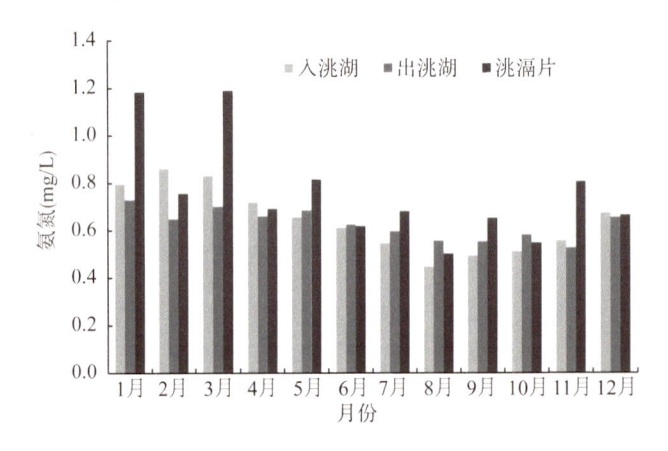

图4.1-17　洮滆片代表河流年内氨氮浓度分布图

(2) 高锰酸盐指数

2019年,洮滆片7条入洮湖河流高锰酸盐指数年均值为4.4 mg/L(Ⅲ类),年内最大均值为新河港的4.6 mg/L(Ⅲ类),最小均值为庄阳港的4.2 mg/L(Ⅲ类)。从年内变化来看,5月平均浓度最高,为4.9 mg/L(Ⅲ类);11月平均浓度最低,为3.9 mg/L(Ⅱ类)。

2019年,洮滆片3条出洮湖河流高锰酸盐指数年均值为4.5 mg/L(Ⅲ类),年内最大均值为中干河的4.7 mg/L(Ⅲ类),最小均值为湟里河的4.4 mg/L(Ⅲ类)。

从年内变化来看,10月平均浓度最高,为4.6 mg/L(Ⅲ类);3月、4月平均浓度最低,均为4.4 mg/L(Ⅲ类)。详见图4.1-18。

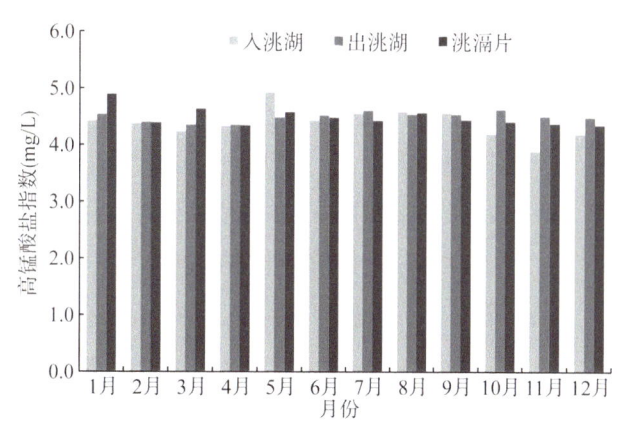

图4.1-18 洮滆片代表河流年内高锰酸盐指数浓度分布图

(3) 总氮

2019年,洮滆片7条入洮湖河流总氮年均值为4.42 mg/L,年内最大均值为方洛港的4.74 mg/L,最小均值为白石港的4.19 mg/L。从年内变化来看,2月平均浓度最高,为5.04 mg/L;7月平均浓度最低,为3.94 mg/L。

2019年,洮滆片3条出洮湖河流总氮年均值为4.33 mg/L,年内最大均值为湟里河的4.52 mg/L,最小均值为北干河的4.24 mg/L。从年内变化来看,11月平均浓度最高,为4.66 mg/L;5月平均浓度最低,为3.94 mg/L。详见图4.1-19。

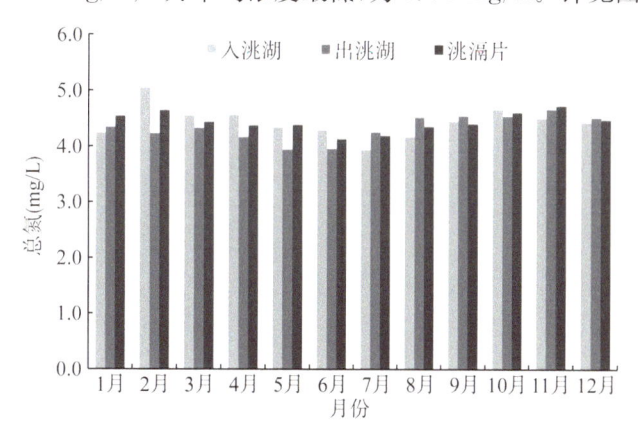

图4.1-19 洮滆片代表河流年内总氮浓度分布图

(4) 总磷

2019年,洮滆片7条入洮湖河流总磷年均值为0.141 mg/L(Ⅲ类),年内最大均值为新河港的 0.162 mg/L（Ⅲ类），最小均值为新建河的 0.113 mg/L（Ⅲ类）。从年内变化来看，10 月平均浓度最高，为 0.155 mg/L（Ⅲ类）；7 月平均浓度最低，为 0.112 mg/L（Ⅲ类）。

2019 年，洮滆片 3 条出洮湖河流总磷年均值为 0.112（Ⅲ类），年内最大均值为湟里河的 0.133 mg/L（Ⅲ类），最小均值为中干河的 0.093 mg/L（Ⅱ类）。从年内变化来看，1 月平均浓度最高，为 0.138 mg/L（Ⅲ类）；7 月平均浓度最低，为 0.088 mg/L（Ⅱ类）。详见图 4.1-20。

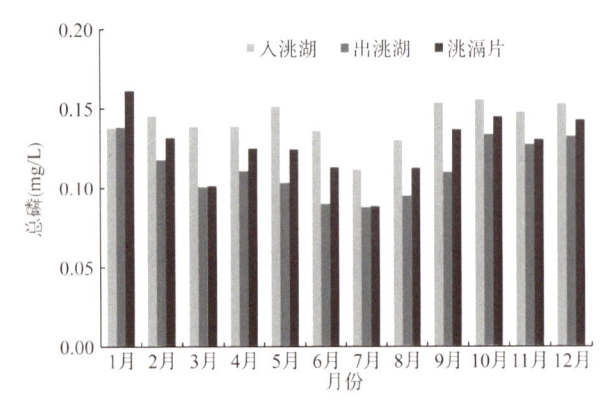

图 4.1-20　洮滆片代表河流年内总磷浓度分布图

2. 湖泊

总氮不参评时，2019 年洮滆片代表湖泊全年期、汛期、非汛期平均水质类别均为Ⅳ类。3 个湖泊除钱资湖水质类别为Ⅲ类，洮湖、滆湖水质类别均为Ⅳ类。详见图 4.1-21。

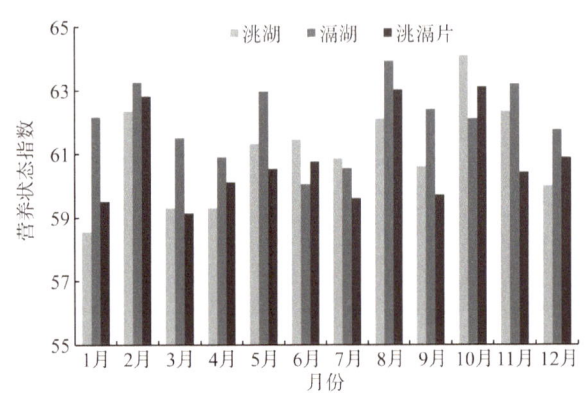

图 4.1-21　洮滆片代表湖泊营养状态指数逐月变化图

总氮参评时，2019 年洮滆片代表湖泊全年期、汛期、非汛期平均水质类别均为劣Ⅴ类。2019年,洮滆片代表湖泊逐月营养状态指数为55.7～64.1,其中洮湖10月营养状态指数达到最高64.1,钱资湖11月营养状态指数达到最低55.7。全年期平均营养状态指数为60.8(中度富营养),汛期平均营养状态指数为60.7(中度富营养),非汛期平均营养状态指数为60.8(中度富营养)。

(1) 氨氮

2019年,洮滆片代表湖泊氨氮年均值为0.33 mg/L(Ⅱ类),年内最大均值为滆湖的0.35 mg/L(Ⅱ类),最小均值为洮湖的0.31 mg/L(Ⅱ类)。从年内变化来看,4月平均浓度最高,为0.50 mg/L(Ⅱ类);10月平均浓度最低,为0.25 mg/L(Ⅱ类)。详见图4.1-22。

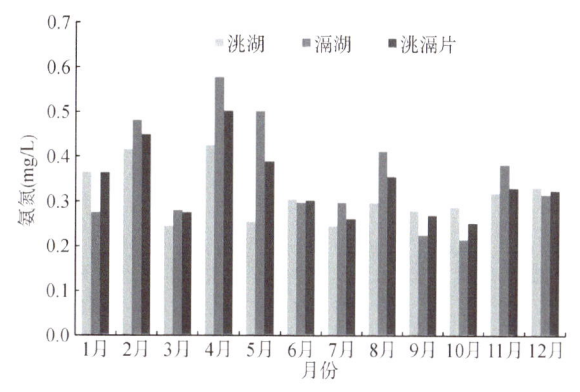

图 4.1-22 洮滆片代表湖泊年内氨氮浓度分布图

(2) 高锰酸盐指数

2019年,洮滆片代表湖泊高锰酸盐指数年均值为4.3 mg/L(Ⅲ类),年内最大均值为洮湖的4.5 mg/L(Ⅲ类),最小均值为钱资湖的4.1 mg/L(Ⅲ类)。从年内变化来看,8月平均浓度最高,为5.3 mg/L(Ⅲ类);6月平均浓度最低,4.1 mg/L(Ⅲ类)。详见图4.1-23。

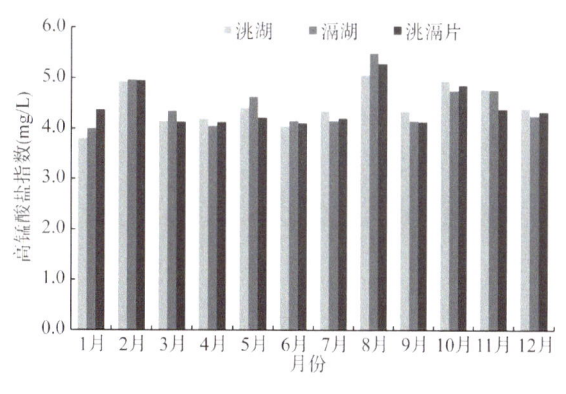

图 4.1-23 洮滆片代表湖泊年内高锰酸盐指数浓度分布图

（3）总氮

2019年，洮滆片代表湖泊总氮年均值为 3.07 mg/L，年内最大均值为滆湖的 3.41 mg/L，最小均值为钱资湖的 2.65 mg/L。从年内变化来看，11月平均浓度最高，为 3.56 mg/L；3月平均浓度最低，为 2.62 mg/L。详见图 4.1-24。

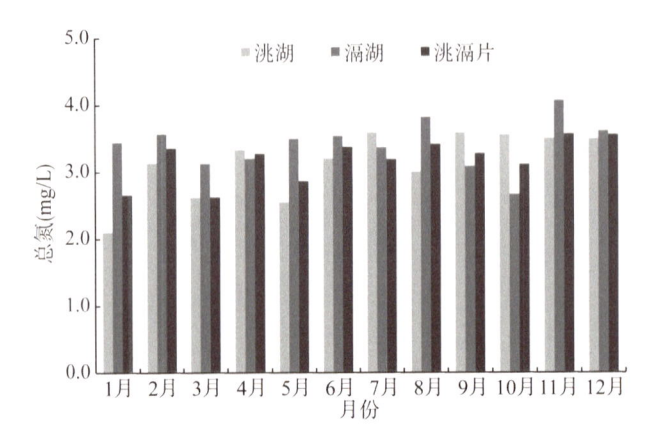

图 4.1-24　洮滆片代表湖泊年内总氮浓度分布图

（4）总磷

2019年，洮滆片代表湖泊总磷年均值为 0.074 mg/L（Ⅳ类），年内最大均值为滆湖的 0.094 mg/L（Ⅳ类），最小均值为钱资湖的 0.040 mg/L（Ⅲ类）。从年内变化来看，10月平均浓度最高，为 0.101 mg/L（Ⅴ类）；1月平均浓度最低，为 0.064 mg/L（Ⅳ类）。详见图 4.1-25。

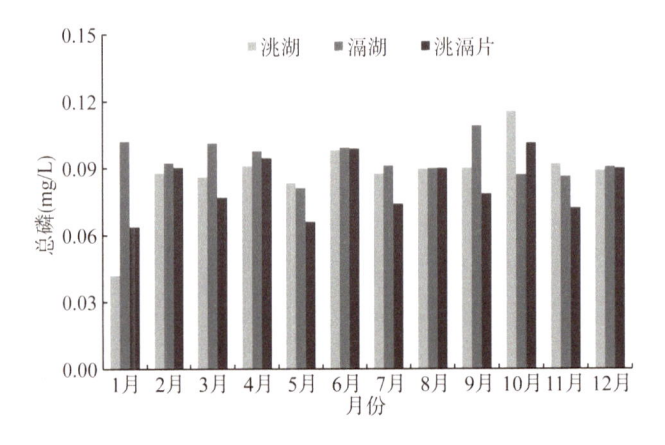

图 4.1-25　洮滆片代表湖泊年内总磷浓度分布图

4.1.2.2 年际水环境状况

1. 河流

根据 2010—2019 年洮滆片代表河流水质监测成果分析,平均劣于Ⅲ类水的占 56.4%,劣于Ⅲ类的主要指标为氨氮。2010—2019 年劣于Ⅲ类水的占比总体呈下降趋势,水质明显好转,其中 2010—2013 年劣于Ⅲ类水的占比在高位波动,2014 年明显下降,2015 年略有回升,随后两年连续下降,2017 年以后稳定在 9.1%,年均下降率为 42.0%。详见表 4.1-3 至表 4.1-5、图 4.1-26。

表 4.1-3　洮滆片入洮湖河流多年水质类别评价占比表　　　　　　　　单位:%

年份	Ⅱ	Ⅲ	Ⅳ	Ⅴ	劣Ⅴ	劣于Ⅲ类
2010 年	0	0	42.9	57.1	0	100
2011 年	0	0	28.6	42.8	28.6	100
2012 年	0	0	42.9	57.1	0	100
2013 年	0	14.3	85.7	0	0	85.7
2014 年	0	42.9	42.9	14.2	0	57.1
2015 年	0	14.3	85.7	0	0	85.7
2016 年	0	57.1	42.9	0	0	42.9
2017 年	0	100	0	0	0	0
2018 年	0	100	0	0	0	0
2019 年	0	100	0	0	0	0

表 4.1-4　洮滆片出洮湖河流多年水质类别评价占比表　　　　　　　　单位:%

年份	Ⅱ	Ⅲ	Ⅳ	Ⅴ	劣Ⅴ	劣于Ⅲ类
2010 年	0	0	33.4	33.3	33.3	100
2011 年	0	33.3	0	66.7	0	66.7
2012 年	0	0	100	0	0	100
2013 年	0	0	100	0	0	100
2014 年	0	100	0	0	0	0
2015 年	0	66.7	33.3	0	0	33.3
2016 年	0	100	0	0	0	0
2017 年	0	100	0	0	0	0
2018 年	0	100	0	0	0	0
2019 年	0	100	0	0	0	0

表 4.1-5　洮滆片代表河流多年水质类别评价占比表　　　　　　单位：%

年份	Ⅱ	Ⅲ	Ⅳ	Ⅴ	劣Ⅴ	劣于Ⅲ类
2010 年	0	0	9.1	36.4	54.5	100
2011 年	0	9.1	18.2	45.4	27.3	90.9
2012 年	0	0	54.5	45.5	0	100
2013 年	0	9.1	81.8	0	9.1	90.9
2014 年	0	54.5	27.3	9.1	9.1	45.5
2015 年	0	27.3	63.6	0	9.1	72.7
2016 年	0	63.6	27.3	9.1	0	36.4
2017 年	0	90.9	0	9.1	0	9.1
2018 年	0	90.9	0	9.1	0	9.1
2019 年	0	90.9	9.1	0	0	9.1

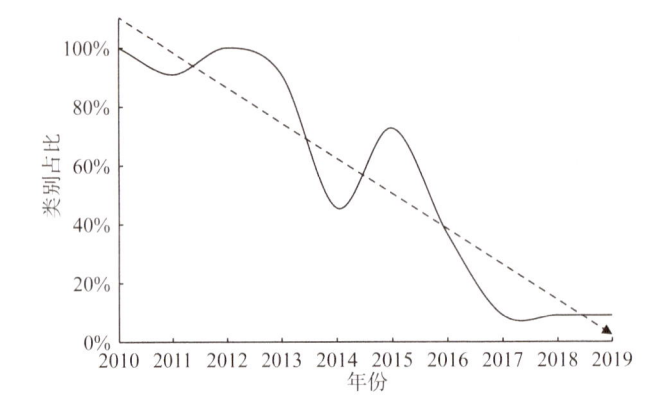

图 4.1-26　洮滆片代表河流多年劣于Ⅲ类水占比过程变化图

(1) 氨氮

从年均趋势来分析，2010—2019 年洮滆片代表河流氨氮多年平均浓度为 1.36 mg/L，年均下降率为 18.7%。其中入洮湖河流氨氮多年平均浓度为 1.06 mg/L，年均下降率为 11.2%；出洮湖河流氨氮多年平均浓度为 0.69 mg/L，年均下降率为 3.7%。详见图 4.1-27。

(2) 高锰酸盐指数

从年均趋势来分析，2010—2019 年洮滆片代表河流高锰酸盐指数多年平均浓度为 5.7 mg/L，年均下降率为 3.6%。其中入洮湖河流高锰酸盐指数多年平均浓度为 5.6 mg/L，年均下降率为 3.1%；出洮湖河流高锰酸盐指数多年平均浓度为

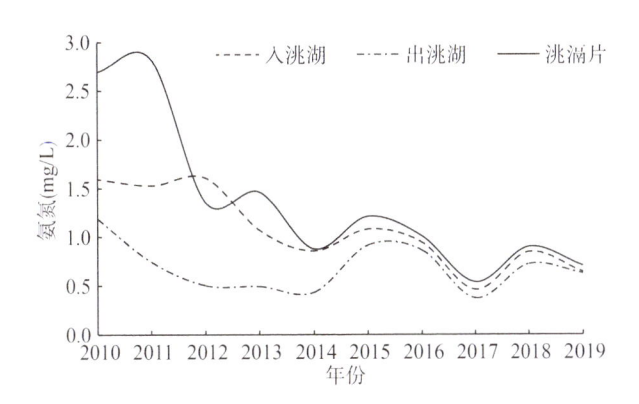

图 4.1-27　洮滆片代表河流氨氮多年浓度变化图

5.6 mg/L,年均下降率为 3.6%。详见图 4.1-28。

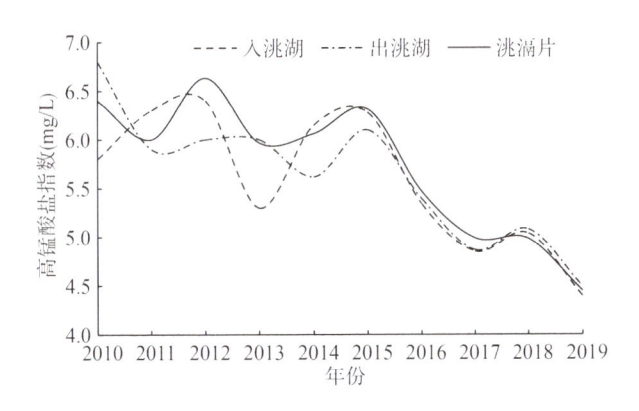

图 4.1-28　洮滆片代表河流高锰酸盐指数多年浓度变化图

(3) 总氮

从年均趋势来分析,2010—2019 年洮滆片代表河流总氮多年平均浓度为 4.56 mg/L,年均下降率为 2.4%。其中入湖河流总氮多年平均浓度为 4.48 mg/L,年均下降率为 1.0%;出湖河流总氮多年平均浓度为 3.51 mg/L,年均上升率为 6.1%。详见图 4.1-29。

(4) 总磷

从年均趋势来分析,2010—2019 年洮滆片代表河流总磷多年平均浓度为 0.223 mg/L,年均下降率为 21.0%。其中入湖河流总磷多年平均浓度为 0.233 mg/L,年均下降率为 19.8%;出湖河流总磷多年平均浓度为 0.131 mg/L,年均下降率为 7.4%。详见图 4.1-30。

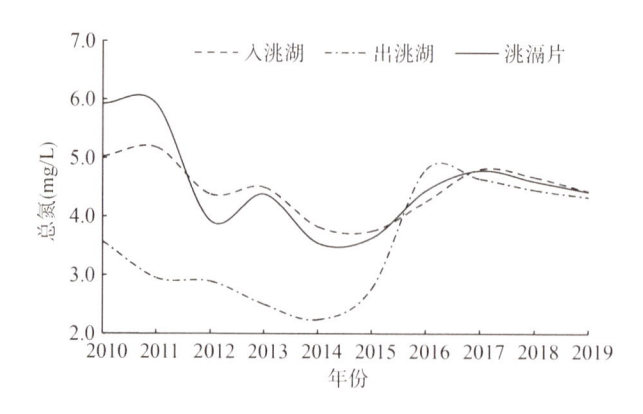

图 4.1-29　洮滆片代表河流总氮多年浓度变化图

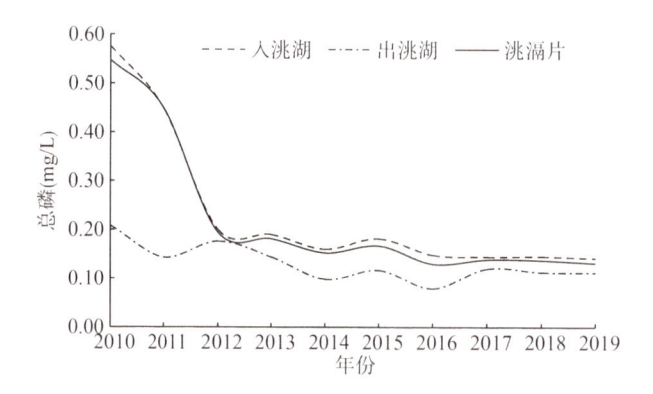

图 4.1-30　洮滆片代表河流总磷多年浓度变化图

2. 湖泊

根据 2010—2019 年洮滆片代表湖泊水质监测成果分析,总氮不参评时,平均劣于Ⅲ类水的占比为 80.0%,劣于Ⅲ类的指标为总磷。2010—2013 年 3 个湖泊水质均劣于Ⅲ类水,2014—2019 年劣于Ⅲ类水的占比稳定在 66.7%。2010—2019 年劣于Ⅳ类水的占比总体呈下降趋势,水质有所好转。详见表 4.1-6、图 4.1-31。

表 4.1-6　洮滆片代表湖泊多年水质类别评价占比表　　　　　　　单位:%

年份	水质类别					劣于Ⅲ类
	Ⅱ	Ⅲ	Ⅳ	Ⅴ	劣Ⅴ	
2010 年	0	0	33.3	33.3	33.4	100
2011 年	0	0	33.3	33.3	33.4	100
2012 年	0	0	66.7	33.3	0	100

续表

年份	水质类别					劣于Ⅲ类
	Ⅱ	Ⅲ	Ⅳ	Ⅴ	劣Ⅴ	
2013 年	0	0	66.7	0	33.3	100
2014 年	0	33.3	0	66.7	0	66.7
2015 年	0	33.3	0	66.7	0	66.7
2016 年	0	33.3	33.3	33.4	0	66.7
2017 年	0	33.3	0	66.7	0	66.7
2018 年	0	33.3	66.7	0	0	66.7
2019 年	0	33.3	66.7	0	0	66.7

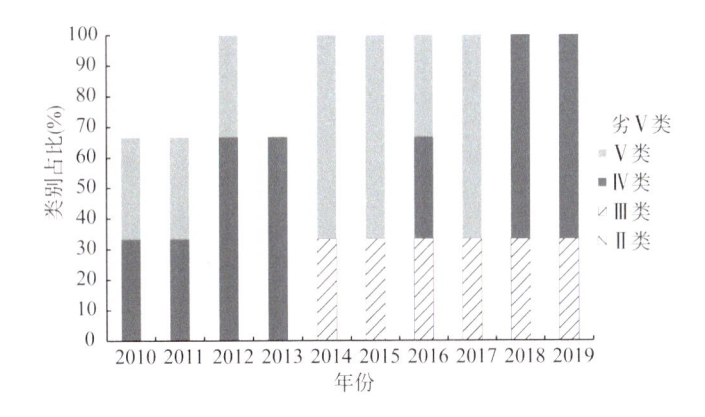

图 4.1-31　洮滆片代表湖泊多年水质类别占比变化图

（1）氨氮

从年均趋势来分析，2010—2019 年洮滆片代表湖泊氨氮多年平均浓度为 0.44 mg/L，年均下降率为 5.5%。其中洮湖氨氮多年平均浓度为 0.45 mg/L，年均下降率为 6.8%；滆湖氨氮多年平均浓度为 0.61 mg/L，年均下降率为 10.2%。详见图 4.1-32。

（2）高锰酸盐指数

从年均趋势来分析，2010—2019 年洮滆片代表湖泊高锰酸盐指数多年平均浓度为 5.4 mg/L，年均下降率为 4.1%。其中洮湖高锰酸盐指数多年平均浓度为 5.8 mg/L，年均下降率为 4.6%；滆湖高锰酸盐指数多年平均浓度为 5.9 mg/L，年均下降率为 4.9%。详见图 4.1-33。

（3）总氮

从年均趋势来分析，2010—2019 年洮滆片代表湖泊总氮多年平均浓度为 2.62 mg/L，年均略有上升，年均上升率为 0.029%。其中洮湖总氮多年平均浓度

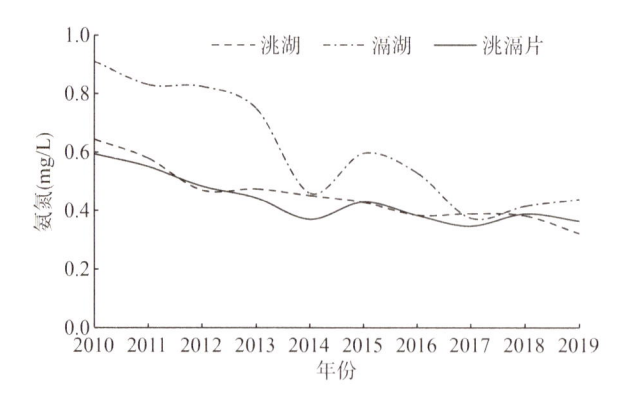

图 4.1-32　洮滆片代表湖泊氨氮多年浓度变化图

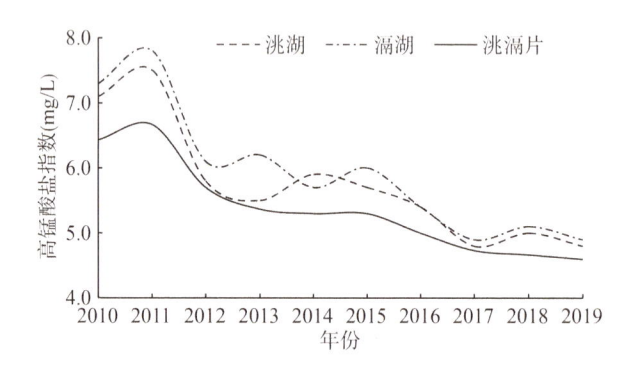

图 4.1-33　洮滆片代表湖泊高锰酸盐指数多年浓度变化图

为 2.62 mg/L,年均略有下降,年均下降率为 0.002%;滆湖总氮多年平均浓度为 3.52 mg/L,年均下降率为 3.7%。详见图 4.1-34。

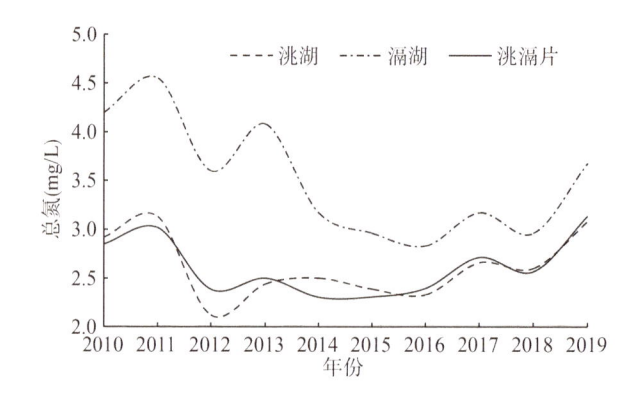

图 4.1-34　洮滆片代表湖泊总氮多年浓度变化图

(4) 总磷

从年均趋势来分析,2010—2019年洮滆片代表湖泊总磷多年平均浓度为0.107 mg/L,年均下降率为10.7%。其中洮湖总磷多年平均浓度为0.114 mg/L,年均下降率为7.3%;滆湖河流总磷多年平均浓度为0.154 mg/L,年均下降率为14.0%。详见图4.1-35。

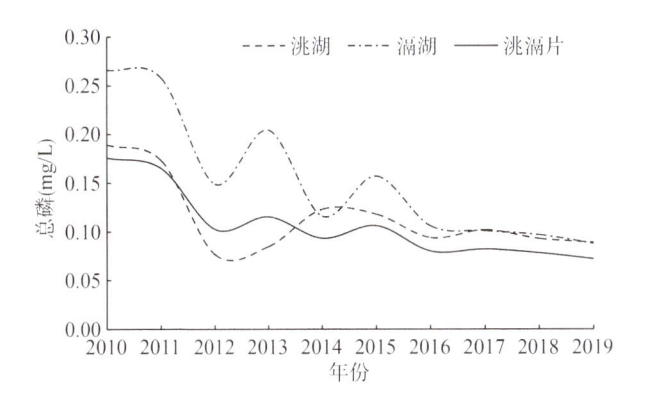

图4.1-35 洮滆片代表湖泊总磷多年浓度变化图

根据洮滆片代表湖泊多年营养状态评价,分析代表湖泊营养状态指数年际变化趋势。洮滆片代表湖泊营养状态指数多年平均值为62.8,呈中度富营养状态,年均下降率为1.0%。其中洮湖营养状态指数多年平均值为64.0,呈中度富营养状态,年均下降率为1.1%;滆湖营养状态指数多年平均值为66.0,呈中度富营养状态,年均下降率为1.4%。详见图4.1-36。

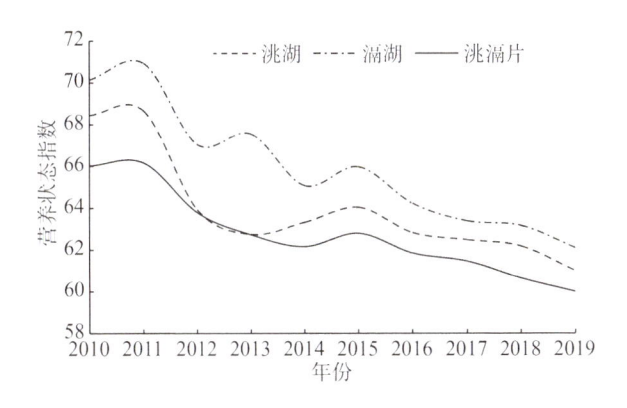

图4.1-36 洮滆片代表湖泊多年营养状态指数变化图

4.1.3 太滆片水环境状况

4.1.3.1 年内水环境状况

1. 河流

2019年,太滆片代表河流全年期、汛期、非汛期平均水质类别均为Ⅲ类。25条代表河流水质类别为Ⅲ~Ⅴ类,其中Ⅲ类17条、Ⅳ类6条、Ⅴ类2条,占比分别为68.0%、24.0%和8.0%。

(1) 氨氮

2019年,太滆片7条入滆湖河流氨氮年均值为0.95 mg/L(Ⅲ类),年内最大均值为武南河的1.68 mg/L(Ⅴ类),最小均值为中干河的0.61 mg/L(Ⅲ类)。从年内变化来看,1月平均浓度最高,为1.44 mg/L(Ⅳ类);8月平均浓度最低,为0.48 mg/L(Ⅱ类)。

2019年,太滆片4条出滆湖河流氨氮年均值为0.59 mg/L(Ⅲ类),年内最大均值为高渎港的0.69 mg/L(Ⅲ类),最小均值为殷村港的0.52 mg/L(Ⅲ类)。从年内变化来看,1月平均浓度最高,为0.74 mg/L(Ⅲ类);8月平均浓度最低,为0.41 mg/L(Ⅱ类)。

2019年,太滆片9条入太湖河流氨氮年均值为0.64 mg/L(Ⅲ类),年内最大均值为直湖港的0.78 mg/L(Ⅲ类),最小均值为烧香港的0.54 mg/L(Ⅲ类)。从年内变化来看,1月平均浓度最高,为1.06 mg/L(Ⅳ类);10月平均浓度最低,为0.37 mg/L(Ⅱ类)。

2019年,太滆片5条重要河流氨氮年均值为1.06 mg/L(Ⅳ类),年内最大均值为永安河的1.61 mg/L(Ⅴ类),最小均值为太滆运河(武宜运河东段)的0.80 mg/L(Ⅲ类)。从年内变化来看,1月平均浓度最高,为1.96 mg/L(Ⅴ类);8月平均浓度最低,为0.36 mg/L(Ⅱ类)。

太滆片代表河流年内氨氮浓度分布详见图4.1-37、图4.1-38。

(2) 高锰酸盐指数

2019年,太滆片7条入滆湖河流高锰酸盐指数年均值为4.3 mg/L(Ⅲ类),年内最大均值为北干河的4.7 mg/L(Ⅲ类),最小均值为扁担河的3.9 mg/L(Ⅱ类)。从年内变化来看,10月平均浓度最高,为4.7 mg/L(Ⅲ类);11月平均浓度最低,为3.9 mg/L(Ⅱ类)。

2019年,太滆片4条出滆湖河流高锰酸盐指数年均值为4.6 mg/L(Ⅲ类),年内最大均值为漕桥河的4.7 mg/L(Ⅲ类),最小均值为殷村港的4.5 mg/L(Ⅲ类)。从年内变化来看,6月平均浓度最高,为4.8 mg/L(Ⅲ类);10月平均浓度最低,为4.3 mg/L(Ⅲ类)。

2019年,太滆片9条入太湖河流高锰酸盐指数年均值为4.4 mg/L(Ⅲ类),年

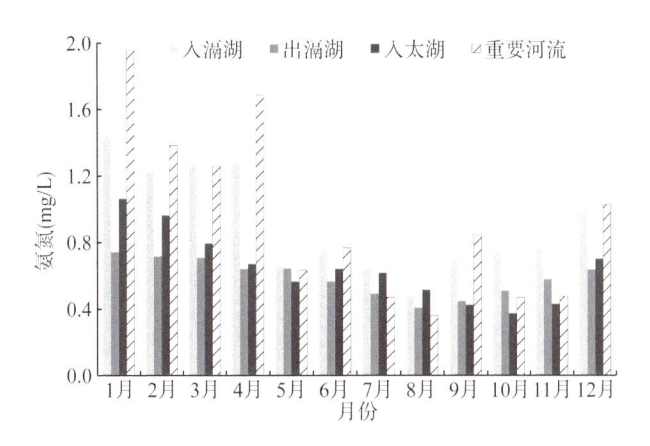

图 4.1-37　太滆片不同类型河流年内氨氮浓度分布图

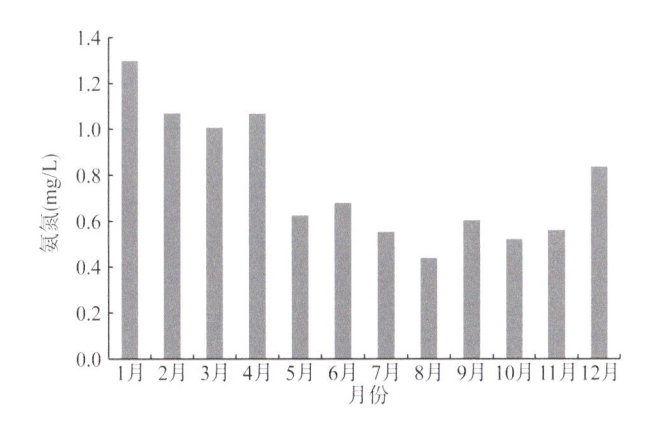

图 4.1-38　太滆片代表河流年内氨氮浓度分布图

内最大均值为大浦港的 4.8 mg/L(Ⅲ类)，最小均值为雅浦港的 4.0 mg/L(Ⅱ类)。从年内变化来看，8 月平均浓度最高，为 4.6 mg/L(Ⅲ类)；11 月平均浓度最低，为 3.9 mg/L(Ⅱ类)。

2019 年，太滆片 5 条重要河流高锰酸盐指数年均值为 3.9 mg/L(Ⅱ类)，年内最大均值为永安河的 4.4 mg/L(Ⅲ类)，最小均值为武进港的 3.8 mg/L(Ⅱ类)。从年内变化来看，3 月平均浓度最高，为 5.1 mg/L(Ⅲ类)；11 月平均浓度最低，为 2.9 mg/L(Ⅱ类)。

太滆片代表河流年内高锰酸盐指数浓度分布见图 4.1-39、图 4.1-40。

（3）总氮

2019 年，太滆片 7 条入滆湖河流总氮年均值为 4.80 mg/L，年内最大均值为武南河的 5.87 mg/L，最小均值为扁担河的 4.39 mg/L。从年内变化来看，4 月平均

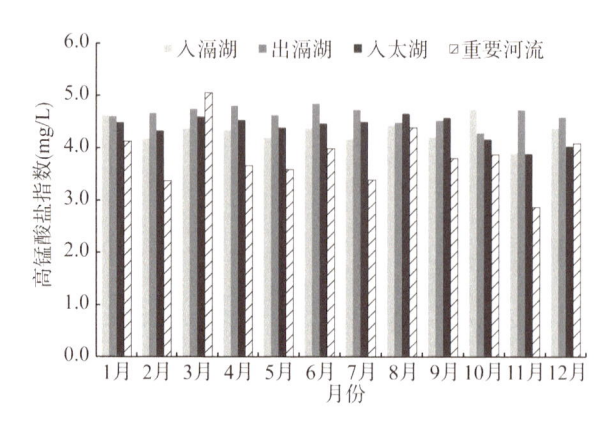

图 4.1-39　太滆片不同类型河流年内高锰酸盐指数浓度分布图

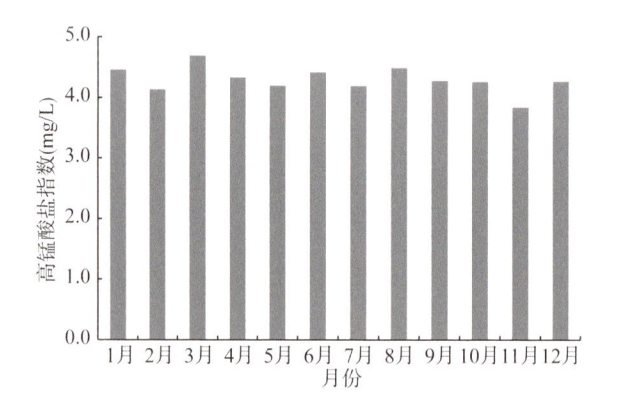

图 4.1-40　太滆片代表河流年内高锰酸盐指数浓度分布图

浓度最高，为 5.25 mg/L；5 月平均浓度最低，为 4.25 mg/L。

2019 年，太滆片 4 条出滆湖河流总氮年均值为 4.35 mg/L，年内最大均值为高渎港的 4.67 mg/L，最小均值为殷村港的 4.10 mg/L。从年内变化来看，4 月平均浓度最高，为 5.01 mg/L；7 月平均浓度最低，为 3.78 mg/L。

2019 年，太滆片 9 条入太湖河流总氮年均值为 3.83 mg/L，年内最大均值为武进港的 4.43 mg/L，最小均值为大浦港的 2.78 mg/L。从年内变化来看，2 月平均浓度最高，为 4.51 mg/L；11 月平均浓度最低，为 3.47 mg/L。

2019 年，太滆片 5 条重要河流总氮年均值为 5.17 mg/L，年内最大均值为永安河的 5.95 mg/L，最小均值为武宜运河的 4.87 mg/L。从年内变化来看，4 月平均浓度最高，为 5.82 mg/L；7 月平均浓度最低，为 4.59 mg/L。

太滆片代表河流年内总氮浓度分布见图 4.1-41、图 4.1-42。

第四章 水环境状况及影响因素

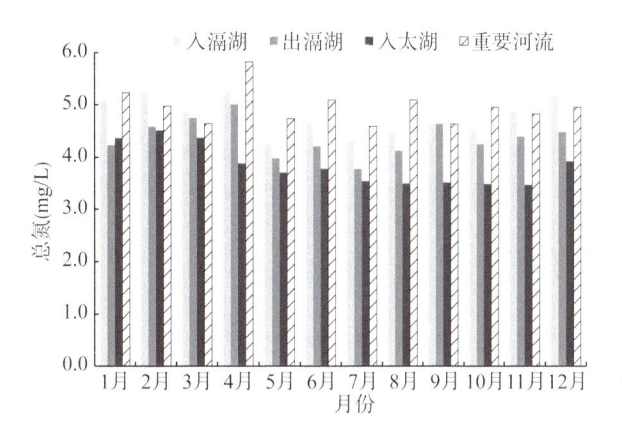

图4.1-41 太滆片不同类型河流年内总氮浓度分布图

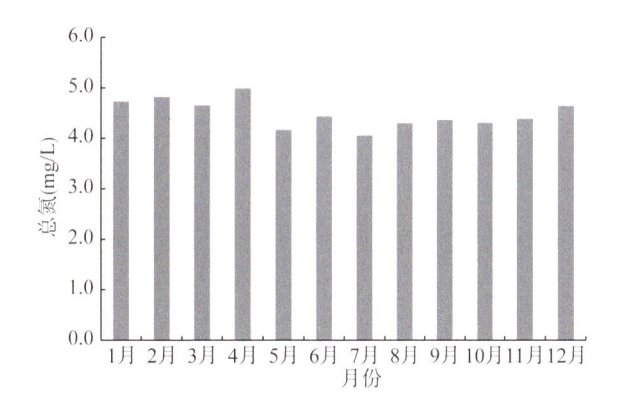

图4.1-42 太滆片代表河流年内总氮浓度分布图

(4)总磷

2019年,太滆片7条入滆湖河流总磷年均值为0.151 mg/L(Ⅲ类),年内最大均值为武南河的0.232 mg/L(Ⅳ类),最小均值为湟里河的0.110 mg/L(Ⅲ类)。从年内变化来看,9月平均浓度最高,为0.211 mg/L(Ⅳ类);7月平均浓度最低,为0.110 mg/L(Ⅲ类)。

2019年,太滆片4条出滆湖河流总磷年均值为0.123 mg/L(Ⅲ类),年内最大均值为高渎港的0.133 mg/L(Ⅲ类),最小均值为殷村港的0.111 mg/L(Ⅲ类)。从年内变化来看,9月平均浓度最高,为0.141 mg/L(Ⅲ类);3月平均浓度最低,为0.096 mg/L(Ⅱ类)。

2019年,太滆片9条入太湖河流总磷年均值为0.190 mg/L(Ⅲ类),年内最大均值为殷村港的0.227 mg/L(Ⅳ类),最小均值为雅浦港的0.142 mg/L(Ⅲ类)。

077

从年内变化来看,8月平均浓度最高,为 0.206 mg/L(Ⅳ类);3月平均浓度最低,为 0.170 mg/L(Ⅲ类)。

2019年,太滆片5条重要河流总磷年均值为 0.188 mg/L(Ⅲ类),年内最大均值为永安河的 0.316 mg/L(Ⅴ类),最小均值为锡溧漕河的 0.145 mg/L(Ⅲ类)。从年内变化来看,12月平均浓度最高,为 0.205 mg/L(Ⅳ类);7月平均浓度最低,为 0.120 mg/L(Ⅲ类)。

太滆片代表河流年内总磷浓度分布详见图 4.1-43、图 4.1-44。

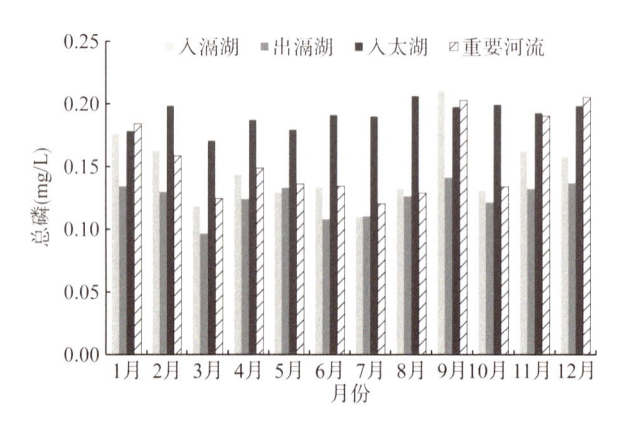

图 4.1-43　太滆片不同类型河流年内总磷浓度分布图

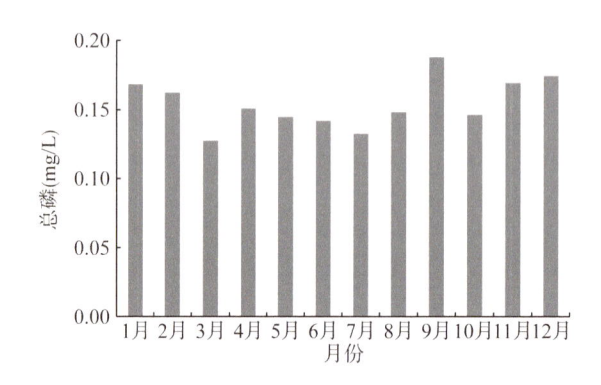

图 4.1-44　太滆片代表河流年内总磷浓度分布图

2. 湖泊

总氮不参评时,2019年太湖竺山湖和西部水域全年期、汛期、非汛期平均水质类别均为Ⅴ类。总氮参评时,太湖竺山湖和西部水域全年期、汛期、非汛期平均水质类别均为劣Ⅴ类。2019年,太滆片代表湖泊太湖竺山湖逐月营养状态指数为 59.4～65.9,其中6月营养状态指数达到最高 65.9,10月营养状态指数达到最低59.4。全年期平均营养状态指数为62.5(中度富营养),汛期平均营养状态指数为63.5(中度富营养),非汛期平均营养状态指数为61.7(中度富营养)。详见图4.1-45。

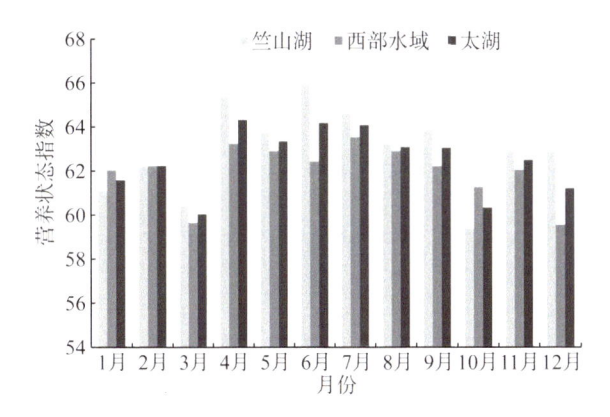

图4.1-45 太湖片代表湖泊营养状态指数逐月变化图

(1) 氨氮

2019年,太湖氨氮年均值为0.40 mg/L(Ⅱ类)。从年内变化来看,7月平均浓度最高,为0.82 mg/L(Ⅲ类);11月平均浓度最低,为0.11 mg/L(Ⅰ类)。详见图4.1-46。

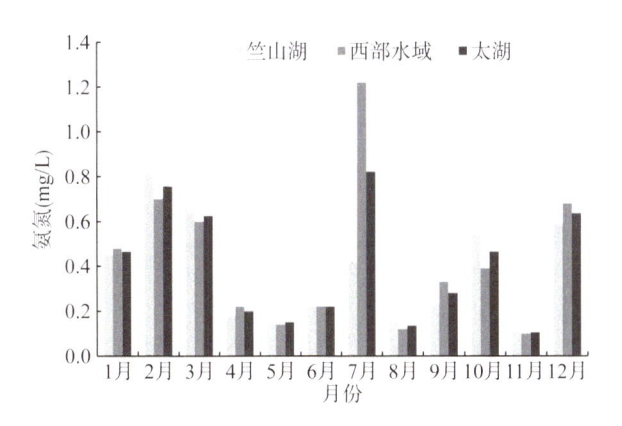

图4.1-46 太湖片代表湖泊年内氨氮浓度分布图

(2) 高锰酸盐指数

2019年,太湖高锰酸盐指数年均值为4.6 mg/L(Ⅲ类)。从年内变化来看,5月平均浓度最高,为5.6 mg/L(Ⅲ类);1月平均浓度最低,3.7 mg/L(Ⅱ类)。详见图4.1-47。

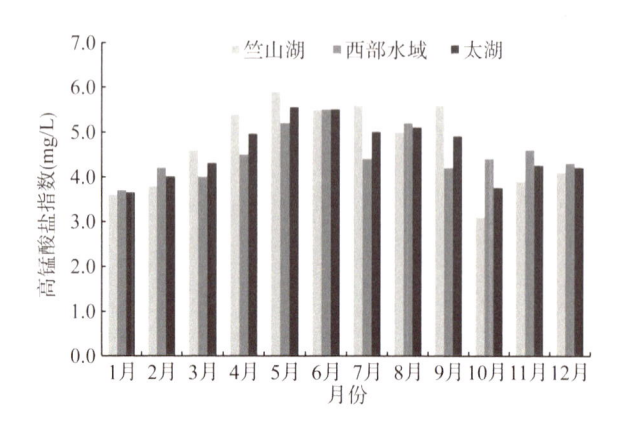

图 4.1-47　太滆片代表湖泊年内高锰酸盐指数浓度分布图

（3）总氮

2019年，太湖总氮年均值为2.54 mg/L（劣Ⅴ类）。从年内变化来看，3月平均浓度最高，为3.79 mg/L（劣Ⅴ类）；10月平均浓度最低，为1.85 mg/L（Ⅴ类）。详见图4.1-48。

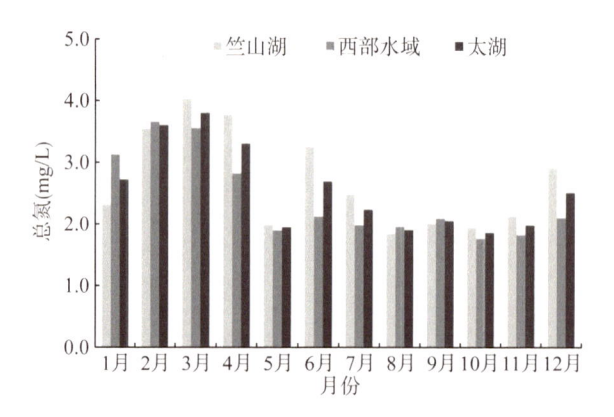

图 4.1-48　太滆片代表湖泊年内总氮浓度分布图

（4）总磷

2019年，太湖总磷年均值为0.147 mg/L（Ⅴ类）。从年内变化来看，12月平均浓度最高，为0.196 mg/L（Ⅴ类）；10月平均浓度最低，为0.098 mg/L（Ⅳ类）。详见图4.1-49。

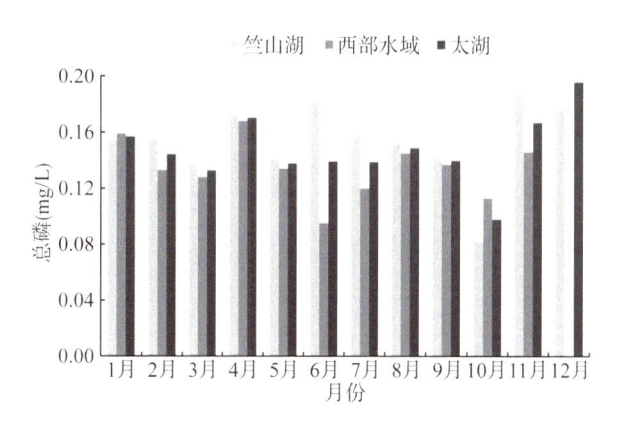

图 4.1-49　太滆片代表湖泊年内总磷浓度分布图

4.1.3.2　年际水环境状况

1. 河流

根据2010—2019年太滆片代表河流多年水质监测成果分析,平均劣于Ⅲ类水的占79.2%,劣于Ⅲ类的主要指标为氨氮。2010—2019年劣于Ⅲ类水的占比总体呈下降趋势,水质明显好转,2010—2015年劣于Ⅲ类水的占比波动不大,随后逐年下降,趋势线的年均下降率为8.8%。详见表4.1-7至表4.1-11、图4.1-50。

表4.1-7　太滆片入滆湖河流多年水质类别评价占比表　　　单位:%

年份	Ⅱ	Ⅲ	Ⅳ	Ⅴ	劣Ⅴ	劣于Ⅲ类
2010年	0	0	0	71.4	28.6	100
2011年	0	0	14.2	42.9	42.9	100
2012年	0	14.3	14.3	42.8	28.6	85.7
2013年	0	0	28.6	57.1	14.3	100
2014年	0	0	42.9	14.2	42.9	100
2015年	0	0	57.1	14.3	28.6	100
2016年	0	42.9	42.9	14.2	0	57.1
2017年	0	42.9	28.5	14.3	14.3	57.1
2018年	0	57.1	28.6	14.3	0	42.9
2019年	0	71.4	14.3	14.3	0	28.6

表 4.1-8 太滆片出滆湖河流多年水质类别评价占比表　　　　单位：%

年份	水质类别					劣于Ⅲ类
	Ⅱ	Ⅲ	Ⅳ	Ⅴ	劣Ⅴ	
2010 年	0	0	75.0	25.0	0	100
2011 年	0	0	75.0	25.0	0	100
2012 年	0	25.0	50.0	25.0	0	75.0
2013 年	0	25.0	75.0	0	0	75.0
2014 年	0	75.0	25.0	0	0	25.0
2015 年	0	25.0	50.0	25.0	0	75.0
2016 年	0	100.0	0	0	0	0
2017 年	0	100.0	0	0	0	0
2018 年	0	100.0	0	0	0	0
2019 年	0	100.0	0	0	0	0

表 4.1-9 太滆片入太湖河流多年水质类别评价占比表　　　　单位：%

年份	水质类别					劣于Ⅲ类
	Ⅱ	Ⅲ	Ⅳ	Ⅴ	劣Ⅴ	
2010 年	0	11.1	11.1	66.7	11.1	88.9
2011 年	0	11.1	0.0	44.5	44.4	88.9
2012 年	0	0	11.1	77.8	11.1	100
2013 年	0	0	44.4	55.6	0	100
2014 年	0	0	22.2	77.8	0	100
2015 年	0	0	77.8	22.2	0	100
2016 年	0	11.1	66.7	22.2	0	88.9
2017 年	0	11.1	88.9	0	0	88.9
2018 年	0	22.2	77.8	0	0	77.8
2019 年	0	55.6	44.4	0	0	44.4

表 4.1-10　太湖片重要河流多年水质类别评价占比表　　　　　单位：%

年份	水质类别					劣于Ⅲ类
	Ⅱ	Ⅲ	Ⅳ	Ⅴ	劣Ⅴ	
2010 年	0	0	0	40.0	60.0	100
2011 年	0	0	0	20.0	80.0	100
2012 年	0	0	0	20.0	80.0	100
2013 年	0	0	0	40.0	60.0	100
2014 年	0	0	0	40.0	60.0	100
2015 年	0	0	0	20.0	80.0	100
2016 年	0	0	60.0	40.0	0	100
2017 年	0	0	80.0	20.0	0	100
2018 年	0	0	80.0	0	20.0	100
2019 年	0	60.0	20.0	20.0	0	40.0

表 4.1-11　　太湖片代表河流多年水质类别评价占比表　　　　　单位：%

年份	水质类别					劣于Ⅲ类
	Ⅱ	Ⅲ	Ⅳ	Ⅴ	劣Ⅴ	
2010 年	0	4.0	16.0	56.0	24.0	96.0
2011 年	0	4.0	16.0	36.0	44.0	96.0
2012 年	0	8.0	16.0	48.0	28.0	92.0
2013 年	0	4.0	36.0	44.0	16.0	96.0
2014 年	0	12.0	24.0	40.0	24.0	88.0
2015 年	0	4.0	52.0	20.0	24.0	96.0
2016 年	0	32.0	48.0	20.0	0	68.0
2017 年	0	32.0	56.0	8.0	4.0	68.0
2018 年	0	40.0	52.0	4.0	4.0	60.0
2019 年	0	68.0	24.0	8.0	0	32.0

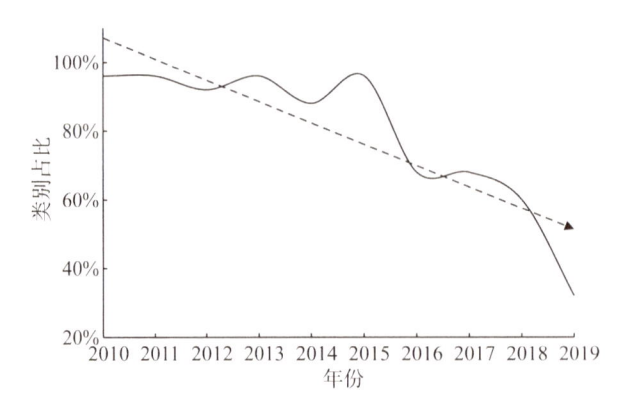

图 4.1-50　太滆片代表河流多年劣于Ⅲ类水占比过程变化图

(1) 氨氮

从年均趋势来分析,2010—2019 年太滆片代表河流氨氮多年平均浓度为 1.42 mg/L,年均下降率为 8.2%。其中入滆湖河流氨氮多年平均浓度为 1.53 mg/L,年均下降率为 7.6%;出滆湖河流氨氮多年平均浓度为 0.83 mg/L,年均下降率为 5.9%;入太湖河流氨氮多年平均浓度为 1.34 mg/L,年均下降率为 9.3%;片区重要河流氨氮多年平均浓度为 1.89 mg/L,年均下降率为 6.3%。详见图 4.1-51、图 4.1-52。

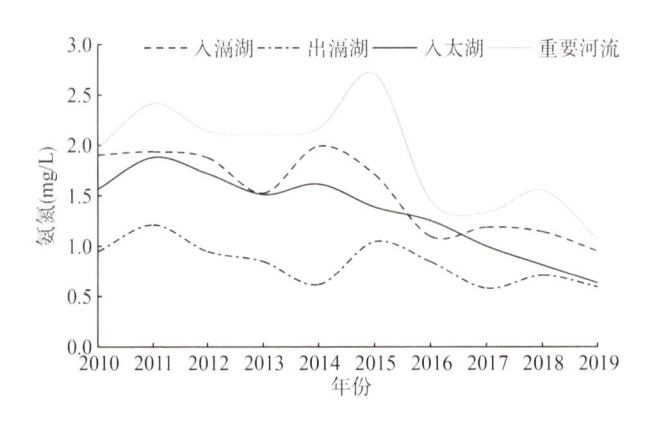

图 4.1-51　太滆片不同类型河流氨氮多年浓度变化图

(2) 高锰酸盐指数

从年均趋势来分析,2010—2019 年太滆片代表河流高锰酸盐指数多年平均浓度为 5.7 mg/L,年均下降率为 4.1%。其中入滆湖河流高锰酸盐指数多年平均浓度为 5.9 mg/L,年均下降率为 4.6%;出滆湖河流高锰酸盐指数多年平均浓度为 5.8 mg/L,年均下降率为 4.1%;入太湖河流氨高锰酸盐指数多年平均浓度为

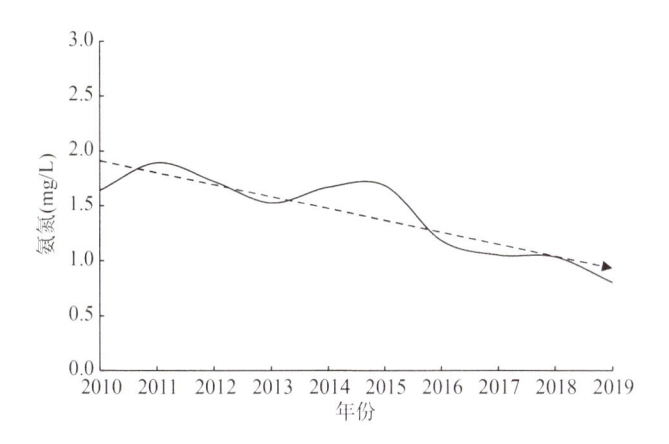

图 4.1-52　太滆片代表河流氨氮多年浓度变化图

5.5 mg/L,年均下降率为 3.3%;片区重要河流高锰酸盐指数多年平均浓度为 5.8 mg/L,年均下降率为 4.5%。详见图 4.1-53、图 4.1-54。

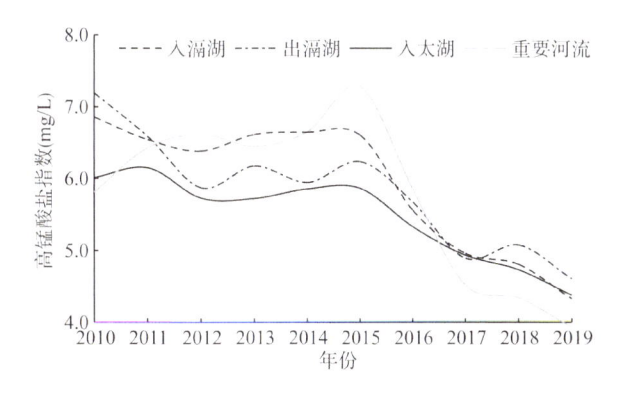

图 4.1-53　太滆片不同类型河流高锰酸盐指数多年浓度变化图

（3）总氮

从年均趋势来分析,2010—2019 年太滆片代表河流总氮多年平均浓度为 4.67 mg/L,年均下降率为 1.3%。其中入滆湖河流总氮多年平均浓度为 4.58 mg/L,年均上升率为 0.1%;出滆湖河流总氮多年平均浓度为 3.82 mg/L,年均上升率为 3.1%;入太湖河流总氮多年平均浓度为 4.61 mg/L,年均下降率为 3.0%;片区重要河流总氮多年平均浓度为 5.56 mg/L,年均下降率为 2.7%。详见图 4.1-55、图 4.1-56。

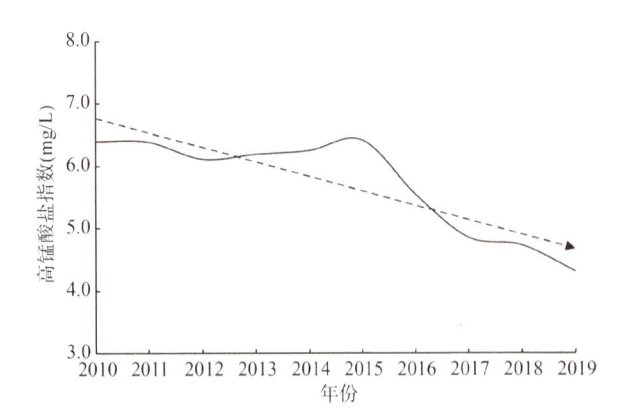

图 4.1-54　太滆片代表河流高锰酸盐指数多年浓度变化图

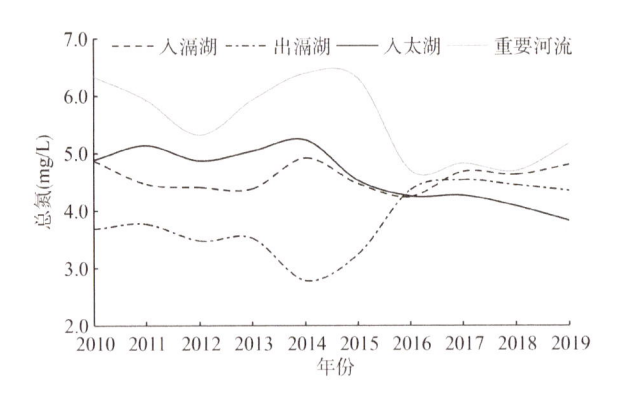

图 4.1-55　太滆片不同类型河流总氮多年浓度变化图

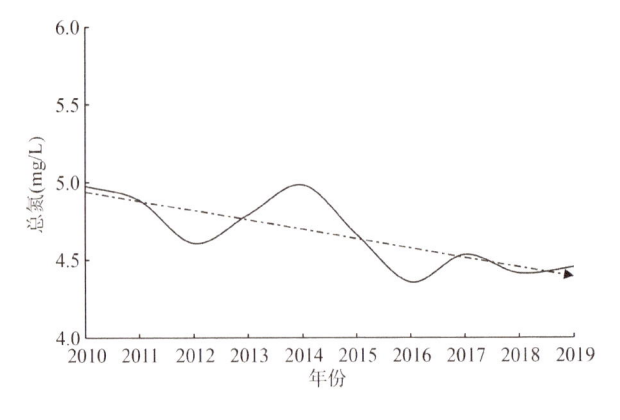

图 4.1-56　太滆片代表河流总氮多年浓度变化图

(4) 总磷

从年均趋势来分析，2010—2019 年太滆片代表河流总磷多年平均浓度为 0.215 mg/L，年均下降率为 5.0%。其中入滆湖河流总磷多年平均浓度为 0.208 mg/L，年均下降率为 6.0%；出滆湖河流总磷多年平均浓度为 0.162 mg/L，年均下降率为 7.0%；入太湖河流总磷多年平均浓度为 0.218 mg/L，年均下降率为 2.2%；片区重要河流总磷多年平均浓度为 0.261 mg/L，年均下降率为 1.8%。详见图 4.1-57、图 4.1-58。

图 4.1-57　太滆片不同类型河流总磷多年浓度变化图

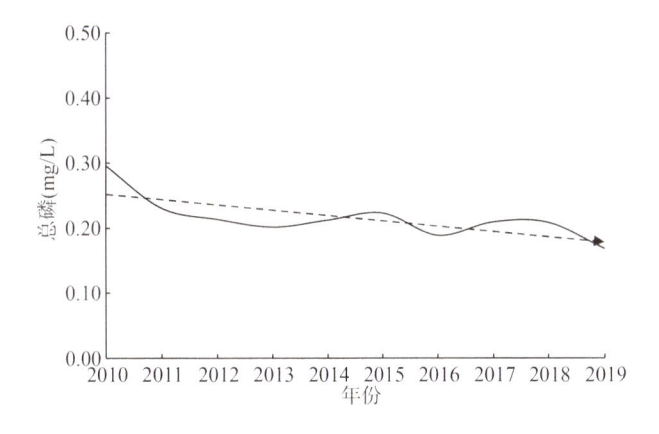

图 4.1-58　太滆片代表河流总磷多年浓度变化图

2. 湖泊

根据 2010—2019 年太滆片代表湖泊多年水质监测成果分析，总氮不参评时，太湖竺山湖、西部水域水质均为Ⅴ类。

(1) 氨氮

从年均趋势来分析,2010—2019年太滆片代表湖泊氨氮多年平均浓度为 0.75 mg/L,年均下降率为 24.3%。其中竺山湖氨氮多年平均浓度为 0.89 mg/L,年均下降率为 22.9%;西部水域氨氮多年平均浓度为 0.61 mg/L,年均下降率为 29.3%。详见图 4.1-59。

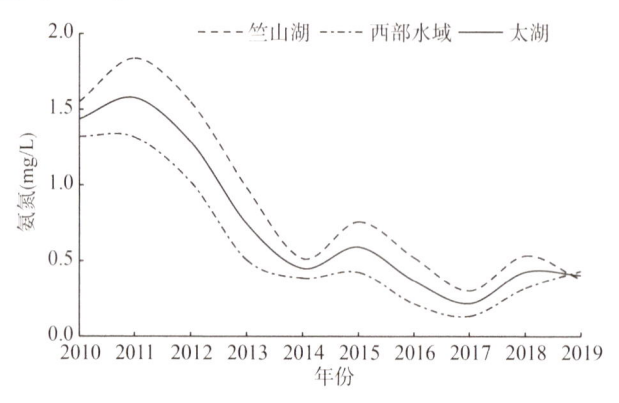

图 4.1-59　太滆片代表湖泊氨氮多年浓度变化图

(2) 高锰酸盐指数

从年均趋势来分析,2010—2019年太滆片代表湖泊高锰酸盐指数多年平均浓度为 5.1 mg/L,年均下降率为 2.5%。其中竺山湖高锰酸盐指数多年平均浓度为 5.2 mg/L,年均下降率为 2.6%;西部水域高锰酸盐指数多年平均浓度为 5.1 mg/L,年均下降率为 2.4%。详见图 4.1-60。

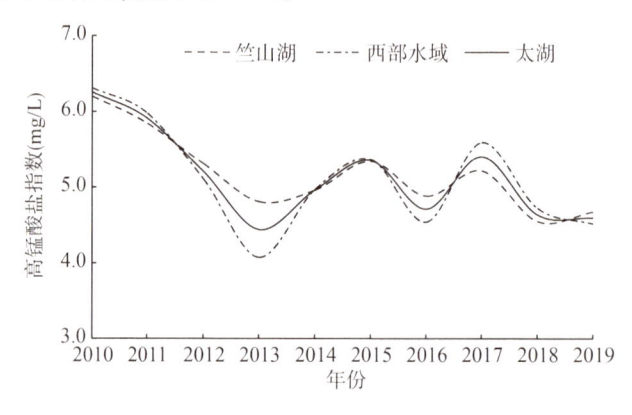

图 4.1-60　太滆片代表湖泊高锰酸盐指数多年浓度变化图

(3) 总氮

从年均趋势来分析,2010—2019年太滆片代表湖泊总氮多年平均浓度为

3.38 mg/L,年均下降率为7.1%。其中竺山湖总氮多年平均浓度为3.57 mg/L,年均下降率为6.7%;西部水域总氮多年平均浓度为3.19 mg/L,年均下降率为7.5%。详见图4.1-61。

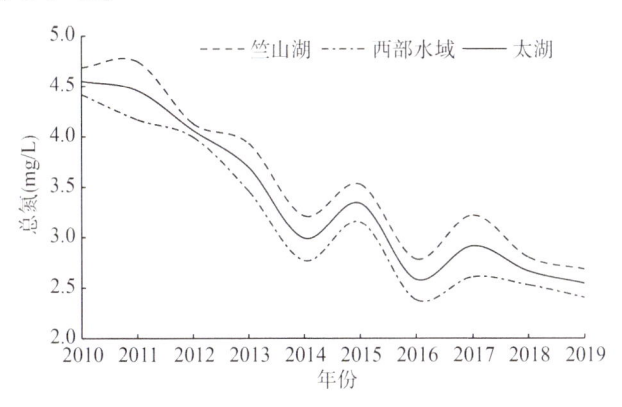

图 4.1-61　太湖片代表湖泊总氮多年浓度变化图

（4）总磷

从年均趋势来分析,2010—2019年太湖片代表湖泊总磷多年平均浓度为0.155 mg/L,年均下降率为2.0%。其中竺山湖总磷多年平均浓度为0.162 mg/L,年均下降率为2.1%;西部水域总磷多年平均浓度为0.149 mg/L,年均下降率为2.0%。详见图4.1-62。

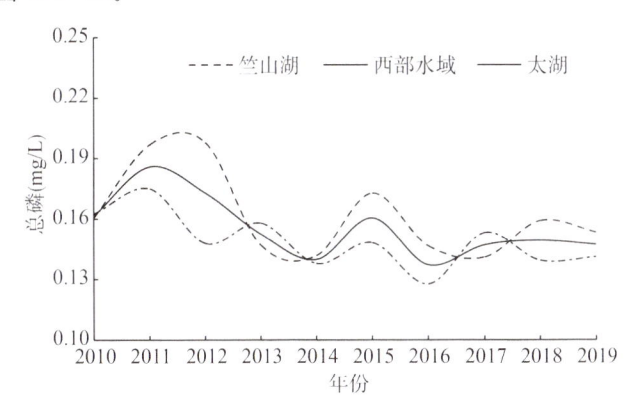

图 4.1-62　太湖片代表湖泊总磷多年浓度变化图

根据太湖片多年营养状态评价,分析代表湖泊营养状态指数年际变化趋势。太湖营养状态指数多年平均值为64.4,呈中度富营养状态,年均下降率为0.6%。其中竺山湖营养状态指数多年平均值为64.6,呈中度富营养状态,年均下降率为0.9%;西部水域营养状态指数多年平均值为64.2,呈中度富营养状态,年均下降率为0.6%。详见图4.1-63。

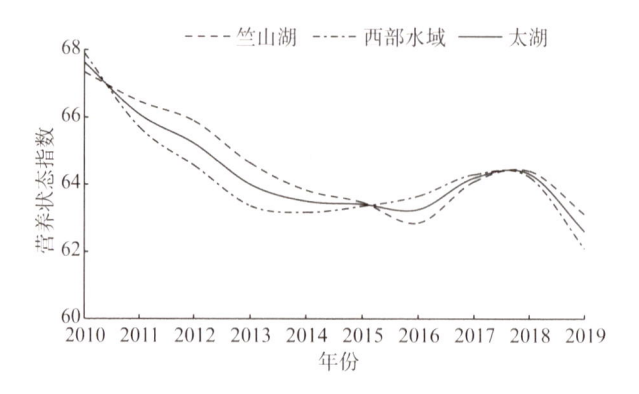

图4.1-63 太滆片代表湖泊多年营养状态指数变化图

4.1.4 运北沿江片水环境状况

4.1.4.1 年内水环境状况

2019年,运北沿江片代表河流全年期平均水质类别为Ⅳ类,汛期平均水质类别为Ⅳ类,非汛期平均水质类别为Ⅴ类。

7条主要代表河流水质类别为Ⅱ～劣Ⅴ类,其中Ⅱ类2条、Ⅲ类2条、Ⅳ类1条、Ⅴ类1条、劣Ⅴ类1条,占比分别为28.6%、28.6%、14.3%、14.3%和14.3%。

（1）氨氮

2019年,运北沿江片代表河流氨氮年均值为1.34 mg/L(Ⅳ类),年内最大均值为十里横河的4.46 mg/L(劣Ⅴ类),最小均值为剩银河的0.29 mg/L(Ⅱ类)。从年内变化来看,1月平均浓度最高,为2.32 mg/L(劣Ⅴ类);10月平均浓度最低,为0.41 mg/L(Ⅱ类)。详见图4.1-64。

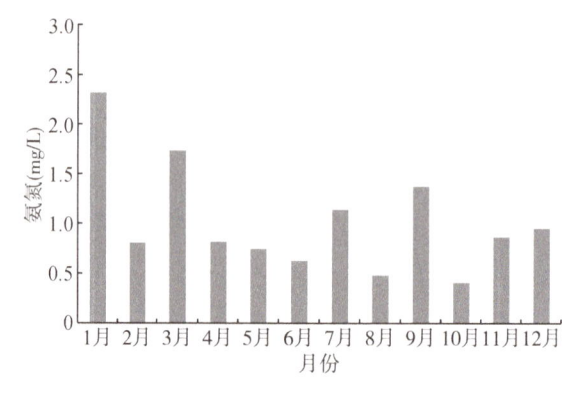

图4.1-64 运北沿江片代表河流年内氨氮浓度分布图

(2) 高锰酸盐指数

2019年,运北沿江片代表河流高锰酸盐指数年均值为 4.3 mg/L(Ⅲ类),年内最大均值为十里横河的 7.5 mg/L(Ⅳ类),最小均值为剩银河的 2.6 mg/L(Ⅱ类)。从年内变化来看,3月平均浓度最高,为 5.3 mg/L(Ⅲ类);11月平均浓度最低,为 3.2 mg/L(Ⅱ类)。详见图 4.1-65。

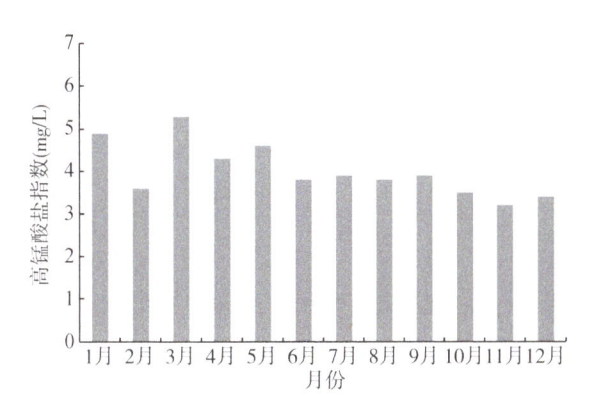

图 4.1-65 运北沿江片代表河流年内高锰酸盐指数浓度分布图

(3) 总氮

2019年,运北沿江片代表河流总氮年均值为 4.67 mg/L,年内最大均值为十里横河的 8.25 mg/L,最小均值为剩银河的 2.98 mg/L。从年内变化来看,1月平均浓度最高,为 5.44 mg/L;10月平均浓度最低,为 3.54 mg/L。详见图 4.1-66。

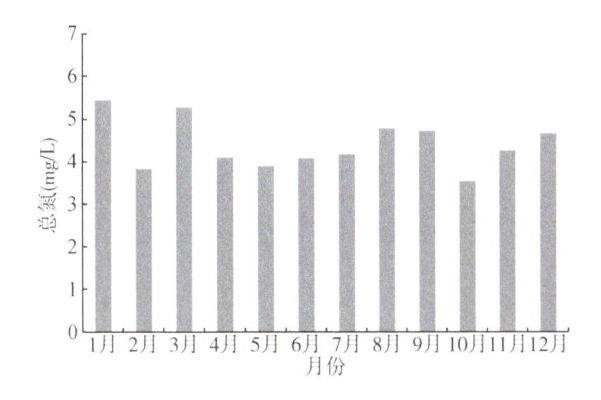

图 4.1-66 运北沿江片代表河流年内总氮浓度分布图

(4) 总磷

2019年,运北沿江片代表河流总磷年均值为 0.193 mg/L(Ⅲ类),年内最大均值为十里横河的 0.597 mg/L(劣Ⅴ类),最小均值为剩银河的 0.074 mg/L(Ⅱ类)。

从年内变化来看,3月平均浓度最高,为0.265 mg/L(Ⅳ类);6月平均浓度最低,为0.091 mg/L(Ⅱ类)。详见图4.1-67。

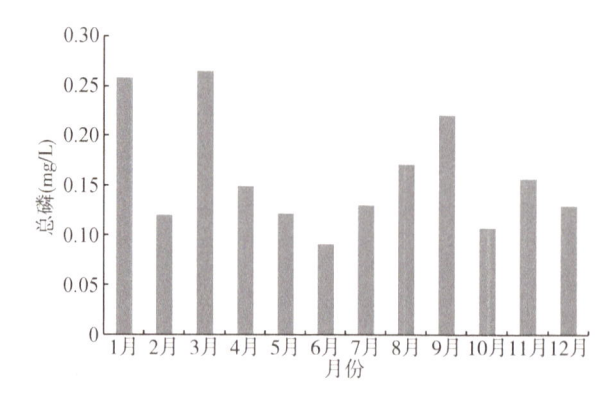

图4.1-67　运北沿江片代表河流年内总磷浓度分布图

(5) 溶解氧

2019年,运北沿江片代表河流溶解氧年均值为7.67 mg/L(Ⅰ类),年内最大均值为浦河的8.54 mg/L(Ⅰ类),最小均值为十里横河的5.89 mg/L(Ⅲ类)。从年内变化来看,11月平均浓度最高,为8.93 mg/L(Ⅰ类);8月平均浓度最低,为6.10 mg/L(Ⅱ类)。详见图4.1-68。

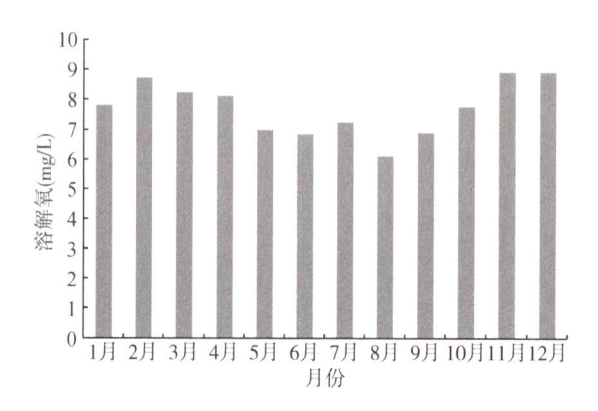

图4.1-68　运北沿江片代表河流年内溶解氧浓度分布图

4.1.4.2　年际水环境状况

根据2010—2019年运北沿江片代表河流水质监测成果分析,平均劣于Ⅲ类水的占64.2%,劣于Ⅲ类的主要指标为氨氮、总磷、高锰酸盐指数和溶解氧,见表4.1-12。

其中2010—2012年劣于Ⅲ类水的占比呈缓慢下降,2013年有所上升,2013—

2015年劣于Ⅲ类水的占比最高,2016年大幅下降,劣于Ⅲ类水的占比达到最低,2017—2019年先有所上升后又略有下降,趋势线的年均下降率为7.1%(图4.1-69)。

表4.1-12　运北沿江片代表河流多年水质类别评价占比表　　　　单位:%

年份	水质类别占比					
	Ⅱ	Ⅲ	Ⅳ	Ⅴ	劣Ⅴ	劣于Ⅲ类
2010年	0	16.7	33.3	0	50.0	83.3
2011年	0	33.3	16.7	16.7	33.3	66.7
2012年	0	33.3	0	50.0	16.7	66.7
2013年	0	16.7	33.3	33.3	16.7	83.3
2014年	0	16.7	33.3	33.3	16.7	83.3
2015年	0	16.7	33.3	16.7	33.3	83.3
2016年	0	60.0	0	0	40.0	40.0
2017年	0	50.0	16.7	16.7	16.7	50.0
2018年	14.3	42.9	14.3	14.3	14.3	42.9
2019年	28.5	28.6	14.3	14.3	14.3	42.9

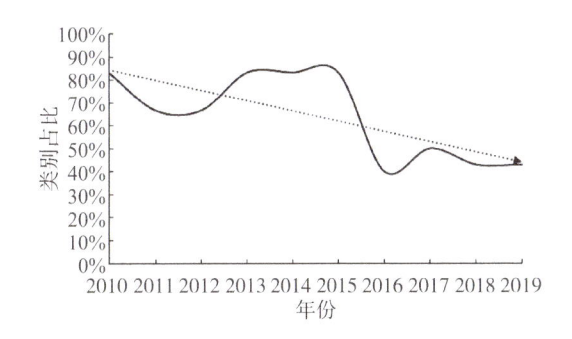

图4.1-69　运北沿江片代表河流劣于Ⅲ类水占比过程变化图

从年均趋势来分析,2010—2019年运北沿江片代表河流氨氮多年平均浓度为1.54 mg/L,年均下降率为5.2%;高锰酸盐指数多年平均浓度为5.1 mg/L,年均下降率为3.7%;总氮多年平均浓度为4.43 mg/L,年均下降率为2.2%;总磷多年平均浓度为0.237 mg/L,年均下降率为4.0%;溶解氧多年平均浓度为6.05 mg/L,年均上升率为5.5%。详见图4.1-70。

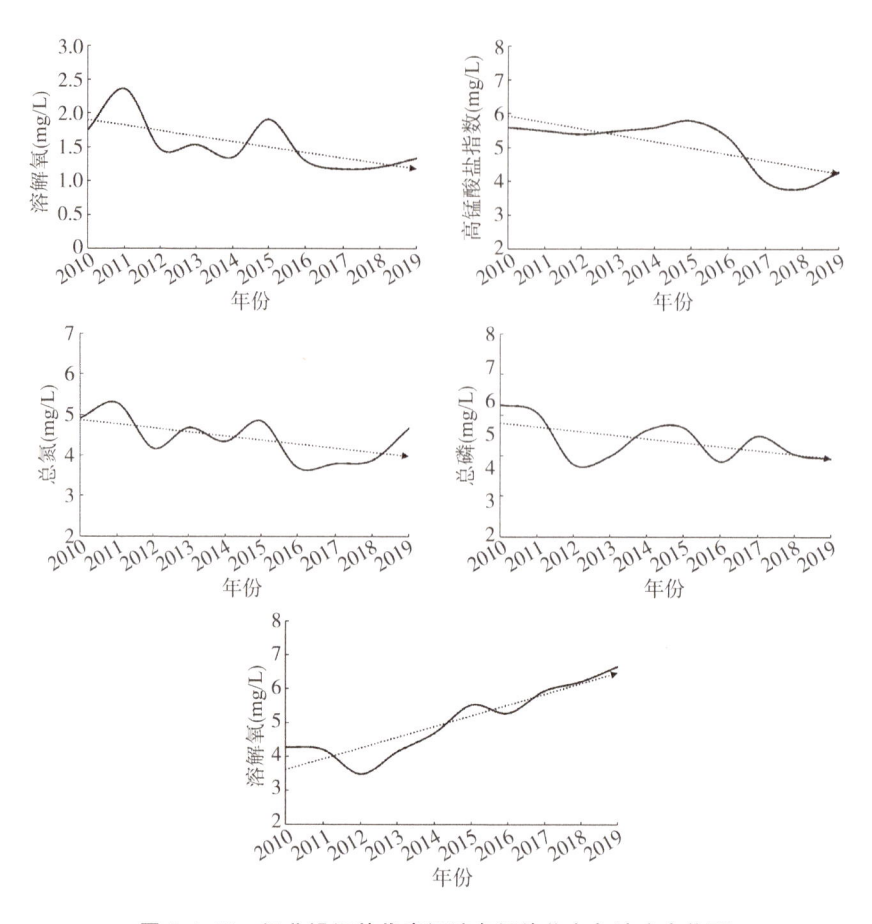

图 4.1-70　运北沿江片代表河流各污染物多年浓度变化图

4.1.5　城区片水环境状况

城区片代表河流有 9 条,分别为苏南运河常州段、老大运河、南运河、北塘河、澡港河东支、横塘河、关河、大通河和采菱港。

4.1.5.1　年内水环境状况

2019 年,城区片代表河流全年期平均水质类别为Ⅳ类,汛期平均水质类别为Ⅳ类,非汛期平均水质类别为Ⅴ类。

9 条代表河流水质类别为Ⅲ～劣Ⅴ类,其中Ⅲ类 3 条、Ⅳ类 2 条、Ⅴ类 3 条、劣Ⅴ类 1 条,占比分别为 33.3%、22.2%、33.3% 和 11.1%。

(1) 氨氮

2019 年,城区片代表河流氨氮年均值为 1.39 mg/L(Ⅳ类),年内最大均值为大通河的 2.34 mg/L(劣Ⅴ类),最小均值为苏南运河常州段的 0.78 mg/L(Ⅲ类)。从年内变化来看,3 月平均浓度最高,为 2.34 mg/L(劣Ⅴ类);5 月平均浓度最低,为 0.59 mg/L(Ⅲ类)。详见图 4.1-71。

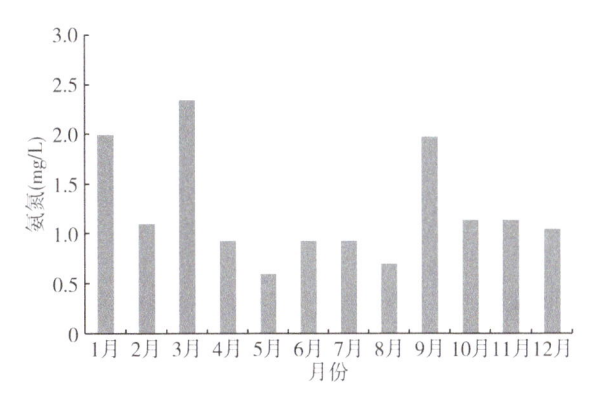

图 4.1-71 城区片代表河流年内氨氮浓度分布图

(2)高锰酸盐指数

2019 年,城区片代表河流高锰酸盐指数年均值为 3.9 mg/L(Ⅱ类),年内最大均值为大通河的 4.9 mg/L(Ⅲ类),最小均值为澡港河东支的 3.5 mg/L(Ⅱ类)。从年内变化来看,3 月平均浓度最高,为 4.6 mg/L(Ⅲ类);2 月平均浓度最低,为 2.7 mg/L(Ⅱ类)。详见图 4.1-72。

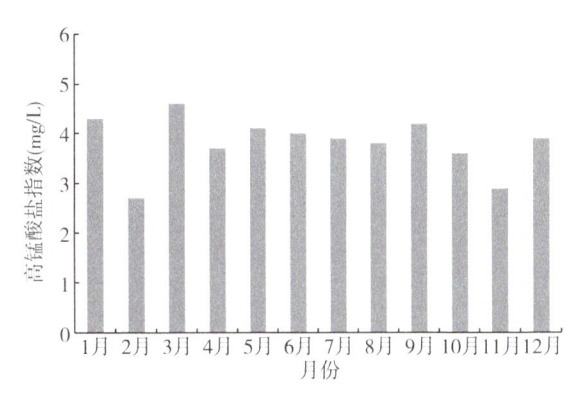

图 4.1-72 城区片代表河流年内高锰酸盐指数浓度分布图

(3)总氮

2019 年,城区片代表河流总氮年均值为 4.78 mg/L,年内最大均值为大通河的 5.70 mg/L,最小均值为澡港河东支的 4.16 mg/L。从年内变化来看,3 月平均浓度最高,为 5.28 mg/L;2 月平均浓度最低,为 3.59 mg/L。详见图 4.1-73。

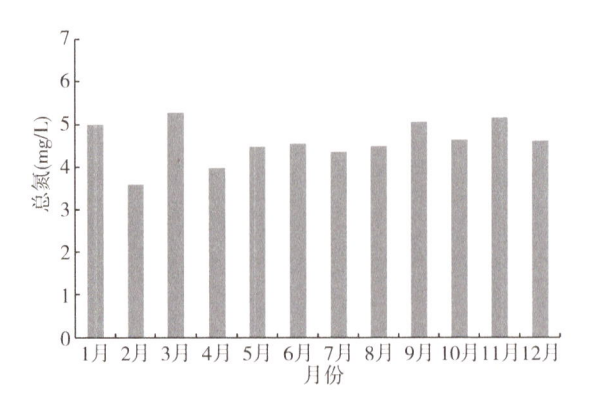

图 4.1-73　城区片代表河流年内总氮浓度分布图

(4) 总磷

2019 年,城区片代表河流总磷年均值为 0.182 mg/L(Ⅲ类),年内最大均值为大通河的 0.346 mg/L(Ⅴ类),最小均值为澡港河东支的 0.126 mg/L(Ⅲ类)。从年内变化来看,3 月平均浓度最高,为 0.259 mg/L(Ⅳ类);5 月平均浓度最低,为 0.093 mg/L(Ⅱ类)。详见图 4.1-74。

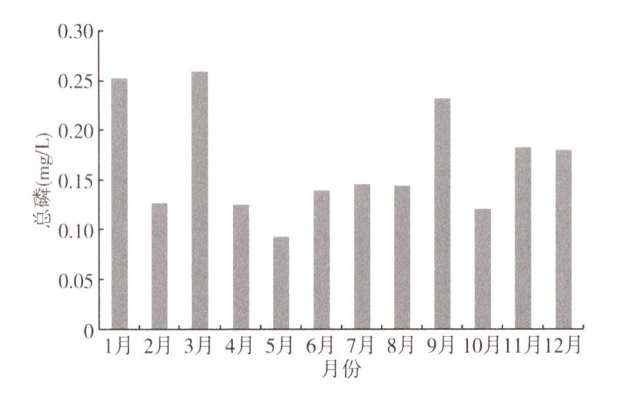

图 4.1-74　城区片代表河流年内总磷浓度分布图

(5) 溶解氧

2019 年,城区片代表河流溶解氧年均值为 7.44 mg/L(Ⅱ类),年内最大均值为北塘河的 8.24 mg/L(Ⅰ类),最小均值为大通河的 6.46 mg/L(Ⅱ类)。从年内变化来看,2 月平均浓度最高,为 9.76 mg/L(Ⅰ类);8 月平均浓度最低,为 5.33 mg/L(Ⅲ类)。详见图 4.1-75。

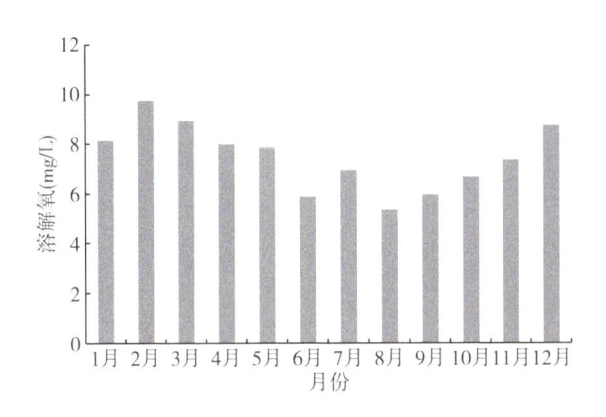

图 4.1-75　城区片代表河流年内溶解氧浓度分布图

4.1.5.2　年际水环境状况

根据 2010—2019 年城区片代表河流水质监测成果分析，平均劣于Ⅲ类水的占 95.6%，劣于Ⅲ类的主要指标为氨氮、总磷、高锰酸盐指数和溶解氧。

2010—2017 年劣于Ⅲ类水的占比均为 100%，其中 2010—2012 年Ⅳ类水的占比为 0%，均为Ⅴ类和劣Ⅴ类水；2013—2017 年Ⅳ类水的占比增加至 44.4%，劣Ⅴ类水的占比减少至 0%；2018—2019 年Ⅲ类水的占比增加至 33.3%，劣于Ⅲ类水的占比下降至 66.7%。详见表 4.1-13、图 4.1-76。

表 4.1-13　城区片代表河流多年水质类别评价占比表　　　　　单位：%

年份	Ⅱ	Ⅲ	Ⅳ	Ⅴ	劣Ⅴ	劣于Ⅲ类
2010 年	0	0	0	66.7	33.3	100
2011 年	0	0	0	55.6	44.4	100
2012 年	0	0	0	55.6	44.4	100
2013 年	0	0	22.2	44.4	33.3	100
2014 年	0	0	22.2	66.7	11.1	100
2015 年	0	0	0	44.4	55.6	100
2016 年	0	0	44.4	55.6	0	100
2017 年	0	0	44.4	55.6	0	100
2018 年	0	11.1	66.7	11.1	11.1	88.9
2019 年	0	33.3	22.2	33.4	11.1	66.7

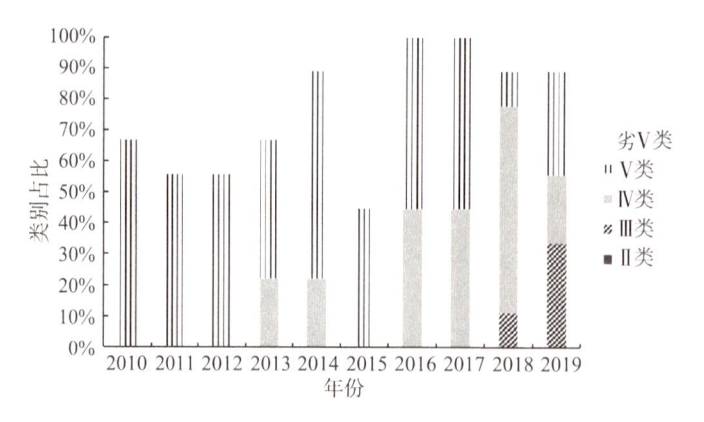

图 4.1-76　城区片代表河流劣于Ⅲ类水占比图

从年均趋势来分析,2010—2019 年城区片代表河流氨氮多年平均浓度为 1.82 mg/L,年均下降率为 5.6%;高锰酸盐指数多年平均浓度为 5.3 mg/L,年均下降率为 3.5%;总氮多年平均浓度为 5.13 mg/L,年均下降率为 2.8%;总磷多年平均浓度为 0.230 mg/L,年均下降率为 4.7%;溶解氧多年平均浓度为 5.14 mg/L,年均上升率为 8.5%。详见图 4.1-77。

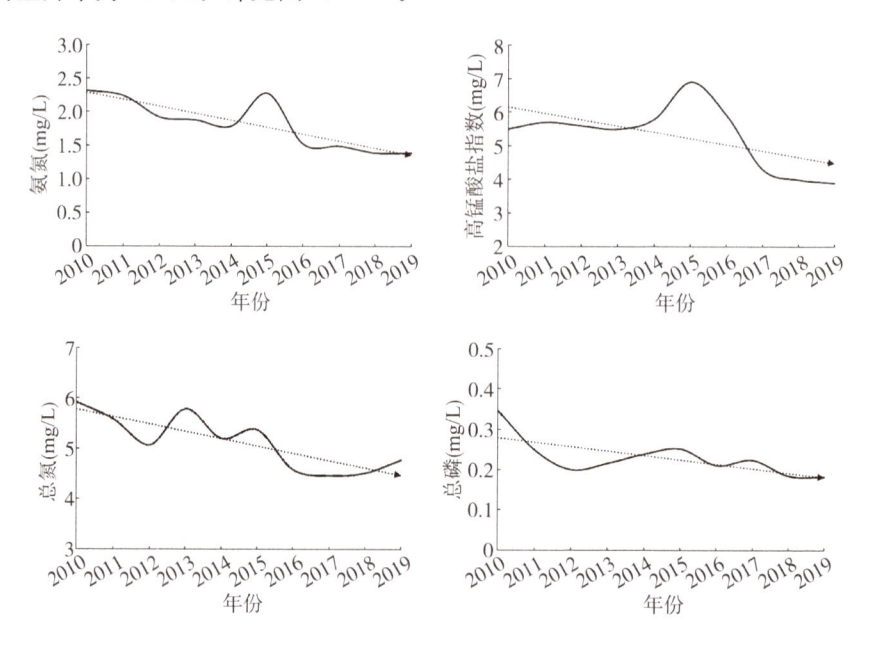

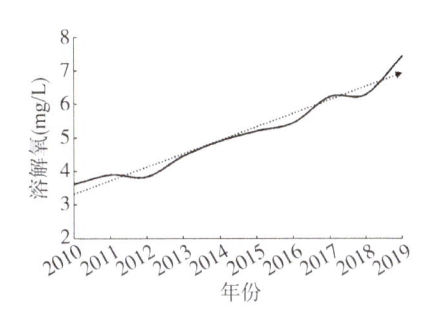

图 4.1-77　城区片代表河流各污染物多年浓度变化图

4.1.6　区域水环境特征

1. 河流

(1) 2010—2019年,西部上游片多年平均劣于Ⅲ类水的河流占比为64.4%,代表河流氨氮多年平均浓度为1.18 mg/L,高锰酸盐指数多年平均浓度为5.8 mg/L,总氮多年平均浓度为4.57 mg/L,总磷多年平均浓度为0.170 mg/L,各指标多年平均浓度均呈下降趋势,年均下降率为1.1%~14.3%。

(2) 2010—2019年,洮滆片多年平均劣于Ⅲ类水的河流占比为56.4%,代表河流氨氮多年平均浓度为1.36 mg/L,高锰酸盐指数多年平均浓度为5.7 mg/L,总氮多年平均浓度为4.56 mg/L,总磷多年平均浓度为0.223 mg/L,各指标多年平均浓度均呈下降趋势,年均下降率为2.4%~21.0%。

(3) 2010—2019年,太滆片多年平均劣于Ⅲ类水的河流占比为79.2%,代表河流氨氮多年平均浓度为1.42 mg/L,高锰酸盐指数多年平均浓度为5.7 mg/L,总氮多年平均浓度为4.67 mg/L,总磷多年平均浓度为0.215 mg/L,各指标多年平均浓度均呈下降趋势,年均下降率为1.3%~8.2%。

(4) 2010—2019年,运北沿江片多年平均劣于Ⅲ类水的河流占比为64.2%,代表河流氨氮多年平均浓度为1.54 mg/L,高锰酸盐指数多年平均浓度为5.1 mg/L,总氮多年平均浓度为4.43 mg/L,总磷多年平均浓度为0.237 mg/L,各指标多年平均浓度均呈下降趋势,年均下降率为2.2%~5.2%。

(5) 2010—2019年,城区片多年平均劣于Ⅲ类水的河流占比为95.6%,代表河流氨氮多年平均浓度为1.82 mg/L,高锰酸盐指数多年平均浓度为5.3 mg/L,总氮多年平均浓度为5.13 mg/L,总磷多年平均浓度为0.230 mg/L,各指标多年平均浓度均呈下降趋势,年均下降为2.8%~5.6%。

(6) 从代表河流各指标多年平均浓度来看,氨氮表现为西部上游片<洮滆片<太滆片<运北沿江片<城区片;总磷表现为西部上游片<太滆片<洮滆片<城区片<运北沿江片;总氮表现为运北沿江片<洮滆片<西部上游片<太滆片<城

区片;高锰酸盐指数表现为运北沿江片＜城区片＜太滆片＝洮滆片＜西部上游片。详见图 4.1-78。

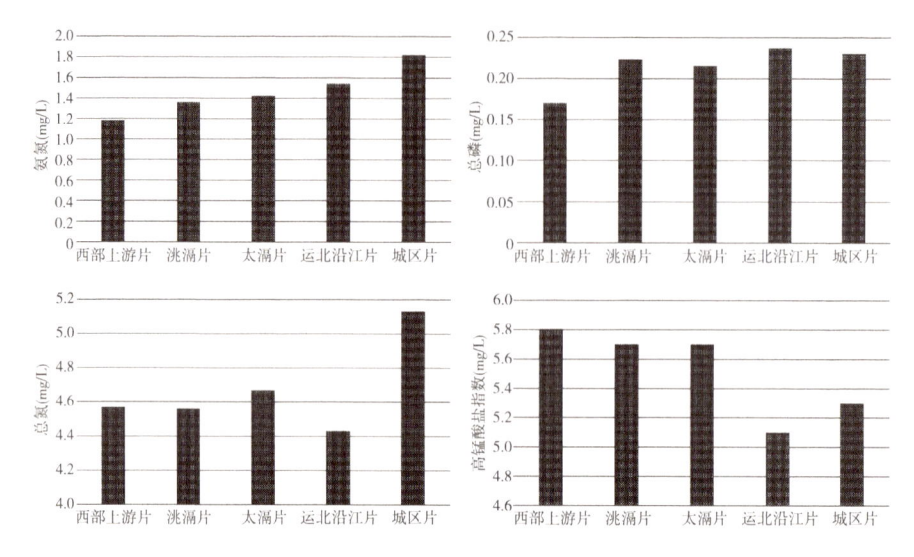

图 4.1-78 各片区代表河流各污染物多年平均浓度比较图

2. 湖库

(1) 2010—2019 年,西部上游片代表水库水质类别均为Ⅱ类(总氮不参评),营养状态指数多年平均值为 53.9(轻度富营养),代表水库氨氮多年平均浓度为 0.19 mg/L,高锰酸盐指数多年平均浓度为 3.3 mg/L,总氮多年平均浓度为 1.35 mg/L,总磷多年平均浓度为 0.030 mg/L,总氮、高锰酸盐指数和总磷指标多年平均浓度均呈下降趋势,年均下降率为 1.4%～4.5%,氨氮多年平均浓度呈上升趋势,上升率为 2.8%。

(2) 2010—2019 年,洮滆片代表湖泊多年平均劣于Ⅲ类水的占比为 80.0%(总氮不参评),营养状态指数多年平均值为 62.8(中度富营养),代表湖泊氨氮多年平均浓度为 0.44 mg/L,高锰酸盐指数多年平均浓度为 5.4 mg/L,总氮多年平均浓度为 2.62 mg/L,总磷多年平均浓度为 0.107 mg/L,氨氮、高锰酸盐指数和总磷指标多年平均浓度均呈下降趋势,年均下降率为 4.1%～10.7%。

(3) 2010—2019 年,太滆片太湖竺山湖、西部水域水质类别均为Ⅴ类(总氮不参评),营养状态指数多年平均值为 64.4(中度富营养),代表湖泊氨氮多年平均浓度为 0.75 mg/L,高锰酸盐指数多年平均浓度为 5.1 mg/L,总氮多年平均浓度为 3.38 mg/L,总磷多年平均浓度为 0.155 mg/L,各指标多年平均浓度均呈下降趋势,年均下降为 2.0%～24.3%。

(4) 从代表湖库各指标多年平均浓度来看,氨氮、总磷、总氮均表现为西部上游片＜洮滆片＜太滆片；高锰酸盐指数表现为西部上游片＜太滆片＜洮滆片。详见图 4.1-79。

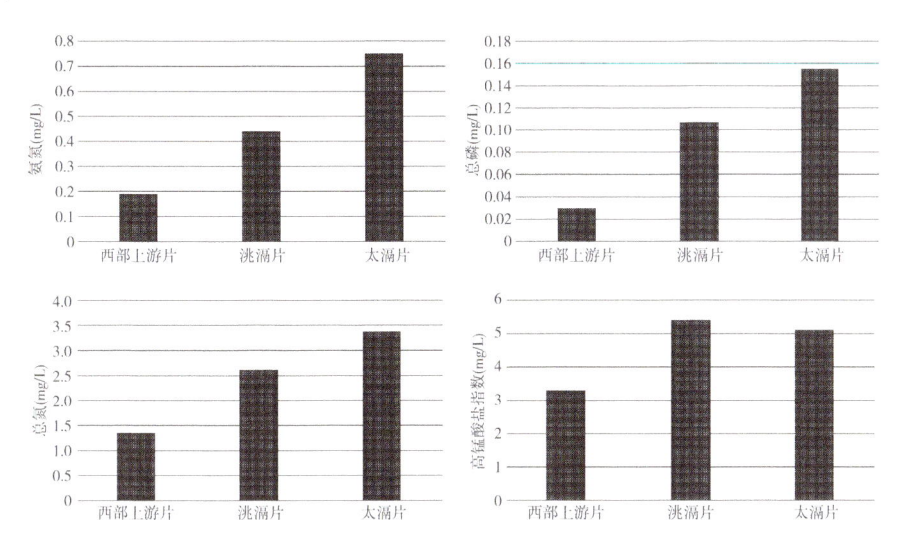

图 4.1-79　各片区代表湖库各污染物多年平均浓度比较图

3. 洮滆太湖泊群污染物浓度空间分异

从出入湖污染物平均浓度来看，基本表现为入湖平均浓度高于出湖平均浓度。氨氮指标洮湖入湖到出湖，由Ⅳ类降至Ⅲ类；滆湖入湖到出湖，由Ⅴ类降至Ⅲ类。总磷指标洮湖、滆湖入湖到出湖均由Ⅳ类降至Ⅲ类。详见图 4.1-80。

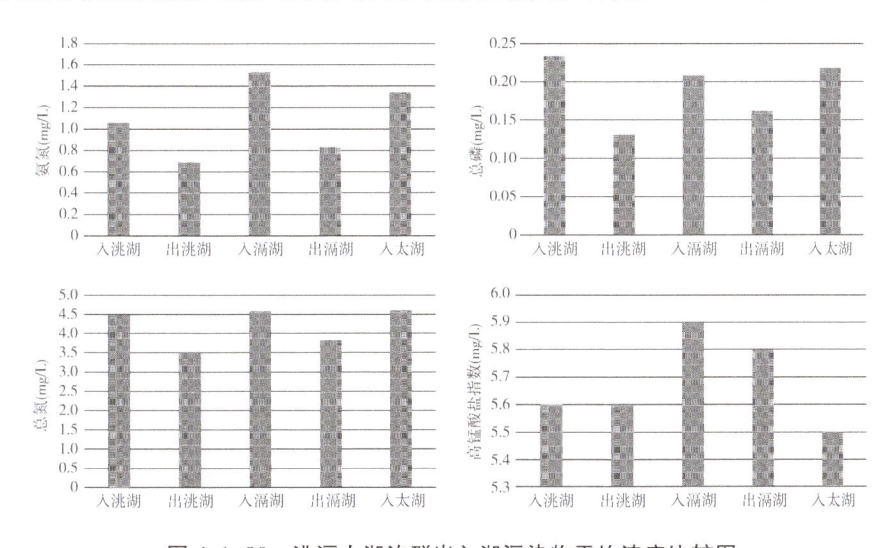

图 4.1-80　洮滆太湖泊群出入湖污染物平均浓度比较图

从出入湖污染物浓度年均下降率来看,氨氮指标出入湖均呈下降趋势,其中入洮湖氨氮下降率最高,为11.2%;总磷指标出入湖均呈下降趋势,其中入洮湖总磷下降率最高,为19.8%;总氮指标入洮湖和入太湖呈下降趋势,出洮湖、入滆湖、出滆湖总氮浓度均呈上升趋势;高锰酸盐指数出入湖指标均呈下降趋势,下降率为3.1%~4.6%。详见图4.1-81、表4.1-14。

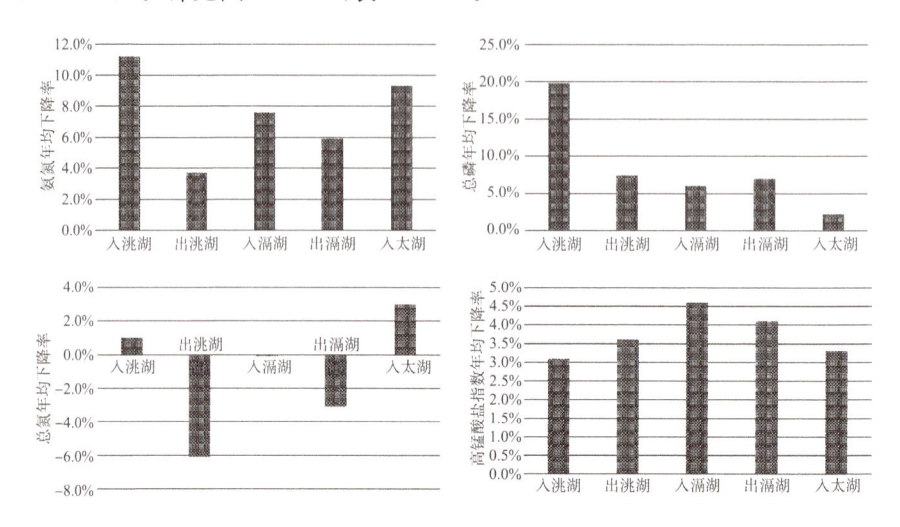

图4.1-81　洮滆太湖泊群出入湖污染物年均下降率比较图

表4.1-14　城洮滆太湖泊群出入湖污染物统计表

指标		入洮湖	出洮湖	入滆湖	出滆湖	入太湖
氨氮	2010年浓度(mg/L)	1.59	1.19	1.9	0.95	1.57
	2019年浓度(mg/L)	0.64	0.63	0.95	0.59	0.64
	多年平均浓度(mg/L)	1.06	0.69	1.53	0.83	1.34
	年均下降率	11.2%	3.7%	7.6%	5.9%	9.3%
高锰酸盐指数	2010年浓度(mg/L)	5.8	6.8	6.9	7.2	6
	2019年浓度(mg/L)	4.4	4.5	4.3	4.6	4.4
	多年平均浓度(mg/L)	5.6	5.6	5.9	5.8	5.5
	年均下降率	3.1%	3.6%	4.6%	4.1%	3.3%
总氮	2010年浓度(mg/L)	5.02	3.57	4.87	3.68	4.88
	2019年浓度(mg/L)	4.42	4.33	4.80	4.35	3.83
	多年平均浓度(mg/L)	4.48	3.51	4.58	3.82	4.61
	年均下降率	1.0%	−6.1%	−0.1%	−3.1%	3.0%

续表

指标		入洮湖	出洮湖	入滆湖	出滆湖	入太湖
总磷	2010年浓度(mg/L)	0.576	0.208	0.380	0.215	0.244
	2019年浓度(mg/L)	0.141	0.112	0.151	0.123	0.190
	多年平均浓度(mg/L)	0.233	0.131	0.208	0.162	0.218
	年均下降率	19.8%	7.4%	6.0%	7.0%	2.2%

4.2 典型城市水环境状况

4.2.1 出入境断面水质状况

4.2.1.1 入境断面水质状况

1. 苏南运河及其沿线口门

（1）苏南运河

苏南运河入境监测断面九里大桥的水质目标是Ⅳ类。研究期内，断面测次达标24次（汛期7次，非汛期17次），汛期测次达标率为87.5%，非汛期测次达标率为81.0%。断面均值评价水质类别为Ⅲ类，达标。

（2）扁担河

扁担河入境监测断面卜弋桥的水质目标是Ⅳ类。研究期内，断面测次达标25次（汛期6次，非汛期19次），汛期测次达标率为75.0%，非汛期测次达标率为90.5%。断面均值评价水质类别为Ⅲ类，达标。

（3）武宜运河

武宜运河入境监测断面厚恕桥的水质目标是Ⅳ类。研究期内，断面测次达标28次（汛期9次，非汛期19次），汛期测次达标率为100%，非汛期测次达标率为90.5%。断面均值评价水质类别为Ⅲ类，达标。

（4）南运河

南运河入境监测断面武宜河桥的水质目标是Ⅳ类。研究期内，断面测次达标27次（汛期8次，非汛期19次），汛期测次达标率为100%，非汛期测次达标率为90.5%。断面均值评价水质类别为Ⅲ类，达标。

（5）采菱港

采菱港入境监测断面采菱港桥的水质目标是Ⅳ类。研究期内，断面测次达标26次（汛期9次，非汛期17次），汛期测次达标率为100%，非汛期测次达标率为81.0%。断面均值评价水质类别为Ⅲ类，达标。

（6）武进港

武进港入境监测断面慈浜大桥的水质目标是Ⅳ类。研究期内，断面测次达标22次（汛期6次，非汛期16次），汛期测次达标率为75.0%，非汛期测次达标率为76.2%。断面均值评价水质类别为Ⅲ类，达标。

2. 无锡来水

（1）锡溧漕河

锡溧漕河入境监测断面欢塘桥的水质目标是Ⅳ类。研究期内，断面测次达标28次（汛期8次，非汛期20次），汛期测次达标率为100%，非汛期测次达标率为95.2%。断面均值评价水质类别为Ⅲ类，达标。

（2）固城河

固城河入境监测断面为雪堰桥，但固城河尚未划分水功能区，未确定水质目标。研究期内，按Ⅲ类标准统计，断面测次达标22次（汛期7次，非汛期15次），汛期测次达标率为87.5%，非汛期测次达标率为71.4%。断面均值评价水质类别为Ⅲ类，达标。

3. 漓西诸河

（1）夏溪河

夏溪河入境监测断面友谊桥的水质目标是Ⅳ类。研究期内，断面测次达标13次（汛期6次，非汛期7次），汛期测次达标率为85.7%，非汛期测次达标率为70.0%。断面均值评价水质类别为Ⅲ类，达标。

（2）湟里河

湟里河入境监测断面湟里桥的水质目标是Ⅲ类。研究期内，断面测次达标6次（汛期4次，非汛期2次），汛期测次达标率为57.1%，非汛期测次达标率为20.0%。断面均值评价水质类别为Ⅳ类，不达标，主要超标项目为氨氮。

（3）北干河

北干河入境监测断面西市桥的水质目标是Ⅲ类。研究期内，断面测次达标8次（汛期4次，非汛期4次），汛期测次达标率为57.1%，非汛期测次达标率为40.0%。断面均值评价水质类别为Ⅲ类，达标。

（4）中干河

中干河入境监测断面港步桥的水质目标是Ⅲ类。研究期内，断面测次达标11次（汛期6次，非汛期5次），汛期测次达标率为85.7%，非汛期测次达标率为50.0%。断面均值评价水质类别为Ⅳ类，不达标，主要超标项目为氨氮。

4.2.1.2 出境断面水质状况

（1）武进港

武进港出境监测断面武进港桥的水质目标是Ⅲ类。研究期内，断面测次达标25次（汛期7次，非汛期18次），汛期测次达标率为87.5%，非汛期测次达标率为

85.7%。断面均值评价水质类别为Ⅲ类,达标。

(2) 雅浦港

雅浦港出境监测断面雅浦桥的水质目标是Ⅲ类。研究期内,断面测次达标 28 次(汛期 8 次,非汛期 20 次),汛期测次达标率为 100%,非汛期测次达标率为 95.2%。断面均值评价水质类别为Ⅲ类,达标。

(3) 太滆运河

太滆运河出境监测断面黄埝桥的水质目标是Ⅲ类。研究期内,断面测次达标 25 次(汛期 7 次,非汛期 18 次),汛期测次达标率为 87.5%,非汛期测次达标率为 85.7%。断面均值评价水质类别为Ⅲ类,达标。

(4) 百渎港

百渎港出境监测断面百渎港桥的水质目标是Ⅲ类。研究期内,断面测次达标 23 次(汛期 6 次,非汛期 17 次),汛期测次达标率为 75.0%,非汛期测次达标率为 81.0%。断面均值评价水质类别为Ⅲ类,达标。

(5) 漕桥河

漕桥河出境监测断面裴家桥的水质目标是Ⅲ类。研究期内,断面测次达标 26 次(汛期 7 次,非汛期 19 次),汛期测次达标率为 87.5%,非汛期测次达标率为 95.0%。断面均值评价水质类别为Ⅲ类,达标。

(6) 武宜运河

武宜运河出境监测断面夏坊桥的水质目标是Ⅲ类。研究期内,断面测次达标 20 次(汛期 6 次,非汛期 14 次),汛期测次达标率为 75.0%,非汛期测次达标率为 66.7%。断面均值评价水质类别为Ⅲ类,达标。

(7) 锡溧漕河

锡溧漕河出境监测断面白巷桥的水质目标是Ⅲ类。研究期内,断面测次达标 26 次(汛期 7 次,非汛期 19 次),汛期测次达标率为 87.5%,非汛期测次达标率为 90.5%。断面均值评价水质类别为Ⅲ类,达标。

(8) 苏南运河

苏南运河出境监测断面横林东桥的水质目标是Ⅳ类。研究期内,断面测次达标 26 次(汛期 7 次,非汛期 19 次),汛期测次达标率为 87.5%,非汛期测次达标率为 90.5%。断面均值评价水质类别为Ⅲ类,达标。

4.2.1.3 小结

(1) 氨氮

研究期内,氨氮浓度较高的入境河流断面前三分别为湟里河湟里桥、夏溪河友谊桥和中干河港步桥,出境河流断面前三分别为苏南运河横林东桥、武宜运河夏坊桥和锡溧漕河白巷桥。前三入境河流研究期氨氮平均浓度略超Ⅲ类标准限值;前三出境河流研究期氨氮平均浓度均低于Ⅲ类标准限值。

从整体来看，入境河流断面氨氮平均浓度为 0.82 mg/L，出境河流断面氨氮平均浓度为 0.66 mg/L，对于氨氮指标来说，出境水质优于入境水质。

(2) 高锰酸盐指数

研究期内，高锰酸盐指数浓度较高的入境河流断面前三分别为北干河西市桥、湟里河湟里桥和中干河港步桥，出境河流断面前三分别为漕桥河裴家桥、武进港武进港桥和武宜运河夏坊桥。前三出入境河流研究期高锰酸盐指数平均浓度均低于Ⅲ类标准限值。

从整体来看，入境河流断面高锰酸盐指数平均浓度为 3.82 mg/L，出境河流断面高锰酸盐指数平均浓度为 3.80 mg/L，出入境河流高锰酸盐指数平均浓度基本持平。

(3) 总磷

研究期内，总磷浓度较高的入境河流断面前三分别为苏南运河九里大桥、扁担河卜弋桥、武进港慈浍大桥，出境河流断面前三分别为锡溧漕河白巷桥、苏南运河横林东桥和武宜运河夏坊桥。前三出入境河流研究期总磷平均浓度均低于Ⅲ类标准限值。

从整体来看，入境河流断面总磷平均浓度为 0.148 mg/L，出境河流断面总磷平均浓度为 0.154 mg/L，出境河流总磷指标劣于入境河流。

(4) 总氮

研究期内，总氮浓度较高的入境河流断面前三分别为锡溧漕河欢塘桥、扁担河卜弋桥和湟里河湟里桥，出境河流断面前三分别为锡溧漕河白巷桥、武宜运河夏坊桥和苏南运河横林东桥。

从整体来看，入境河流断面总氮平均浓度为 4.64 mg/L，出境河流断面总氮平均浓度为 4.49 mg/L，出境河流总氮指标略优于入境河流。

4.2.2　污染物浓度时空变化及分布

4.2.2.1　主要河道污染物浓度时空变化

根据典型城市水环境研究期监测资料，选取武宜运河、太滆运河、锡溧漕河、武南河、武进港、漕桥河、扁担河、湟里河和北干河 9 条主要河道，分析氨氮、高锰酸盐指数、总磷、总氮污染物时空变化情况。

1. 武宜运河

武宜运河上游至下游监测断面共 6 个，分别为厚恕桥、武宜运河桥、西湖路桥、塘洋桥、夏坊桥和寨桥南。详见表 4.2-1。

(1) 时间变化情况

研究期内，氨氮浓度枯水期 (1.37 mg/L) ＞平水期 (0.89 mg/L) ＞丰水期 (0.74 mg/L)，枯水期基本为Ⅳ～Ⅴ类，平水期基本为Ⅲ～Ⅳ类，丰水期为Ⅲ类。

表 4.2-1　武宜运河沿线监测断面及水质目标表

序号	监测断面	到上游河口距离(m)	水质目标
1	厚恕桥	620	Ⅳ
2	武宜运河桥	8 900	Ⅳ
3	西湖路桥	10 000	Ⅳ
4	塘洋桥	14 980	Ⅳ
5	夏坊桥	23 915	Ⅲ
6	寨桥南	25 508	Ⅲ

高锰酸盐指数浓度枯水期(4.14 mg/L)＞丰水期(4.13 mg/L)＞平水期(3.64 mg/L)，三水期均为Ⅱ～Ⅲ类，水质类别变化不大。

总磷浓度枯水期(0.193 mg/L)＞丰水期(0.150 mg/L)＞平水期(0.146 mg/L)，枯水期基本为Ⅲ～Ⅳ类，平水期和丰水期为Ⅲ类。

总氮浓度枯水期(5.05 mg/L)＞丰水期(4.72 mg/L)＞平水期(4.58 mg/L)。

综上，武宜运河各污染物浓度总体表现为：枯水期污染物浓度最高；丰水期受降雨及排涝影响，各污染物浓度(除氨氮外)略高于平水期。详见图4.2-1。

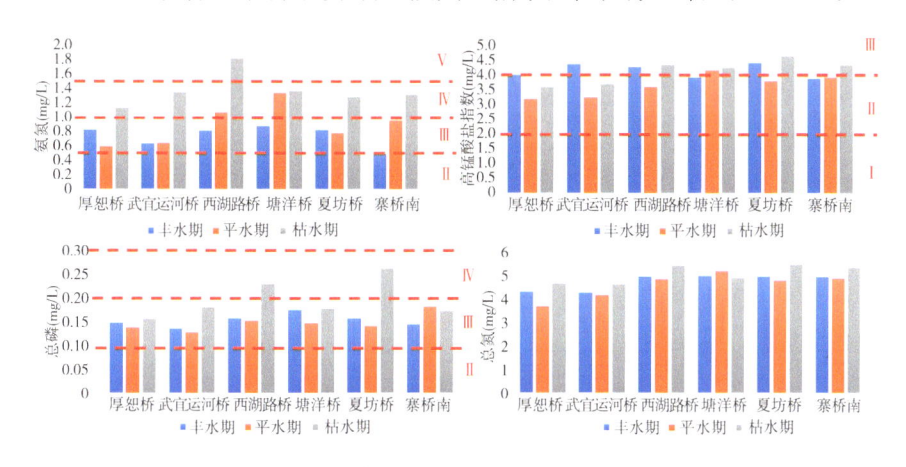

图 4.2-1　武宜运河三水期污染物平均浓度

（2）污染物空间分布

武宜运河承接苏南运河来水，与武南河交汇后到达西湖路桥断面，氨氮、高锰酸盐指数、总磷和总氮污染物浓度均明显上升。西湖路桥断面较厚恕桥断面，氨氮、高锰酸盐指数、总磷、总氮浓度增幅分别为41.5%、12.2%、17.5%、21.0%。至塘洋桥，氨氮、高锰酸盐指数和总氮浓度又略有上升，塘洋桥断面较厚恕桥断面，氨氮、高锰酸盐指数、总磷、总氮浓度增幅分别为45%、13.7%、12.9%、21.5%。

武宜运河与太滆运河交汇后到达夏坊桥断面，高锰酸盐指数和总磷污染物浓度明显上升,而氨氮浓度显著下降,总氮基本维持不变。夏坊桥断面较塘洋桥断面,高锰酸盐指数浓度增幅为 3.6%,总磷浓度增幅为 6.5%,氨氮浓度降幅为 22.1%。详见图 4.2-2。

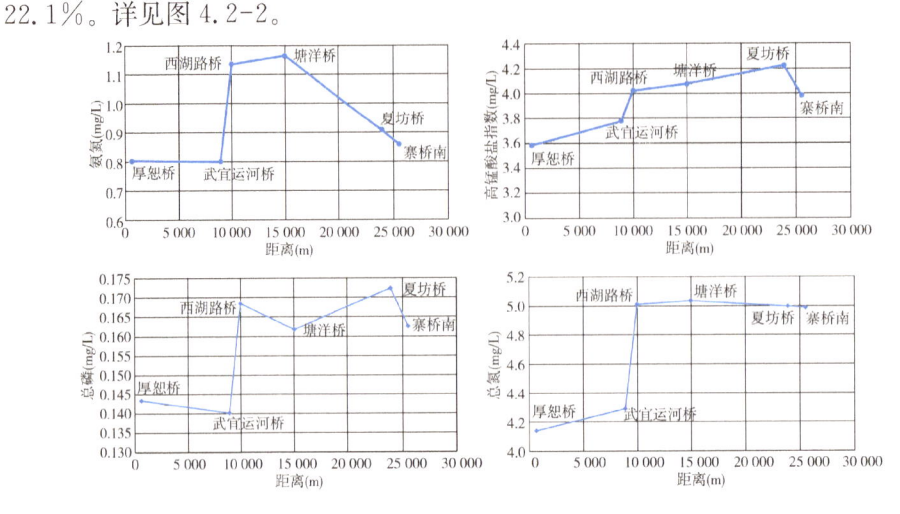

图 4.2-2　武宜运河沿程污染物浓度变化图

武宜运河与锡溧漕河交汇后从寨桥南断面出境,各污染物浓度均有所下降。寨桥南断面较夏坊桥断面,氨氮、高锰酸盐指数、总磷、总氮浓度降幅分别为 5.4%、5.6%、5.6%、0.1%。

武宜运河污染物沿程变化主要体现在武南河水汇入后,污染物浓度平均增幅 23.1%,中下游塘洋桥段、夏坊桥段污染物浓度均有进一步升高。

2. 太滆运河

太滆运河上游至下游监测断面共 5 个,分别为红湖大桥、红星桥、运村大桥、黄埝桥和百渎港桥。详见表 4.2-2。

表 4.2-2　太滆运河沿线监测断面及水质目标表

序号	监测断面	到上游河口距离(m)	水质目标
1	红湖大桥	2 709	Ⅲ
2	红星桥	4 798	Ⅲ
3	运村大桥	12 171	Ⅲ
4	黄埝桥	19 084	Ⅲ
5	百渎港桥	22 294	Ⅲ

(1) 污染物时间变化

研究期内,氨氮浓度枯水期(1.22 mg/L)＞平水期(0.80 mg/L)＞丰水期(0.54 mg/L),枯水期红湖大桥和红星桥断面基本为Ⅳ～Ⅴ类,运村大桥、黄埝桥和百渎港桥断面为Ⅲ类;平水期和丰水期基本为Ⅱ～Ⅲ类。

高锰酸盐指数浓度枯水期(4.20 mg/L)＞丰水期(4.19 mg/L)＞平水期(3.82 mg/L),三水期均为Ⅱ～Ⅲ类,水质类别变化不大。

总磷浓度枯水期(0.181 mg/L)＞丰水期(0.176 mg/L)＞平水期(0.141 mg/L),枯水期红湖大桥和红星桥断面为Ⅳ类,运村大桥、黄埝桥和百渎港桥断面为Ⅲ类;平水期和丰水期均为Ⅲ类。

总氮浓度枯水期(5.20 mg/L)＞丰水期(4.76 mg/L)＞平水期(4.42 mg/L)。

综上,太滆运河各污染物浓度总体表现为:枯水期污染物浓度最高,且上游红湖大桥和红星桥断面明显劣于下游断面;丰水期受降雨及排涝影响,各污染物浓度(除氨氮外)高于平水期。详见图 4.2-3。

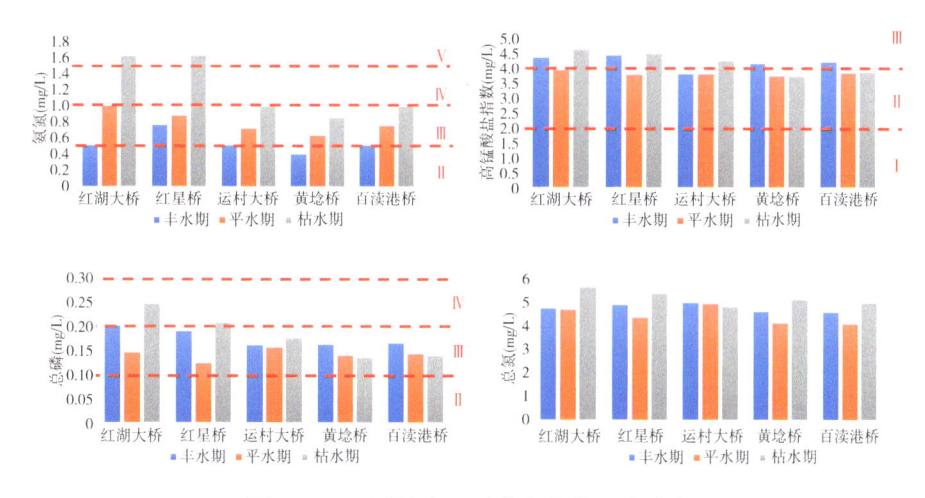

图 4.2-3　太滆运河三水期污染物平均浓度

(2)污染物空间分布

受武宜运河来水水质影响,太滆运河红湖大桥断面各污染物浓度均有所升高。

太滆运河与锡溧漕河改线段交汇后到达运村大桥断面,除总氮浓度有所上升外,其余各污染物浓度均下降,运村大桥断面较红星桥断面,氨氮、高锰酸盐指数、总磷浓度降幅分别为 30.2%、7.0%、4.0%。

太滆运河与老锡溧漕河交汇后到达黄埝桥断面,各污染物浓度持续下降,黄埝桥断面较红星桥断面,氨氮、高锰酸盐指数、总磷、总氮浓度降幅分别为 40.7%、7.3%、13.0%、5.3%。

太滆运河与横扁担河交汇后到达百渎港桥断面,氨氮、高锰酸盐指数、总磷浓度有所上升,百渎港桥断面较黄埝桥断面,氨氮、高锰酸盐指数、总磷浓度增幅分别为 20.2%、2.4%、2.0%,详见图 4.2-4。

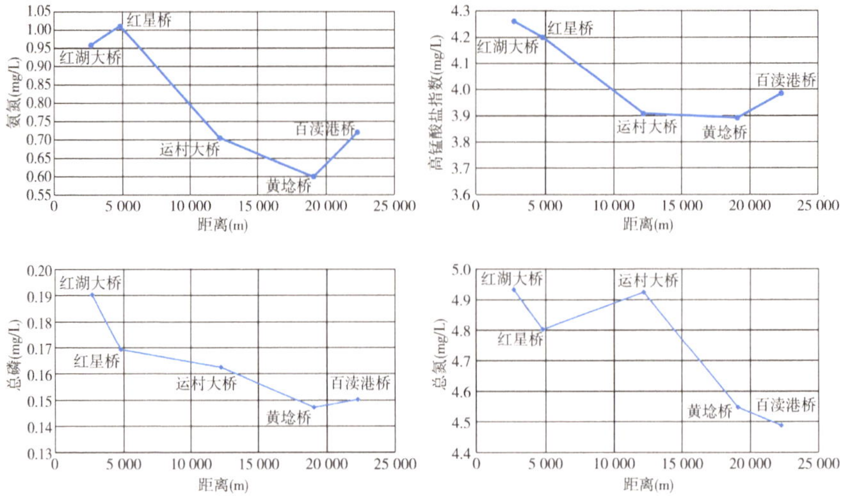

图 4.2-4　太滆运河沿程污染物浓度变化图

太滆运河污染物沿程变化总体表现为上下游两头高、中游低。上游红湖大桥和红星桥断面受武宜运河来水水质的影响明显,污染物浓度最高,中游段污染物浓度显著下降,下游因横扁担河的汇入,污染物浓度有所升高。

3. 锡溧漕河

锡溧漕河上游至下游监测断面共5个,分别为欢塘桥、戴溪大桥、华渡桥、祝庄桥和白巷桥。详见表4.2-3。

表 4.2-3　锡溧漕河沿线监测断面及水质目标表

序号	监测断面	到上游河口距离(m)	水质目标
1	欢塘桥	2 712	Ⅳ
2	戴溪大桥	7 700	Ⅳ
3	华渡桥	13 355	Ⅳ
4	祝庄桥	18 837	Ⅳ
5	白巷桥	22 776	Ⅳ

(1) 污染物时间变化

研究期内,氨氮浓度枯水期(1.18 mg/L)＞平水期(0.82 mg/L)＞丰水期(0.70 mg/L),枯水期祝庄桥和白巷桥断面基本为Ⅳ～Ⅴ类,欢塘桥、戴溪大桥和华渡桥断面为Ⅲ类;平水期和丰水期基本为Ⅲ类。

高锰酸盐指数浓度枯水期(4.19 mg/L)＞丰水期(4.08 mg/L)＞平水期(3.84 mg/L),三水期均为Ⅱ～Ⅲ类,水质类别变化不大。

总磷浓度枯水期(0.211 mg/L)＞平水期(0.173 mg/L)＞丰水期(0.154 mg/L),

枯水期祝庄桥和白巷桥断面基本为Ⅳ~Ⅴ类,欢塘桥、戴溪大桥和华渡桥断面为Ⅲ类;平水期和丰水期均为Ⅲ类。

总氮浓度枯水期(5.45 mg/L)>平水期(5.29 mg/L)>丰水期(4.80 mg/L)。

综上,锡溧漕河各污染物浓度总体表现为:枯水期污染物浓度最高,且下游断面祝庄桥和白巷桥明显劣于上游断面;各污染物浓度(除高锰酸盐指数外)平水期高于丰水期。详见图4.2-5。

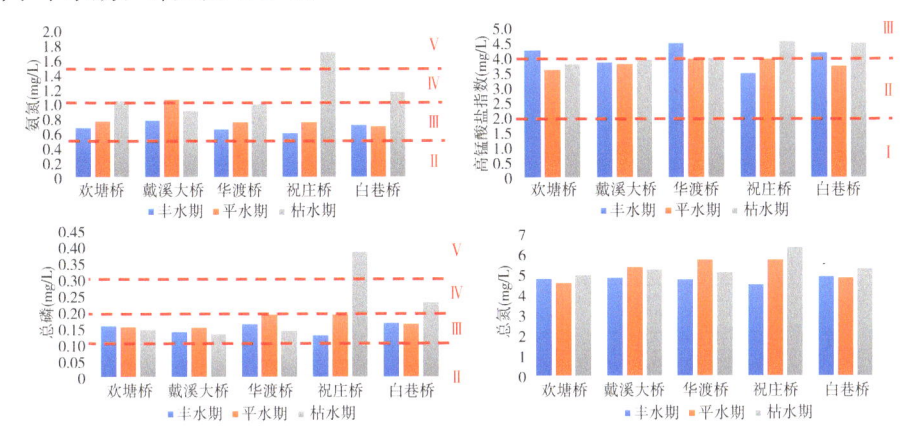

图 4.2-5　锡溧漕河三水期污染物平均浓度

(2) 污染物空间分布

锡溧漕河承接苏南运河无锡洛社段来水,自东向西至与武进港共线段戴溪大桥断面,氨氮和总氮浓度上升,高锰酸盐指数和总磷浓度下降,戴溪大桥断面较欢塘桥断面,氨氮浓度增幅为14.9%,总氮浓度增幅为7.9%。至华渡桥断面,氨氮和总氮浓度下降,高锰酸盐指数和总磷浓度上升。

与太滆运河交汇后,至锡溧漕河改线段祝庄桥断面氨氮、总磷和总氮浓度上升,祝庄桥断面较华渡桥断面,氨氮、总磷、总氮浓度增幅分别为9.0%、23.2%、10.2%。至白巷桥断面,氨氮、总磷和总氮浓度又略有下降。

从综合污染物沿程变化来看,锡溧漕河沿线污染物浓度总体呈沿程上升趋势,白巷桥断面较欢塘桥断面,氨氮、高锰酸盐指数、总磷、总氮浓度增幅分别为2.2%、4.7%、16.8%、4.4%,总磷增幅最为明显。详见图4.2-6。

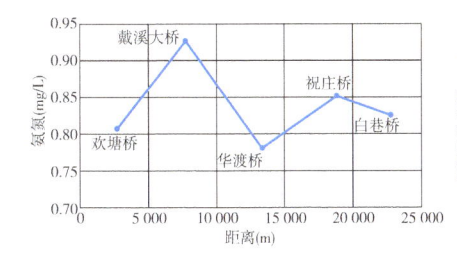

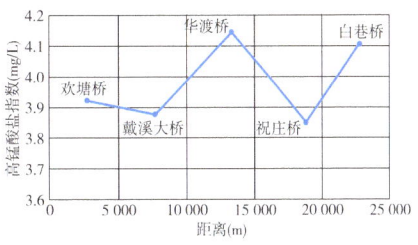

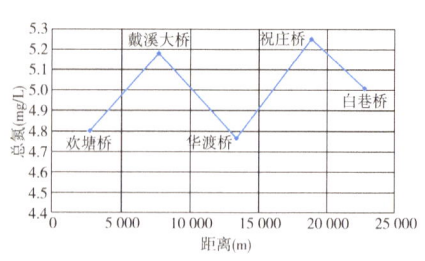

图 4.2-6 锡溧漕河沿程污染物浓度变化图

4. 武南河

武南河自东向西监测断面共3个,分别为永安河口、西河桥和武南河中桥。详见表4.2-4。

表4.2-4 武南河沿线监测断面及水质目标表

序号	监测断面	到东端河口距离(m)	水质目标
1	永安河口	9 764	IV
2	西河桥	18 665	IV
3	武南河中桥	19 140	IV

(1) 污染物时间变化

研究期内,氨氮浓度枯水期(1.71 mg/L)＞平水期(1.16 mg/L)＞丰水期(0.76 mg/L),枯水期为IV～V类;平水期和丰水期均为III～IV类。

高锰酸盐指数浓度枯水期(4.39 mg/L)＞丰水期(4.34 mg/L)＞平水期(3.91 mg/L),三水期基本为II～III类,水质类别变化不大。

总磷浓度枯水期(0.205 mg/L)＞丰水期(0.183 mg/L)＞平水期(0.151 mg/L),枯水期和丰水期均为III～IV类,平水期为III类。

总氮浓度枯水期(5.80 mg/L)＞平水期(4.94 mg/L)＞丰水期(4.88 mg/L)。

综上,武南河各污染物浓度总体表现为:枯水期污染物浓度最高;高锰酸盐指数和总磷浓度丰水期高于平水期,氨氮和总氮浓度平水期高于丰水期。详见图4.2-7。

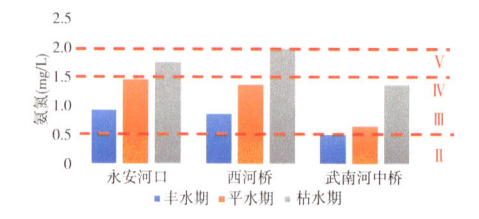

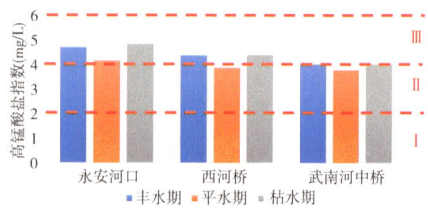

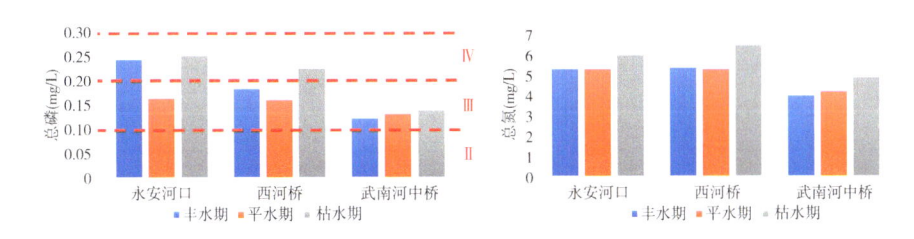

图 4.2-7　武南河三水期污染物平均浓度

(2) 污染物空间分布

武南河与永安河交汇口以西段,水流方向为自东向西,因此西河桥断面与永安河口断面氨氮和总氮浓度基本接近,高锰酸盐指数和总磷浓度西河桥断面略低于永安河口断面,降幅分别为 7.7% 和 12.2%。

武南河与武宜运河交汇,武南河中桥断面位于武宜运河以西,西河桥位于武宜运河以东,各污染物浓度西河桥断面显著高于武南河中桥断面,武南河中桥断面较西河桥断面,氨氮、高锰酸盐指数、总磷、总氮浓度降幅分别为 73.1%、7.4%、43.0%、31.5%。

从综合污染物沿程变化来看,武南河沿线,以武宜运河为界,各污染物浓度武南河东段显著高于西段,其中氨氮、总磷变幅最为明显。武宜运河来水水质显著优于武南河,武南河中桥断面入滆湖水主要来源于武宜运河。详见图 4.2-8。

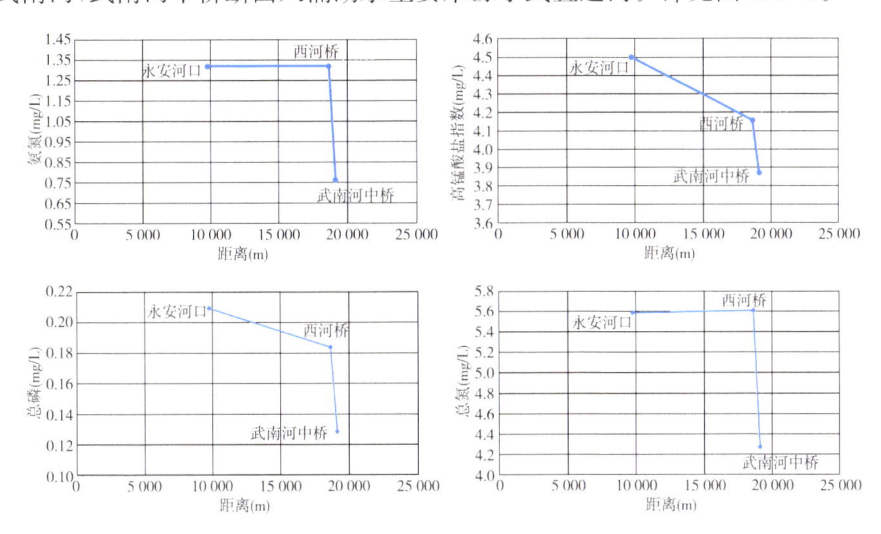

图 4.2-8　武南河沿程污染物浓度变化图

5. 武进港

武进港上游至下游监测断面共 3 个,分别为慈渎大桥、戴溪大桥和武进港桥。详见表 4.2-5。

表 4.2-5　武进港沿线监测断面及水质目标表

序号	监测断面	到东端河口距离(m)	水质目标
1	慈浜大桥	2 941	IV
2	戴溪大桥	13 729	IV
3	武进港桥	27 116	III

(1) 污染物时间变化

研究期内，氨氮浓度枯水期(1.01 mg/L)＞平水期(0.80 mg/L)＞丰水期(0.65 mg/L)，枯水期为Ⅲ～Ⅳ类；平水期和丰水期均为Ⅱ～Ⅲ类。

高锰酸盐指数浓度枯水期(4.20 mg/L)＞丰水期(4.05 mg/L)＞平水期(3.92 mg/L)，三水期基本为Ⅱ～Ⅲ类，水质类别变化不大。

总磷浓度枯水期(0.164 mg/L)＞丰水期(0.153 mg/L)＞平水期(0.133 mg/L)，三水期均为Ⅲ类，水质类别变化不大。

总氮浓度枯水期(5.08 mg/L)＞平水期(4.64 mg/L)＞丰水期(4.50 mg/L)。

综上，武进港各污染物浓度总体表现为：枯水期污染物浓度最高；高锰酸盐指数和总磷浓度丰水期高于平水期，氨氮和总氮浓度平水期高于丰水期。详见图 4.2-9。

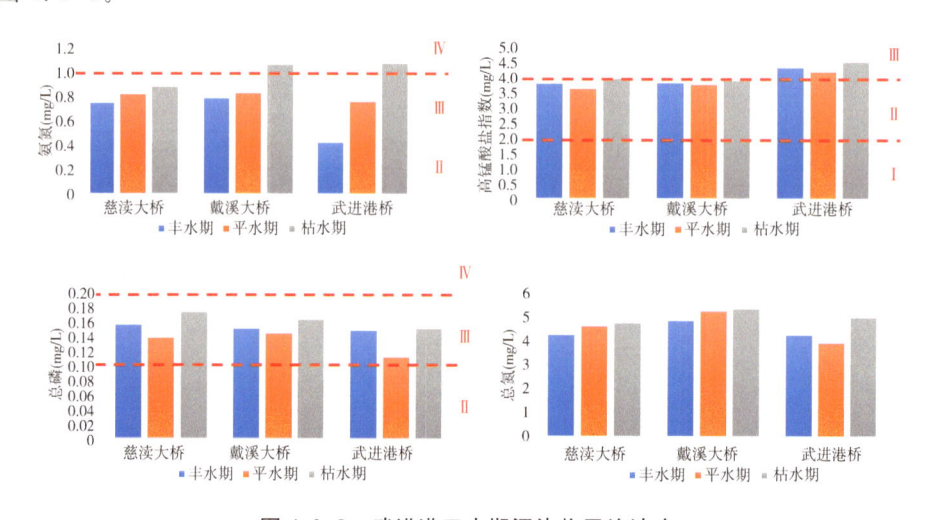

图 4.2-9　武进港三水期污染物平均浓度

(2) 污染物空间分布

武进港承接苏南运河来水，与采菱港交汇后至戴溪大桥断面，氨氮、高锰酸盐指数和总氮浓度均有所上升，戴溪大桥断面较慈浜大桥断面，氨氮、高锰酸盐指数、总氮浓度增幅分别为 13.4%、1.2%、13.7%。

武进港与锡溧漕河交汇后至武进港桥断面，除高锰酸盐指数外，其余各污染物浓度均下降,武进港桥断面较戴溪大桥断面,氨氮、总磷、总氮浓度降幅分别为 23.9％、11.1％、16.8％。详见图 4.2-10。

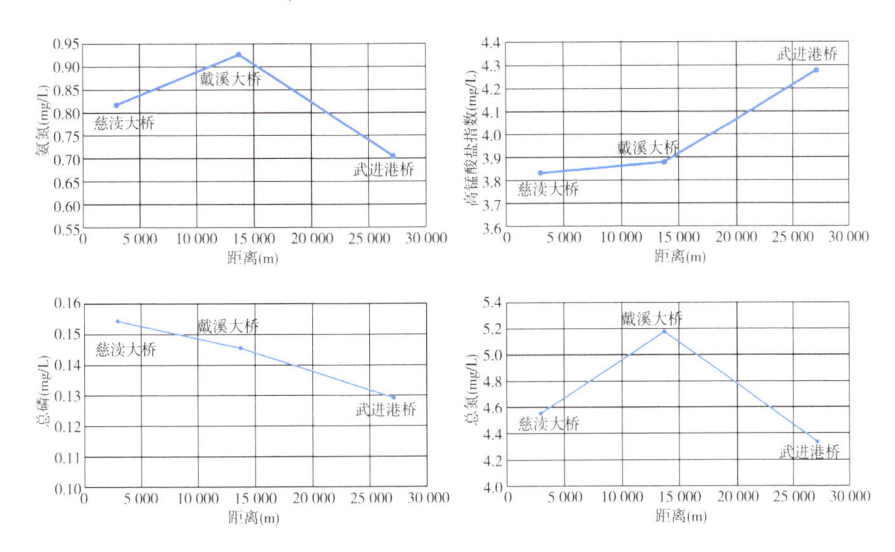

图 4.2-10　武进港沿程污染物浓度变化图

综合污染物沿程变化来看,武进港沿线,除高锰酸盐指数外,各污染物浓度总体呈下降趋势,武进港桥断面较慈浜大桥断面,氨氮、总磷、总氮浓度降幅分别为 13.7％、16.3％、4.8％,总磷降幅最为明显。

6. 漕桥河

漕桥河上游至下游监测断面共 2 个,分别为漕桥和裴家桥。详见表 4.2-6。

表 4.2-6　漕桥河沿线监测断面及水质目标表

序号	监测断面	到东端河口距离(m)	水质目标
1	漕桥	8 693	Ⅲ
2	裴家桥	13 401	Ⅲ

(1) 污染物时间变化

研究期内,氨氮浓度枯水期(1.00 mg/L)＞平水期(0.68 mg/L)＞丰水期(0.55 mg/L),枯水期为Ⅲ～Ⅳ类;平水期和丰水期均为Ⅱ～Ⅲ类。

高锰酸盐指数浓度枯水期(4.65 mg/L)＞平水期(4.58 mg/L)＞丰水期(4.53 mg/L),三水期均为Ⅲ类,水质类别变化不大。

总磷浓度枯水期(0.143 mg/L)＞丰水期(0.122 mg/L)＞平水期(0.116 mg/L),三水期均为Ⅲ类,水质类别变化不大。

总氮浓度枯水期(5.04 mg/L)＞丰水期(4.24 mg/L)＞平水期(4.14 mg/L)。

综上,漕桥河各污染物浓度总体表现为:枯水期污染物浓度最高;总磷和总氮浓度丰水期高于平水期,氨氮和高锰酸盐指数浓度平水期高于丰水期。详见图 4.2-11。

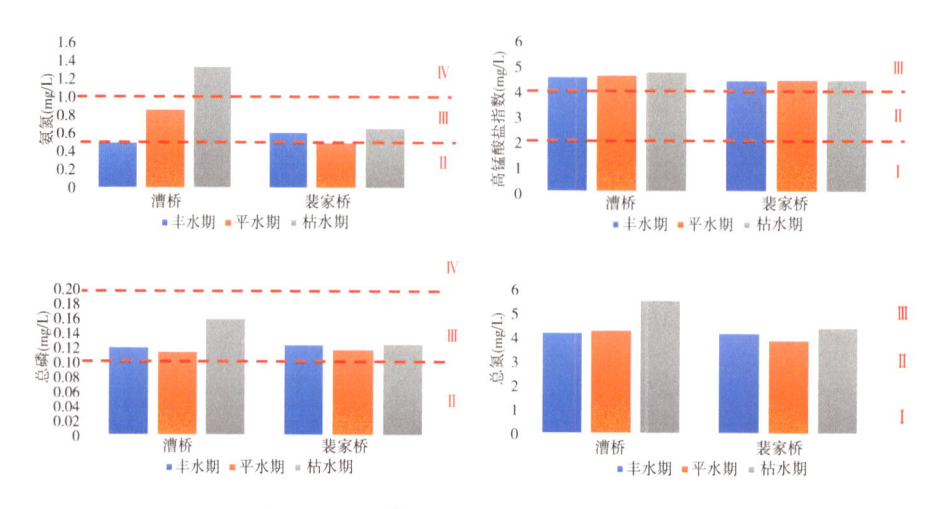

图 4.2-11　漕桥河三水期污染物平均浓度

(2) 污染物空间分布

研究期间,因新孟河延伸拓浚工程施工,漕桥河断流,监测结果代表性存疑,以下分析仅供参考。从污染物浓度来看,下游裴家桥断面除高锰酸盐指数外,其余污染物均低于上游漕桥断面,氨氮、总磷、总氮降幅分别为 32.0%、12.2%、9.1%。详见图 4.2-12。

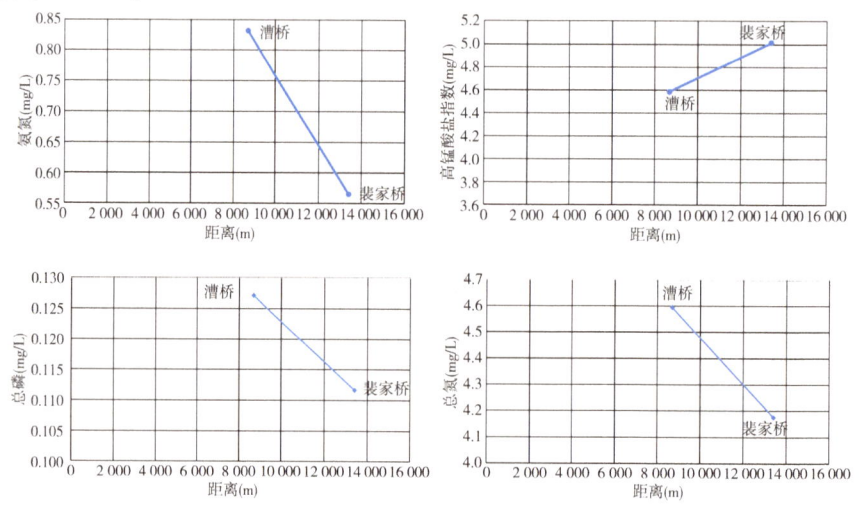

图 4.2-12　漕桥河沿程污染物浓度变化图

7. 扁担河

扁担河监测断面只有1个,即卜弋桥。详见表4.2-7。

表4.2-7　扁担河监测断面及水质目标表

序号	监测断面	到上游河口距离(m)	水质目标
1	卜弋桥	8 157	Ⅳ

研究期内,氨氮浓度枯水期(1.46 mg/L)＞丰水期(0.81 mg/L)＞平水期(0.73 mg/L),枯水期为Ⅳ类;丰水期和平水期均为Ⅲ类。

高锰酸盐指数浓度枯水期(4.46 mg/L)＞丰水期(4.42 mg/L)＞平水期(3.34 mg/L),枯水期和丰水期均为Ⅲ类,平水期为Ⅱ类。

总磷浓度枯水期(0.281 mg/L)＞丰水期(0.261 mg/L)＞平水期(0.185 mg/L),枯水期和丰水期均为Ⅳ类,平水期为Ⅲ类。

总氮浓度枯水期(5.51 mg/L)＞丰水期(4.91 mg/L)＞平水期(4.86 mg/L)。

综上,扁担河各污染物浓度总体表现为:枯水期污染物浓度最高;各污染物浓度丰水期均高于平水期。详见图4.2-13。

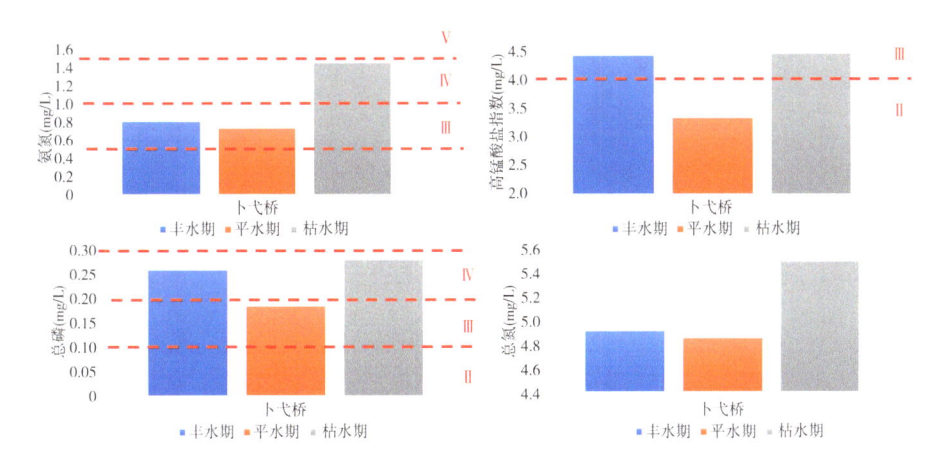

图4.2-13　扁担河三水期污染物平均浓度

8. 湟里河

湟里河监测断面只有1个,即湟里桥。详见表4.2-8。

表4.2-8　湟里河监测断面及水质目标表

序号	监测断面	到上游河口距离(m)	水质目标
1	湟里桥	10 767	Ⅲ

研究期内,氨氮浓度枯水期(2.17 mg/L)＞平水期(1.09 mg/L)＞丰水期(0.55 mg/L),枯水期为劣Ⅴ类;平水期为Ⅳ类;丰水期为Ⅲ类。

高锰酸盐指数浓度枯水期(5.60 mg/L)＞丰水期(4.66 mg/L)＞平水期(4.52 mg/L)，三水期均为Ⅲ类。

总磷浓度枯水期(0.125 mg/L)＞丰水期(0.101 mg/L)＞平水期(0.079 mg/L)，枯水期和丰水期均为Ⅲ类，平水期为Ⅱ类。

总氮浓度枯水期(5.13 mg/L)＞平水期(4.80 mg/L)＞丰水期(4.62 mg/L)。

综上，湟里河各污染物浓度总体表现为：枯水期污染物浓度最高；高锰酸盐指数和总磷浓度丰水期高于平水期；氨氮和总氮浓度平水期高于丰水期。详见图4.2-14。

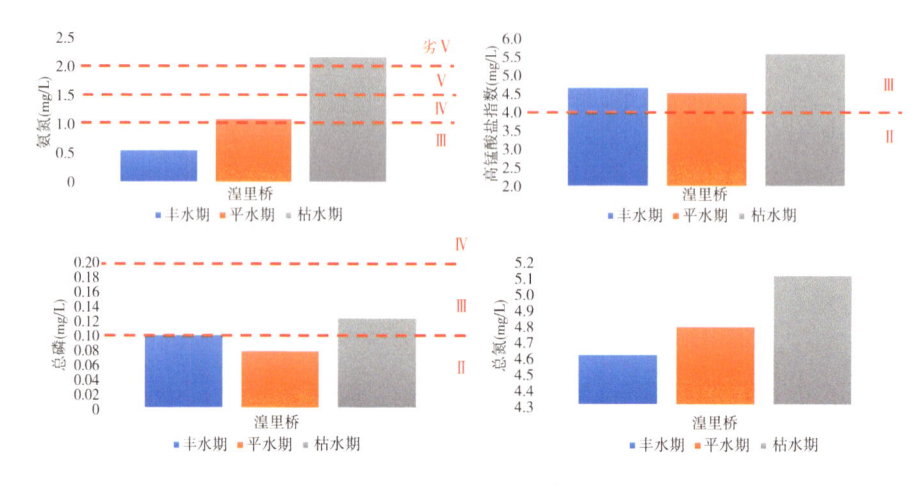

图4.2-14　湟里河三水期污染物平均浓度

9. 北干河

北干河监测断面只有1个，即西市桥。详见表4.2-9。

表4.2-9　北干河监测断面及水质目标表

序号	监测断面	到上游河口距离(m)	水质目标
1	西市桥	11 194	Ⅲ

研究期内，氨氮浓度枯水期(1.85 mg/L)＞平水期(0.88 mg/L)＞丰水期(0.45 mg/L)，枯水期为Ⅴ类；平水期为Ⅲ类；丰水期为Ⅱ类。

高锰酸盐指数浓度枯水期(5.30 mg/L)＞丰水期(5.19 mg/L)＞平水期(4.56 mg/L)，三水期均为Ⅲ类。

总磷浓度枯水期(0.148 mg/L)＞丰水期(0.143 mg/L)＞平水期(0.070 mg/L)，枯水期和丰水期均为Ⅲ类，平水期为Ⅱ类。

总氮浓度枯水期(5.28 mg/L)＞丰水期(4.88 mg/L)＞平水期(3.96 mg/L)。

综上，北干河各污染物浓度总体表现为：枯水期污染物浓度最高；除氨氮外，高锰酸盐指数、总磷和总氮浓度丰水期高于平水期。详见图4.2-15。

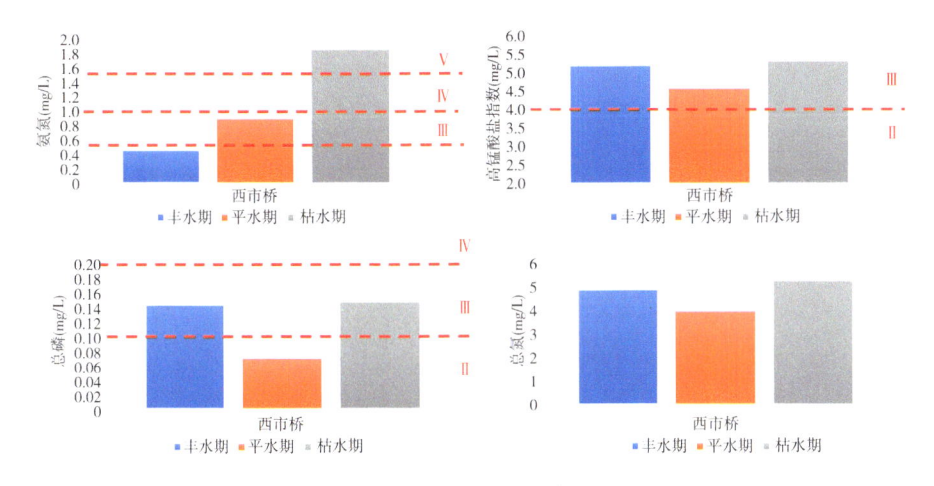

图 4.2-15 北干河三水期污染物平均浓度

4.2.2.2 区域主要污染物空间分布

根据典型城市水环境研究期监测资料,分析武进区主要污染物(氨氮、高锰酸盐指数、总磷、总氮)空间分布情况。详见图 4.2-16。

(1) 氨氮

从研究期监测均值来看,武进区氨氮浓度较高的区域主要集中在湖塘镇、横林镇和横山桥镇区域河道,其次为滆湖以西的东安镇和嘉泽镇区域河道,入太湖口门河道氨氮浓度相对较低。氨氮浓度呈北高南低、东高西低分布。

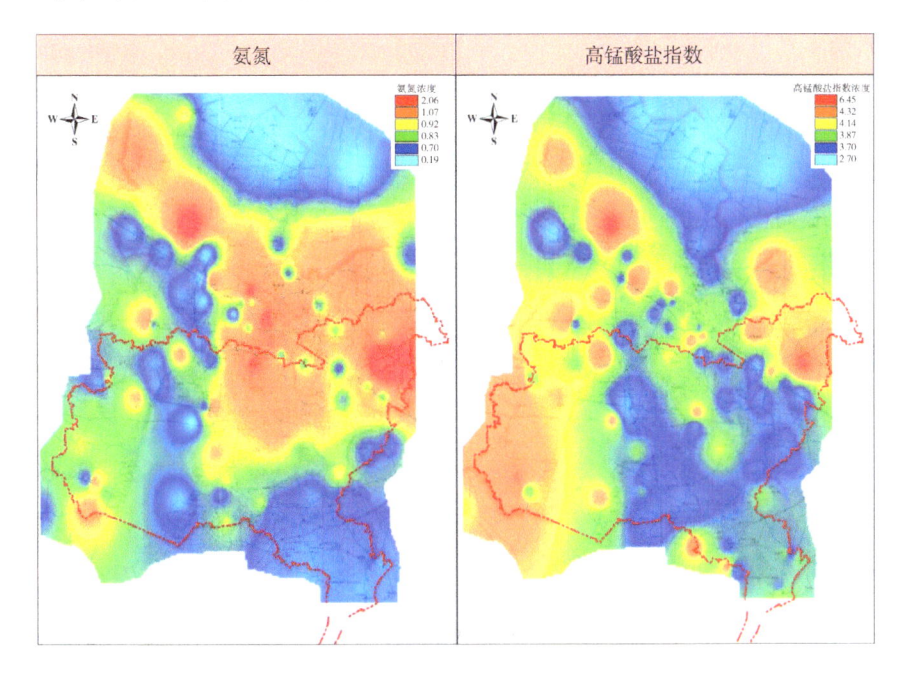

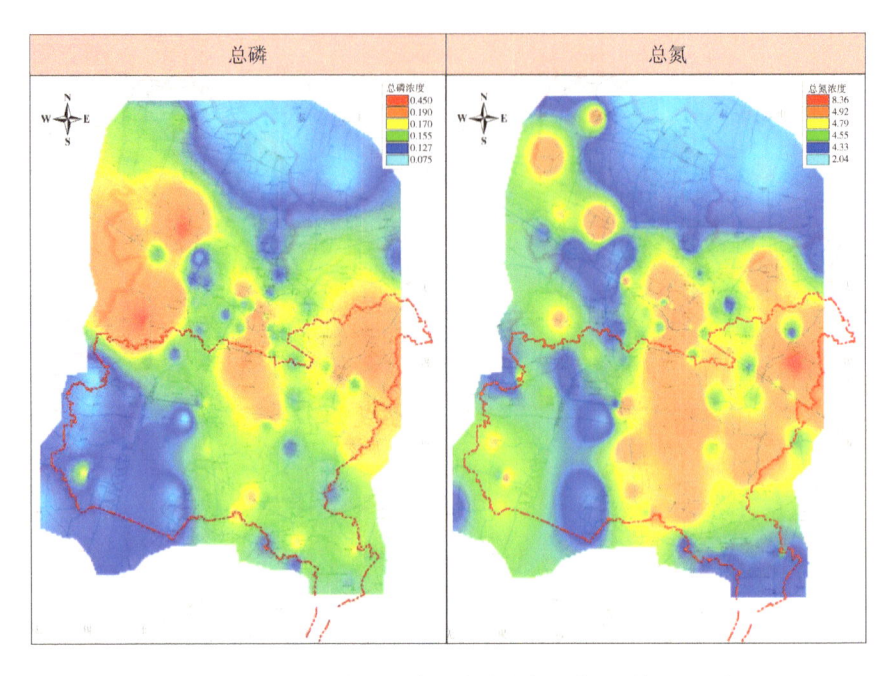

图 4.2-16　武进区主要污染物浓度分布示意图(单位:mg/L)

(2) 高锰酸盐指数

从研究期监测均值来看,武进区高锰酸盐指数浓度较高的区域主要集中在横山桥镇、漕桥镇以及滆湖以西的东安镇、嘉泽镇区域河道。高锰酸盐指数浓度主要呈东西两头高、中间低分布。

(3) 总磷

从研究期监测均值来看,武进区总磷浓度较高的区域主要集中在横林镇、横山桥镇、湖塘镇区域河道,滆湖以西河道总磷浓度较低。总磷浓度主要呈东高西低分布。

(4) 总氮

从研究期监测均值来看,武进区总氮浓度较高的区域主要集中在横林镇、横山桥镇、湖塘镇、前黄镇区域河道,入太湖口门处总氮浓度较低。总氮浓度主要呈东高西低分布。

4.2.3　典型城市水环境特征

研究期内,运河沿线口门扁担河、武宜运河、南运河、采菱港、武进港来水断面均值评价水质类别均为Ⅲ类;测次达标率依次为 86.2%、93.3%、93.1%、86.7%、75.9%。出现Ⅴ类水共计 8 断面·次,出现劣Ⅴ类水 5 断面·次。Ⅴ类水各口门均有出现,劣Ⅴ类水仅出现于武宜运河及采菱港。

锡溧漕河、固城河无锡来水断面均值评价水质类别均为Ⅲ类,出现Ⅴ类水各 1 次。

研究期滆西来水河道夏溪河、湟里河、北干河、中干河断面均值评价水质分别为Ⅲ类、Ⅳ类、Ⅲ类、Ⅳ类；测次达标率依次为76.5%、35.3%、47.1%、64.7%；出现Ⅴ类水共计11断面·次，出现劣Ⅴ类水5断面·次。

从污染物浓度来看，武宜运河污染物浓度高值分布在中游西湖路桥段和下游夏坊桥段；太滆运河污染物浓度高值分布在上游与武宜运河交汇段两侧；锡溧漕河污染物浓度高值分布在下游祝庄桥段、白巷桥段；武南河污染物浓度高值分布在中游永安河口段以及汇入武宜运河之前河段；武进港污染物浓度高值分布在中下游戴溪大桥段和武进港桥段；漕桥河污染物浓度高值分布在漕桥镇下游裴家桥段。

从行政区块看，氨氮浓度高值区分布在湖塘镇、横林镇和横山桥镇河道；高锰酸盐指数浓度高值区分布在横山桥镇、漕桥镇、东安镇、嘉泽镇河道；总磷浓度高值区分布在横林镇、横山桥镇、湖塘镇河道；总氮浓度高值区分布在横林镇、横山桥镇、湖塘镇、前黄镇河道。湖塘镇、横林镇和横山桥镇河道氨氮、总磷、总氮浓度均为高值区。

污染物浓度在时间上的变化均表现为枯水期高于丰、平水期。

4.2.4 水环境影响因素分析

（1）规模以上入河排污口污染物排放消耗河网环境容量

2018年规模以上入河排污口调查成果显示，武进区规模以上入河排污口19处，2017年入河废水量约10 157.48万t，化学需氧量、氨氮、总磷、总氮排放量分别为3 046.49 t、79.55 t、25.13 t、778.48 t，折算污染物排放浓度化学需氧量30.0 mg/L、氨氮0.78 mg/L、总磷0.247 mg/L、总氮7.66 mg/L。

19处规模以上入河排污口主要排入水体为苏南运河（5处）、采菱港（4处）、太滆运河（2处）、北干河（1处）、湟里河（1处）、三山港（1处）、武进港（1处）、雅浦港（1处）、武南河（1处）、武宜运河（1处）和苏南运河绕城段（1处）。

上列河流水功能区纳污能力为化学需氧量7 809 t、氨氮500 t，19处规模以上入河排污口占比分别为39.0%和15.9%。

2019年，19处规模以上入河排污口减少到16处，均达标排放，但污染物排放总量仍需消耗较多的环境容量。

（2）境外来水长期超标，部分河道长期高浓度超标入境

苏南运河上游来水、扁担河来水、武宜运河来水2016年以前常不达标，氨氮、总磷浓度波动较大，时有超出Ⅳ类或Ⅴ类标准；2017年以来，主要污染物浓度持续下降到Ⅲ类或Ⅱ类标准。苏南运河出境水质2014—2018年氨氮超标，2019年均值可达标。可见，苏南运河自上而下水质依次下降，中下游水质明显劣于上游来水水质，出境水质达标时间滞后于入境水质达标时间2年；滆西诸河来水长期不达标，目前氨氮浓度波动依然较大，仍有Ⅴ类和劣Ⅴ类水出现；苏南运河中游南运河来水2017年、2018年以Ⅳ类标准达标，苏南运河下游采菱港桥、武进港来水2018

年、2019 年以前氨氮长期高浓度超标入境,目前采菱港桥仍不能稳定达标;锡溧漕河无锡来水(含部分武进港来水)2016 年之前长期不达标,氨氮浓度波动大,常劣于Ⅴ类标准,2016 年之后仍不能稳定达标,年内某些时段仍劣于Ⅴ类。

（3）入境河道水质目标低于出境河道水质目标,境外来水始终是区域污染负荷

沿太漕桥河、太滆运河、武进港、雅浦港四河以及武宜运河出境水质目标均为Ⅲ类,比苏南运河及各口门、锡溧漕河来水水质目标高了一个等级,因此,即使入境河流水质全部达标,5 条入境河流水质仍可能比 5 条出境河流水质低一个等级,入境河道水质始终劣于出境河道水质,境外来水始终是区域污染负荷,需要消耗有限的环境容量。

（4）沿太关闸,腹部河网水动力不足,环境容量受限

武进港、雅浦港以及无锡直湖港长期关闸,武进腹部河网水流变得更为缓慢,部分河网甚至长期处于停滞状态,水体自净能力下降,造成污染物浓度的升高。区域河网水动力不足,滆湖水源尚不能抵达,区域环境容量非常有限,城镇污水处理厂尾水、尚未集中处理的企业废水、区域面源、老城区不能彻底截污的生活源以及面广量大的六小行业污染物均进入区域河网,区域腹部河网不堪重负。

（5）水文情势的改变增加了境外污染物的输入

2007 年无锡供水危机后,为控制入太湖污染物,直武地区 5 年一遇以下洪水不入太,因此武进境内两处入太河流武进港、雅浦港以及相邻无锡直湖港节制闸常年关闭,仅太滆运河未有节制闸控制,是区域唯一入太通道(漕桥河仅输送区域西南部边界水量入太)。为改善太湖梅梁湖水动力条件,2007 年无锡供水危机后启动了梅梁湖泵站、大渲河泵站合计 20 m³/s 常年向大运河翻水,在一定程度上抬高了苏南运河常州下游段水位,也导致大运河无锡洛社段出现倒流的频次增加,该段水位的抬高和倒流使得大量苏南运河水进入锡溧漕河、直湖港,最终经太滆运河入太,锡溧漕河水流方向由以出境为主改变为以入境为主,太滆运河下泄太湖水量增大近 50%,因此增加了境外污染物输入。

（6）新沟河功效难以惠及运河以南,运河出境水质考核封堵了出路

新沟河的主要功能之一是北排直武地区 5 年一遇及以下经常性的洪涝水,同时改善河网水动力条件,促进水体有序流动,提高河网水环境容量。由于新沟河西支没有与苏南运河立交而采用了对口泵站的工程形式,新沟河北排仅对运河以北河网发挥较大作用,运河以南涝水依靠遥观南枢纽排入运河,再有遥观北枢纽泵站接力新沟河北排长江,其中部分水量随运河下泄,而苏南运河出境处五牧为考核断面,对排水水质有要求,实际上这对运南排涝形成了制约,或因此封堵了直武地区洪涝水的出路。

第五章

区域污染物通量交换

5.1 入洮湖污染物通量分析

5.1.1 年内污染物通量分析

2019年,氨氮、总磷、总氮、高锰酸盐指数、化学需氧量入洮湖通量分别为 303.18 t、78.66 t、2 244.26 t、2 315.72 t、8 221.19 t,入洮湖浓度分别为 0.59 mg/L、0.153 mg/L、4.37 mg/L、4.5 mg/L、16.0 mg/L。

1. 年内变化

(1) 氨氮

2019年,汛期氨氮入洮湖通量为149.27 t,占全年的49.2%;月最大入洮湖通量为39.69 t(6月),占全年的13.1%;月最小入洮湖通量为16.32 t(1月),占全年的5.4%。

(2) 总磷

2019年,汛期总磷入洮湖通量为43.28 t,占全年的55.0%;月最大入洮湖通量为10.40 t(6月),占全年的13.2%;月最小入洮湖通量为3.36 t(1月),占全年的4.3%。

(3) 总氮

2019年,汛期总氮入洮湖通量为1 193.83 t,占全年的53.2%;月最大入洮湖通量为270.01 t(6月),占全年的12.0%;月最小入洮湖通量为91.34 t(1月),占全年的4.1%。

(4) 高锰酸盐指数

2019年,汛期高锰酸盐指数入洮湖通量为 1 339.57 t,占全年的 57.8%;月最大入洮湖通量为 304.47 t(6月),占全年的 13.1%;月最小入洮湖通量为 95.42 t(1月),占全年的 4.1%。

(5) 化学需氧量

2019年,汛期化学需氧量入洮湖通量为 4 719.60 t,占全年的 57.4%;月最大入洮湖通量为 1 094.40 t(6月),占全年的 13.3%;月最小入洮湖通量为 321.16 t(12月),占全年的 3.9%。

2. 空间分异

按主要入洮湖河道统计,2019年,入洮湖氨氮通量,30.9%来自新河港,28.7%来自大浦港,18.9%来自白石港;入洮湖总磷通量,33.4%来自大浦港,28.3%来自新河港,18.6%来自白石港;入洮湖总氮通量,31.0%来自大浦港,27.9%来自新河港,19.7%来自白石港;入洮湖高锰酸盐指数通量,31.8%来自大浦港,28.0%来自新河港,20.6%来自白石港;入洮湖化学需氧量通量,30.0%来自大浦港,29.0%来自新河港,20.6%来自白石港。

2019年,入洮湖污染物通量主要来自大浦港、新河港和白石港。

5.1.2 年际污染物通量分析

2014—2019年,氨氮、总磷、总氮、高锰酸盐指数、化学需氧量多年平均入洮湖通量分别为 375.11 t、78.05 t、1 961.15 t、2 361.32 t、10 669.29 t,多年平均入洮湖浓度分别为 0.81 mg/L、0.169 mg/L、4.24 mg/L、5.1 mg/L、23.1 mg/L。

1. 年际变化

(1) 氨氮

2014—2019年,氨氮入洮湖通量最大值出现在 2016年,为 591.12 t;最小值出现在 2017年,为 218.07 t。多年平均汛期入洮湖通量为 173.20 t,占全年通量的 46.2%;月均最大值为 6月的 52.93 t,占全年通量的 14.1%,月均最小值为 8月的 22.59 t,占全年通量的 6.0%。详见图 5.1-1、图 5.1-2。

(2) 总磷

2014—2019年,总磷入洮湖通量最大值出现在 2016年,为 107.84 t;最小值出现在 2018年,为 50.24 t。多年平均汛期入洮湖通量为 42.69 t,占全年通量的 54.7%;月均最大值为 6月的 14.20 t,占全年通量的 18.2%,月均最小值为 1月的 4.09 t,占全年通量的 5.2%。详见图 5.1-3、图 5.1-4。

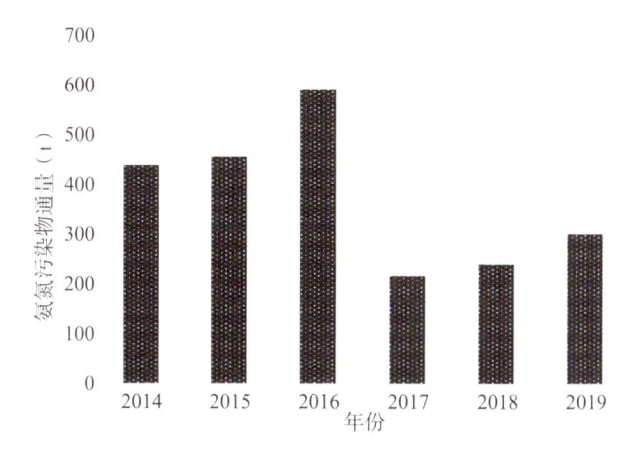

图 5.1-1　2014—2019 年入洮湖氨氮通量变化

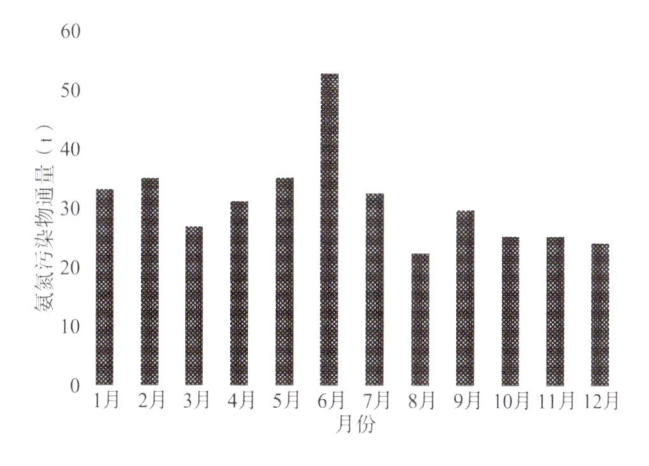

图 5.1-2　2014—2019 年入洮湖氨氮通量年内分配

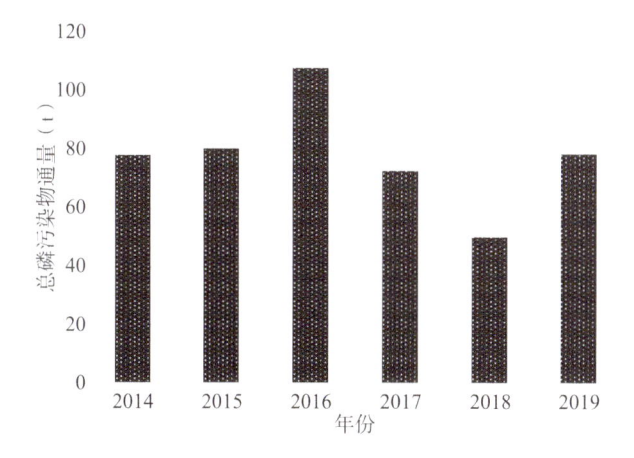

图 5.1-3　2014—2019 年入洮湖总磷通量变化

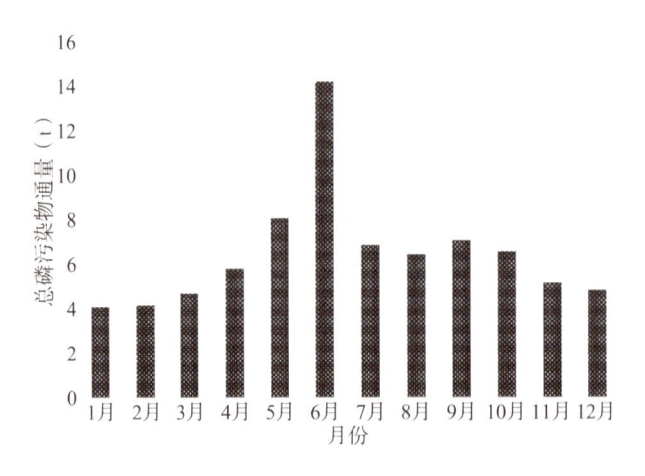

图 5.1-4 2014—2019 年入洮湖总磷通量年内分配

（3）总氮

2014—2019 年,总氮入洮湖通量最大值出现在 2016 年,为 2 582.72 t;最小值出现在 2018 年,为 1 427.40 t。多年平均汛期入洮湖通量为 1 043.56 t,占全年通量的 53.2%;月均最大值为 6 月的 287.33 t,占全年通量的 14.7%,月均最小值为 1 月的 109.80 t,占全年通量的 5.60%。详见图 5.1-5、图 5.1-6。

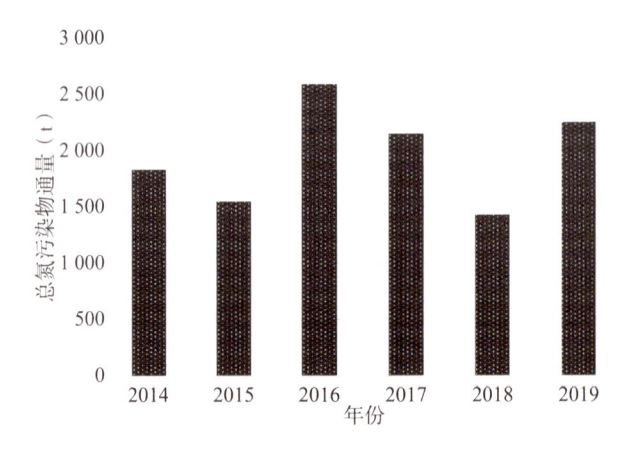

图 5.1-5 2014—2019 年入洮湖总氮通量变化

（4）高锰酸盐指数

2014—2019 年,高锰酸盐指数入洮湖通量最大值出现在 2016 年,为 3 162.30 t;最小值出现在 2018 年,为 1 582.31 t。多年平均汛期入洮湖通量为 1 300.67 t,占全年通量的 55.1%;月均最大值为 6 月的 357.43 t,占全年通量的 15.1%,月均最小值为 2 月的 129.23 t,占全年通量的 5.5%。详见图 5.1-7、图 5.1-8。

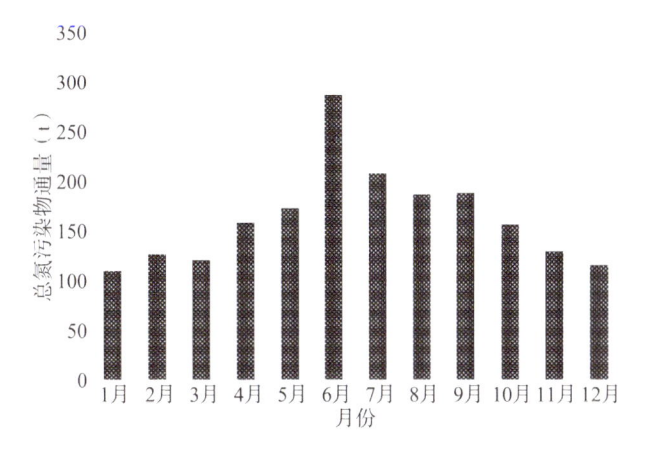

图 5.1-6　2014—2019 年入洮湖总氮通量年内分配

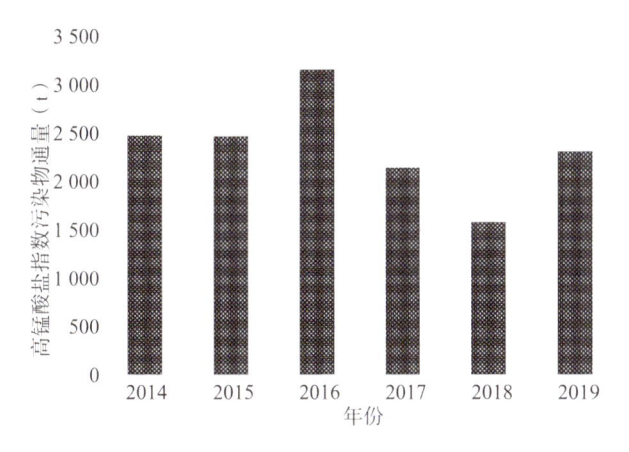

图 5.1-7　2014—2019 年入洮湖高锰酸盐指数通量变化

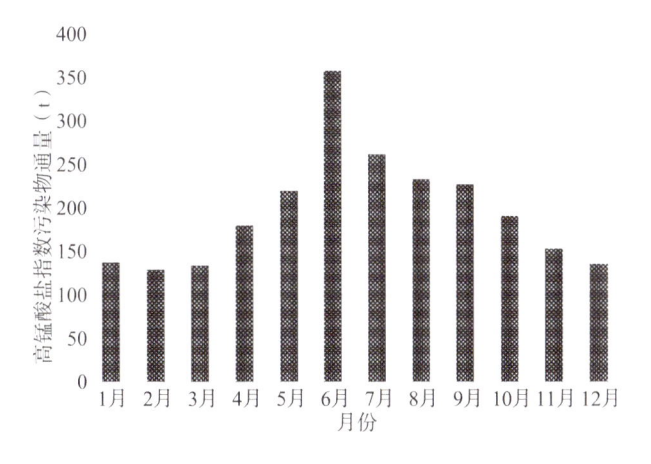

图 5.1-8　2014—2019 年入洮湖高锰酸盐指数通量年内分配

(5) 化学需氧量

2014—2019年,化学需氧量入洮湖通量最大值出现在2016年,为16 717.50 t;最小值出现在2018年,为6 061.10 t。多年平均汛期入洮湖通量为5 876.01 t,占全年通量的55.1%;月均最大值为6月的1 750.40 t,占全年通量的16.4%,月均最小值为2月的572.70 t,占全年通量的5.4%。详见图5.1-9、图5.1-10。

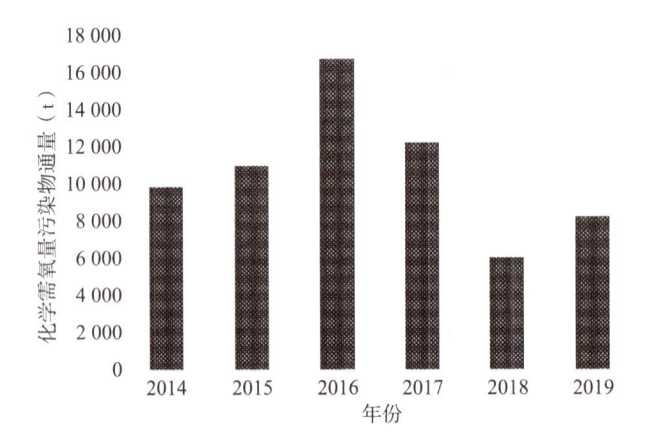

图 5.1-9　2014—2019 年入洮湖化学需氧量通量变化

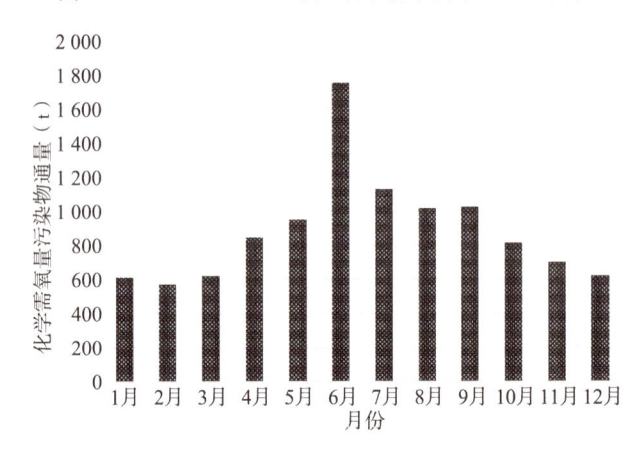

图 5.1-10　2014—2019 年入洮湖化学需氧量通量年内分配

2. 空间分异

按主要入洮湖河道统计,2014—2019年,入洮湖氨氮总通量为2 250.67 t,其中32.0%来自北河,31.4%来自大浦港,18.7%来自白石港;入洮湖总磷总通量为468.28 t,其中32.0%来自北河,31.5%来自大浦港,17.6%来自白石港;入洮湖总氮总通量为11 766.90 t,其中31.4%来自北河,30.9%来自大浦港,17.8%来自白石港;入洮湖高锰酸盐指数总通量为14 167.94 t,其中32.3%来自北河,31.4%来自大浦港,18.3%来自白石港;入洮湖化学需氧量总通量为 64 015.74 t,其中 32.7%来自北河,31.6%来自大浦港,17.9%来自白石港。详见图 5.1-11。

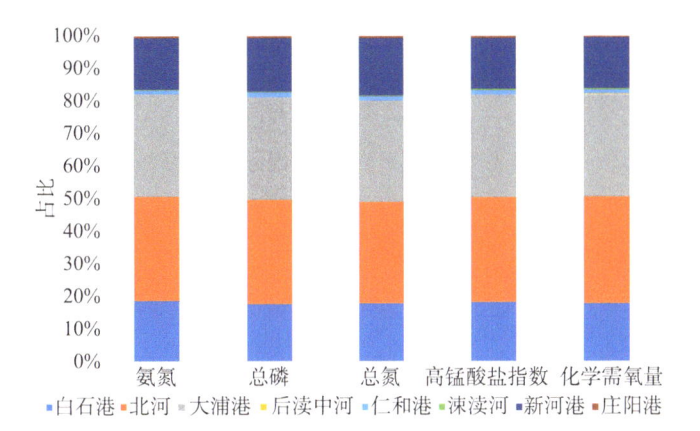

图 5.1-11　入洮湖污染物通量各主要河道占比

3. 水量与污染物通量关系

对入洮湖污染物通量和水量进行标准化(Z-Score)处理,再基于 SPSS 22.0 进行相关性分析,2014—2019 年逐月氨氮入洮湖通量与水量,呈显著相关关系($P<0.05$);逐月总磷、总氮、高锰酸盐指数和化学需氧量入洮湖通量与水量呈极显著相关关系($P<0.01$)。

入洮湖氨氮、总磷、总氮、高锰酸盐指数和化学需氧量通量与水量逐月响应关系较好,在月尺度上,水量对入洮湖氨氮、总磷、总氮、高锰酸盐指数和化学需氧量通量影响较大。详见图 5.1-12。

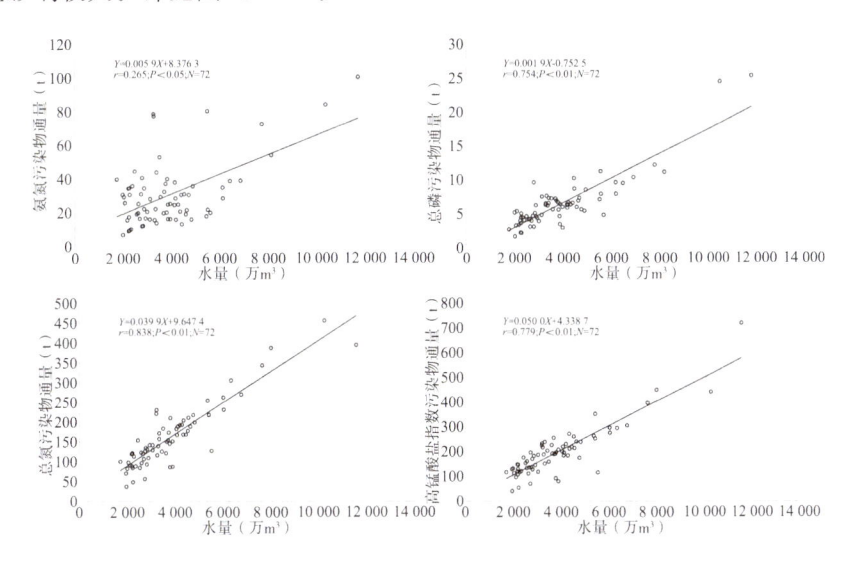

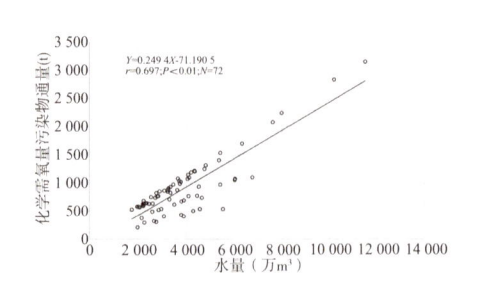

图 5.1-12　入洮湖污染物通量与水量相关关系

5.2　出洮湖污染物通量分析

5.2.1　年内污染物通量分析

2019 年,氨氮、总磷、总氮、高锰酸盐指数、化学需氧量出洮湖通量分别为 322.35 t、53.44 t、2 088.16 t、2 121.54 t、7 040.07 t,出洮湖浓度分别为 0.67 mg/L、0.112 mg/L、4.37 mg/L、4.4 mg/L、14.7 mg/L。

1. 年内变化

(1) 氨氮

2019 年,汛期氨氮出洮湖通量为 165.91 t,占全年的 51.5%;月最大出洮湖通量为 36.79 t(6 月),占全年的 11.4%;月最小出洮湖通量为 16.85 t(11 月),占全年的 5.2%。

(2) 总磷

2019 年,汛期总磷出洮湖通量为 24.76 t,占全年的 46.3%;月最大出洮湖通量为 5.93 t(10 月),占全年的 11.1%;月最小出洮湖通量为 3.23 t(2 月),占全年的 6.0%。

(3) 总氮

2019 年,汛期总氮出洮湖通量为 1 062.01 t,占全年的 50.9%;月最大出洮湖通量为 236.82 t(8 月),占全年的 11.3%;月最小出洮湖通量为 118.53 t(1 月),占全年的 5.7%。

(4) 高锰酸盐指数

2019 年,汛期高锰酸盐指数出洮湖通量为 1 131.42 t,占全年的 53.3%;月最大出洮湖通量为 256.57 t(8 月),占全年的 12.1%;月最小出洮湖通量为 119.32 t(1 月),占全年的 5.6%。

（5）化学需氧量

2019年，汛期化学需氧量出洮湖通量为3 551.05 t，占全年的50.4%；月最大出洮湖通量为959.98 t(8月)，占全年的13.6%；月最小出洮湖通量为317.33 t(11月)，占全年4.5%。

2. 空间分异

按主要出洮湖河道统计，2019年，出洮湖氨氮通量，41.6%出自湟里河，14.8%出自中干河，12.3%出自华荡河；出洮湖总磷通量，45.7%出自湟里河，13.1%出自中干河，10.9%出自新建河；出洮湖总氮通量，41.0%出自湟里河，16.5%出自中干河，10.9%出自华荡河；出洮湖高锰酸盐指数通量，39.7%出自湟里河，17.6%出自中干河，10.8%出自新建河；出洮湖化学需氧量通量，32.4%出自湟里河，20.7%出自中干河，11.4出自北干河。

2019年，出洮湖污染物通量主要出自湟里河和中干河。

5.2.2 年际污染物通量分析

2014—2019年，氨氮、总磷、总氮、高锰酸盐指数、化学需氧量多年平均出洮湖通量分别为302.15 t、49.14 t、1 844.52 t、2 378.85 t、10 548.61 t，多年平均出洮湖浓度分别为0.66 mg/L、0.108 mg/L、4.04 mg/L、5.2 mg/L、23.1 mg/L。

1. 年际变化

（1）氨氮

2014—2019年，氨氮出洮湖通量最大值出现在2016年，为498.16 t；最小值出现在2017年，为173.95 t。多年平均汛期出洮湖通量为135.55 t，占全年通量的44.9%；月均最大值为2月的36.31 t，占全年通量的12.0%，月均最小值为12月的14.67 t，占全年通量的4.9%。详见图5.2-1、图5.2-2。

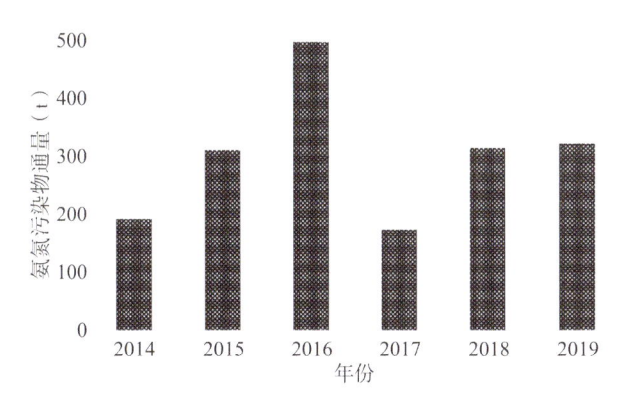

图5.2-1 2014—2019年出洮湖氨氮通量变化

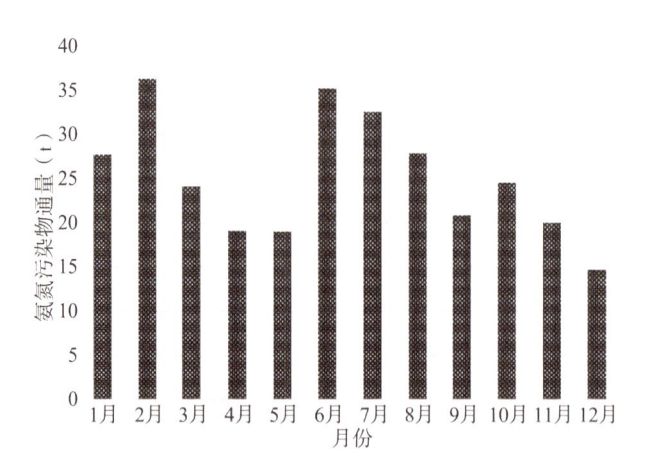

图 5.2-2　2014—2019 年出洮湖氨氮通量年内分配

(2) 总磷

2014—2019 年,总磷出洮湖通量最大值出现在 2017 年,为 56.37 t;最小值出现在 2014 年,为 34.38 t。多年平均汛期出洮湖通量为 25.28 t,占全年通量的 51.4%;月均最大值为 6 月的 5.77 t,占全年通量的 11.7%,月均最小值为 2 月的 2.74 t,占全年通量的 5.6%。详见图 5.2-3、图 5.2-4。

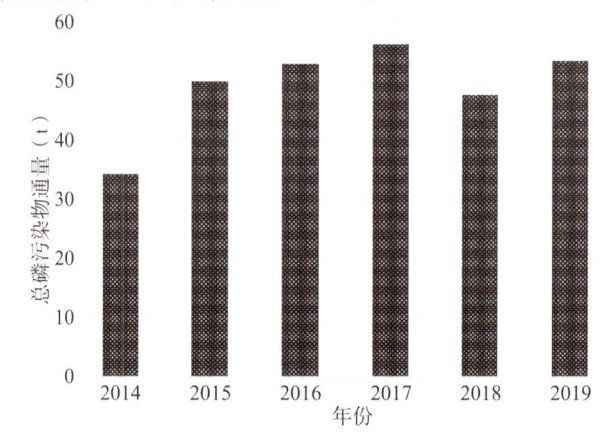

图 5.2-3　2014—2019 年出洮湖总磷通量变化

(3) 总氮

2014—2019 年,总氮出洮湖通量最大值出现在 2016 年,为 2 845.78 t;最小值出现在 2014 年,为 935.17 t。多年平均汛期出洮湖通量为 993.50 t,占全年通量的 53.9%;月均最大值为 7 月的 217.65 t,占全年通量的 11.8%,月均最小值为 3 月的 106.13 t,占全年通量的 5.8%。详见图 5.2-5、图 5.2-6。

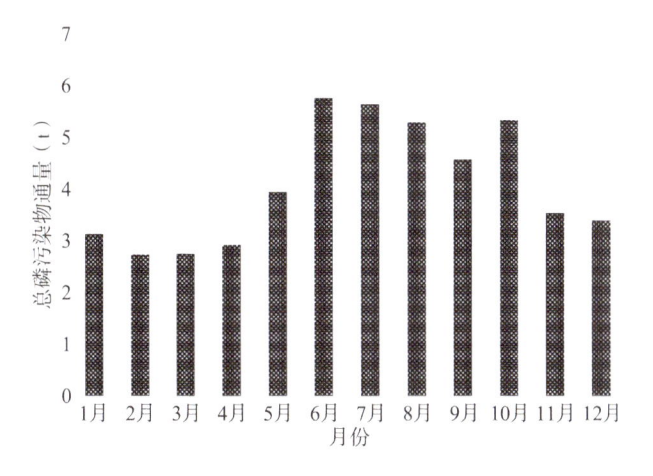

图 5.2-4　2014—2019 年出洮湖总磷通量年内分配

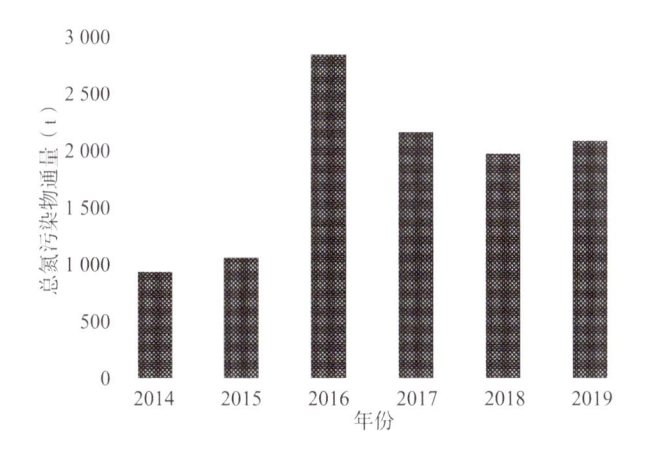

图 5.2-5　2014—2019 年出洮湖总氮通量变化

（4）高锰酸盐指数

2014—2019 年，高锰酸盐指数出洮湖通量最大值出现在 2016 年，为 3 171.59 t；最小值出现在 2014 年，为 1 877.70 t。多年平均汛期出洮湖通量为 1 273.82 t，占全年通量的 53.5%；月均最大值为 6 月的 304.53 t，占全年通量的 12.8%，月均最小值为 4 月的 130.16 t，占全年通量的 5.5%。详见图 5.2-7、图 5.2-8。

（5）化学需氧量

2014—2019 年，化学需氧量出洮湖通量最大值出现在 2016 年，为 15 691.69 t；最小值出现在 2014 年，为 8 464.59 t。多年平均汛期出洮湖通量为 5 517.43 t，占全年通量的 52.3%；月均最大值为 6 月的 1 348.08 t，占全年通量的 12.8%，月均最小值为 4 月的 588.51 t，占全年通量的 5.6%。详见图 5.2-9、图 5.2-10。

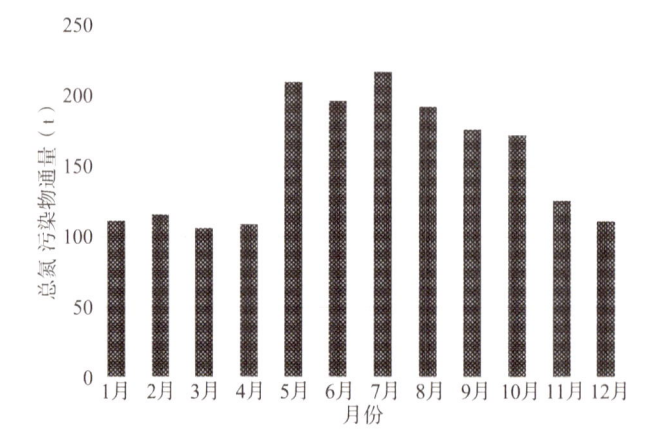

图 5.2-6　2014—2019 年出洮湖总氮通量年内分配

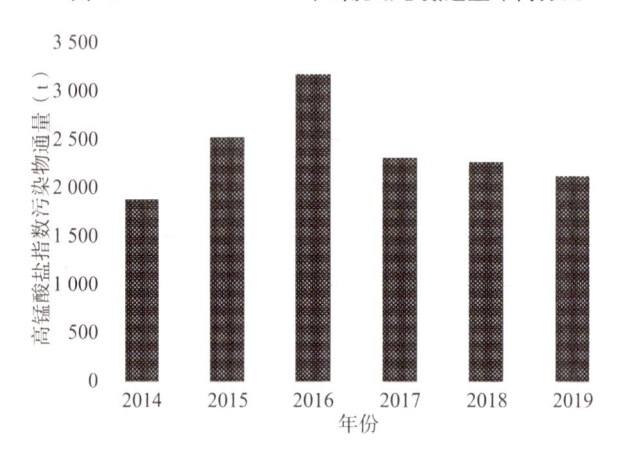

图 5.2-7　2014—2019 年出洮湖高锰酸盐指数通量变化

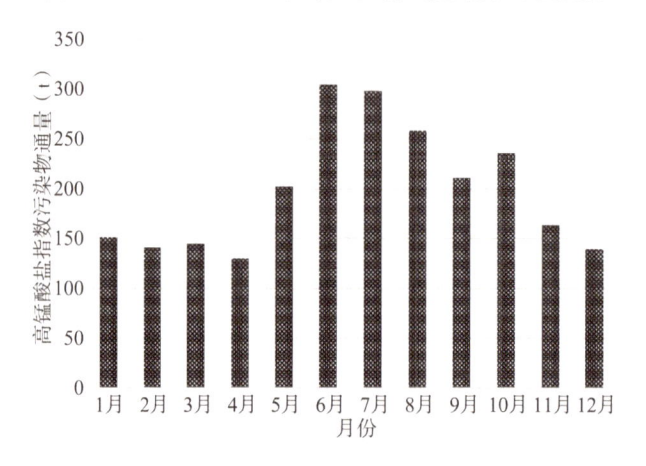

图 5.2-8　2014—2019 年出洮湖高锰酸盐指数通量年内分配

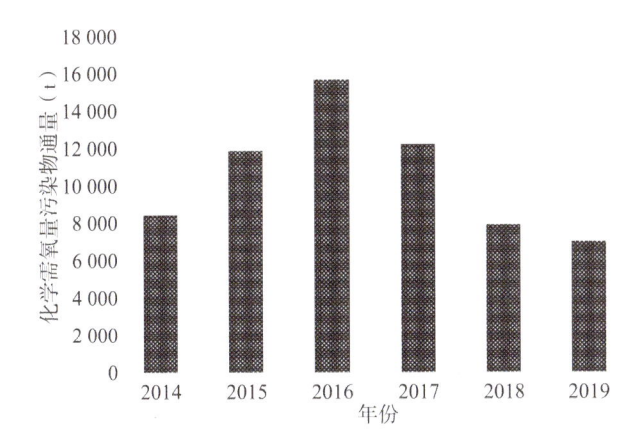

图 5.2-9　2014—2019 年出洮湖化学需氧量通量变化

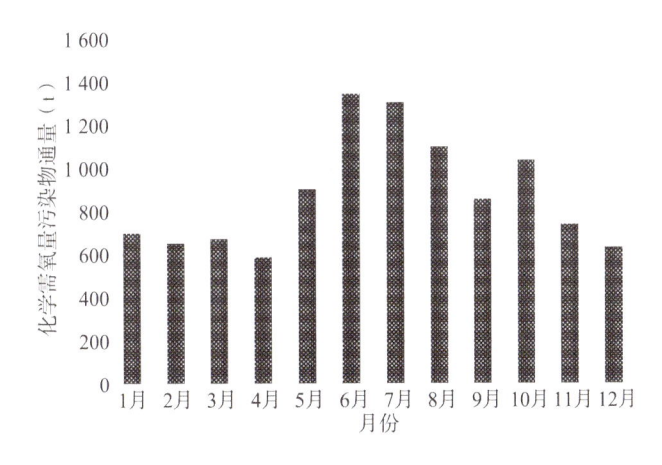

图 5.2-10　2014—2019 年出洮湖化学需氧量通量年内分配

2. 空间分异

按主要出洮湖河道统计,2014—2019 年,出洮湖氨氮总通量为 1 812.92 t,其中 27.1%出自湟里河,27.0%出自北干河,18.8%出自中干河;出洮湖总磷总通量为 294.86 t,其中 28.3%出自北干河,27.1%出自湟里河,17.8%出自中干河;出洮湖总氮总通量为 11 067.12 t,其中 29.6%出自北干河,26.8%出自湟里河,18.7%出自中干河;出洮湖高锰酸盐指数总通量为 14 273.11 t,其中 30.0%出自北干河,26.0%出自湟里河,19.5%出自中干河;出洮湖化学需氧量总通量为 63 291.66 t,其中 30.6%出自北干河,24.6%出自湟里河,20.6%出自中干河。详见图 5.2-11。

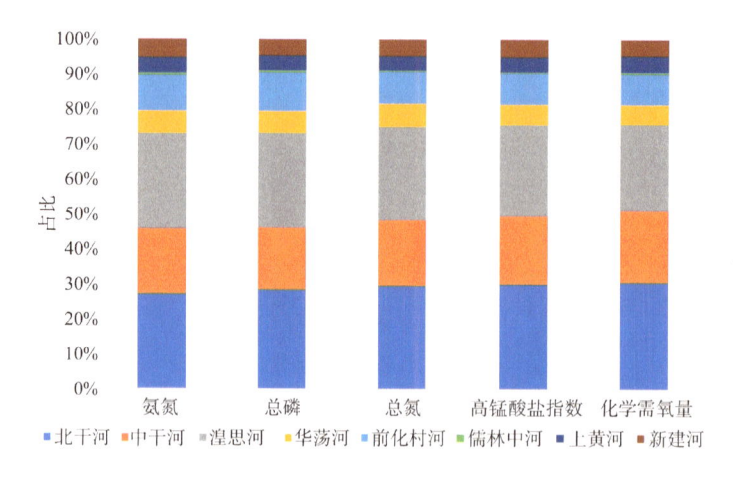

图 5.2-11　出洮湖污染物通量各主要河道占比

3. 水量与污染物通量关系

对出洮湖污染物通量和水量进行标准化(Z-Score)处理，再基于 SPSS 22.0 进行相关性分析，逐月氨氮、总磷、总氮、高锰酸盐指数和化学需氧量出洮湖通量与水量呈极显著相关关系($P<0.01$)。

出洮湖氨氮、总磷、总氮、高锰酸盐指数和化学需氧量通量与水量逐月响应关系好，在月尺度上，水量对出洮湖氨氮、总磷、总氮、高锰酸盐指数和化学需氧量通量影响较大。详见图 5.2-12。

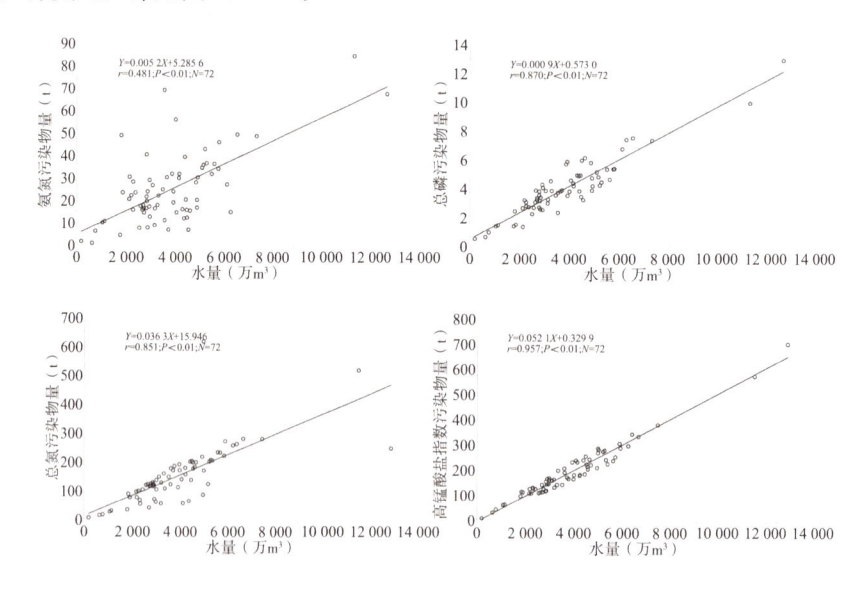

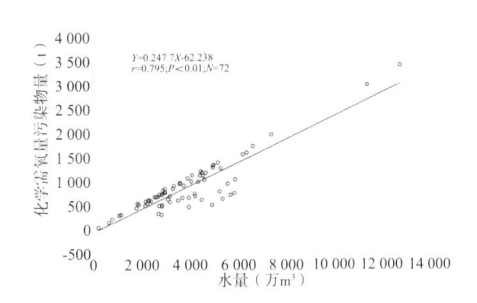

图 5.2-12 出洮湖污染物通量与水量相关关系

5.3 入滆湖污染物通量分析

5.3.1 年内污染物通量分析

2019年，氨氮、总磷、总氮、高锰酸盐指数、化学需氧量入滆湖通量分别为761.32 t、175.35 t、4 977.67 t、4 962.26 t、20 436.69 t，入滆湖浓度分别为0.70 mg/L、0.161 mg/L、4.58 mg/L、4.6 mg/L、18.8 mg/L。

1. 年内变化

（1）氨氮

2019年，汛期氨氮入滆湖通量为374.22 t，占全年的49.2%；月最大入滆湖通量为115.49 t（5月），占全年的15.2%；月最小入滆湖通量为48.24 t（9月），占全年的6.3%。

（2）总磷

2019年，汛期总磷入滆湖通量为95.84 t，占全年的54.7%；月最大入滆湖通量为23.88 t（5月），占全年的13.6%；月最小入滆湖通量为8.66 t（1月），占全年的4.9%。

（3）总氮

2019年，汛期总氮入滆湖通量为2 525.57 t，占全年的50.7%；月最大入滆湖通量为649.74 t（5月），占全年的13.1%；月最小入滆湖通量为279.82 t（2月），占全年的5.6%。

（4）高锰酸盐指数

2019年，汛期高锰酸盐指数入滆湖通量为2 706.70 t，占全年的54.5%；月最大入滆湖通量为654.84 t（6月），占全年的13.2%；月最小入滆湖通量为254.30 t（2月），占全年的5.1%。

（5）化学需氧量

2019年，汛期化学需氧量入滆湖通量为11 174.27 t，占全年的54.7%；月最大入滆湖通量为 2 910.24 t(5月),占全年的 14.2%;月最小入滆湖通量为 998.90 t(2月),占全年的 4.9%。

2. 空间分异

由于新孟河工程施工,2019 年北干河不通水,按主要入滆湖河道统计,2019 年,入滆湖氨氮通量,60.7%来自武南河,10.2%来自湟里河,8.27%来自塘门港;入滆湖总磷通量,66.1%来自武南河,8.48%来自塘门港,6.09%来自湟里河;入滆湖总氮通量,62.4%来自武南河,8.44%来自湟里河,8.43%来自塘门港;入滆湖高锰酸盐指数通量,61.9%来自武南河,8.82%来自塘门港,8.69%来自湟里河;入滆湖化学需氧量通量,64.3%来自武南河,8.51%来自湟里河,7.34%来自塘门港。

2019 年,入滆湖污染物通量主要来自武南河、湟里河和塘门港。

5.3.2 年际污染物通量分析

2014—2019 年,氨氮、总磷、总氮、高锰酸盐指数、化学需氧量多年平均入滆湖通量分别为 745.49 t、125.33 t、3 305.14 t、4 227.41 t、18 925.08 t,多年平均入滆湖浓度分别为 0.95 mg/L、0.160 mg/L、4.23 mg/L、5.4 mg/L、24.2 mg/L。

1. 年际变化

(1) 氨氮

2014—2019 年,氨氮入滆湖通量最大值出现在 2014 年,为 909.26 t;最小值出现在 2018 年,为 574.04 t。多年平均汛期入滆湖通量为 327.94 t,占全年通量的 44.0%;月均最大值为 1 月的 79.03 t,占全年通量的10.6%,月均最小值为 12 月的 45.64 t,占全年通量的 6.1%。详见图 5.3-1、图 5.3-2。

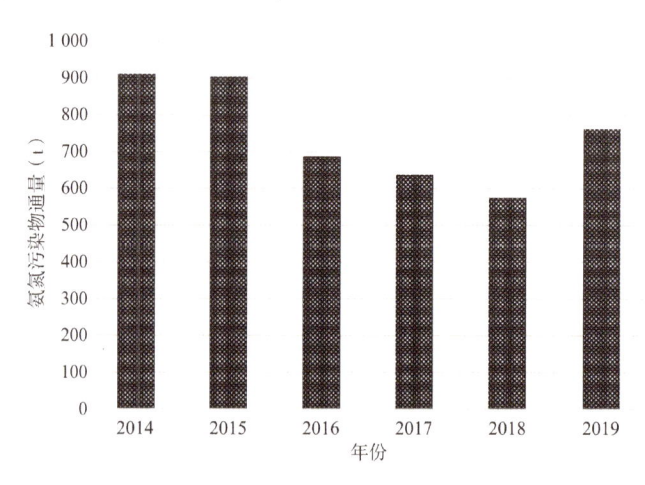

图 5.3-1　2014—2019 年入滆湖氨氮通量变化

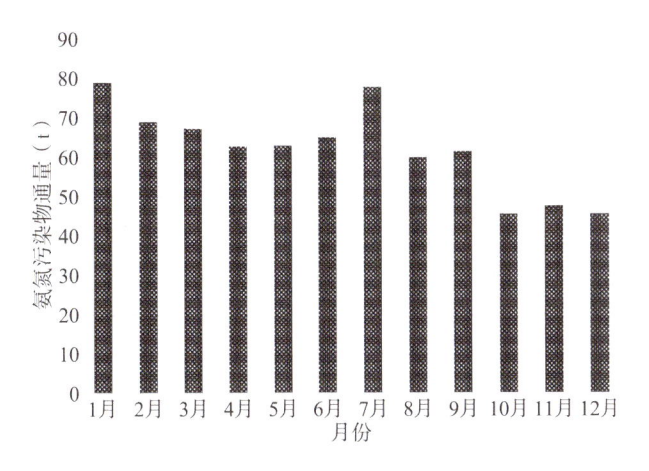

图 5.3-2　2014—2019 年入滆湖氨氮通量年内分配

（2）总磷

2014—2019 年,总磷入滆湖通量最大值出现在 2019 年,为 175.36 t;最小值出现在 2016 年,为 92.28 t。多年平均汛期入滆湖通量为 65.20 t,占全年通量的 52.0%;月均最大值为 7 月的 14.21 t,占全年通量的 11.3%,月均最小值为 12 月的 7.18 t,占全年通量的 5.7%。详见图 5.3-3、图 5.3-4。

（3）总氮

2014—2019 年,总氮入滆湖通量最大值出现在 2019 年,为 4 977.67 t;最小值出现在 2014 年,为 2 678.52 t。多年平均汛期入滆湖通量为 1 574.72 t,占全年通量的 47.6%;月均最大值为 9 月的 340.39 t,占全年通量的 10.3%,月均最小值为 2 月的 210.36 t,占全年通量的 6.4%。详见图 5.3-5、图 5.3-6。

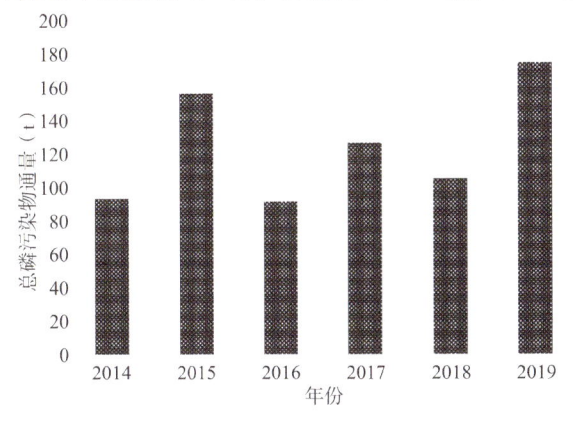

图 5.3-3　2014—2019 年入滆湖总磷通量变化

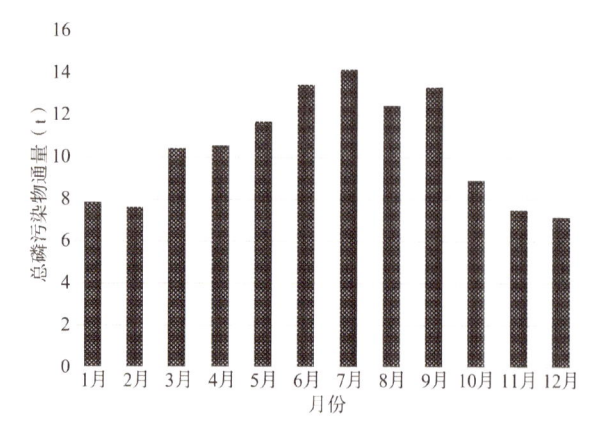

图 5.3-4　2014—2019 年入滆湖总磷通量年内分配

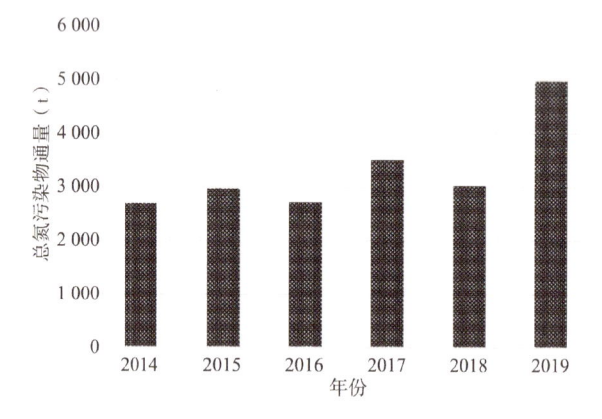

图 5.3-5　2014—2019 年入滆湖总氮通量变化

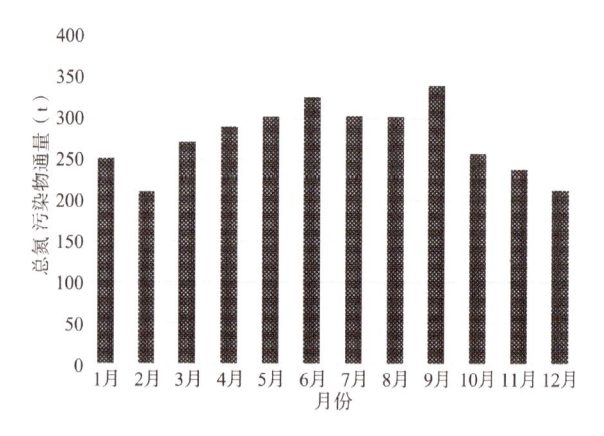

图 5.3-6　2014—2019 年入滆湖总氮通量年内分配

（4）高锰酸盐指数

2014—2019年,高锰酸盐指数入滆湖通量最大值出现在2015年,为5 325.49 t;最小值出现在2018年,为3 522.55 t。多年平均汛期入滆湖通量为2 213.86 t,占全年通量的52.4%;月均最大值为7月的510.72 t,占全年通量的12.1%,月均最小值为2月的239.77 t,占全年通量的5.7%。详见图5.3-7、图5.3-8。

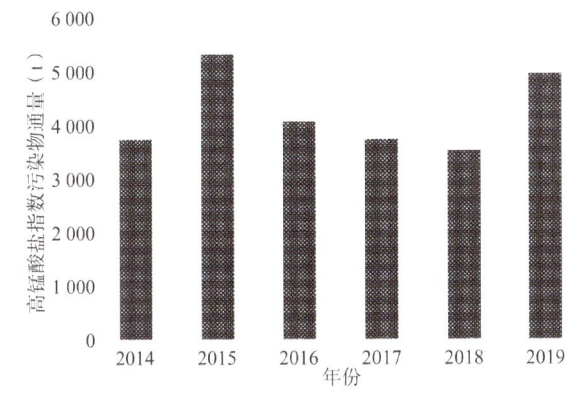

图 5.3-7　2014—2019年入滆湖高锰酸盐指数通量变化

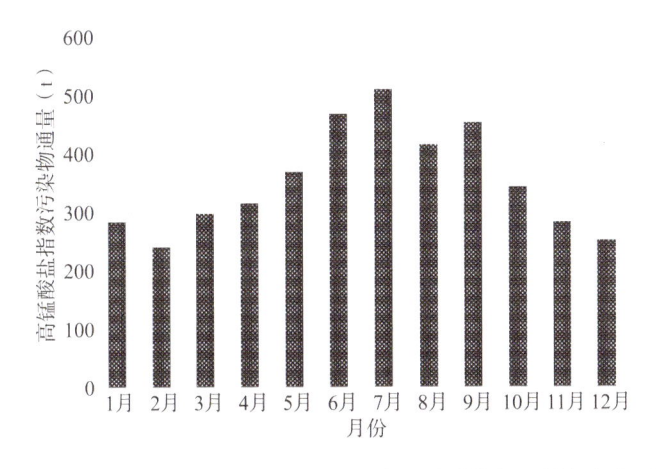

图 5.3-8　2014—2019年入滆湖高锰酸盐指数通量年内分配

（5）化学需氧量

2014—2019年,化学需氧量入滆湖通量最大值出现在2015年,为23 932.10 t;最小值出现在2018年,为13 723.15 t。多年平均汛期入滆湖通量为9 657.02 t,占全年通量的51.0%;月均最大值为7月的2 159.08 t,占全年通量的11.4%,月均最小值为2月的1 091.83 t,占全年通量的5.8%。详见图5.3-9、图5.3-10。

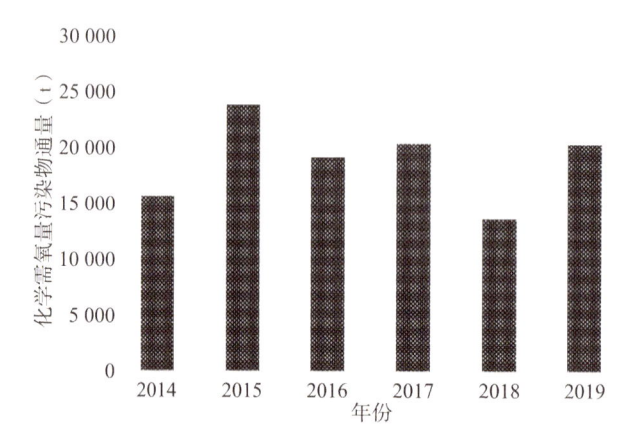

图 5.3-9 2014—2019 年入滆湖化学需氧量通量变化

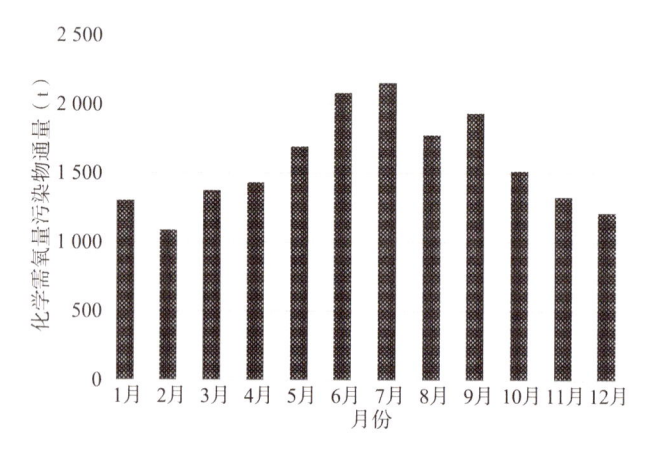

图 5.3-10 2014—2019 年入滆湖化学需氧量通量年内分配

2. 空间分异

按主要入滆湖河道统计，2014—2019 年，入滆湖氨氮总通量为 4 472.96 t，其中 20.0%来自北干河，18.9%来自武南河，18.1%来自湟里河；入滆湖总磷总通量为 751.97 t，其中 26.5%来自武南河，18.1%来自北干河，16.0%来自湟里河；入滆湖总氮总通量为 19 830.83 t，其中 24.8%来自武南河，19.2%来自北干河，16.7%来自湟里河；入滆湖高锰酸盐指数总通量为 25 364.48 t，其中 21.4%来自武南河，21.4%来自北干河，18.2%来自湟里河；入滆湖化学需氧量总通量为 113 550.48 t，其中 21.7%来自武南河，20.9%来自北干河，18.6%来自湟里河。详见图 5.3-11。

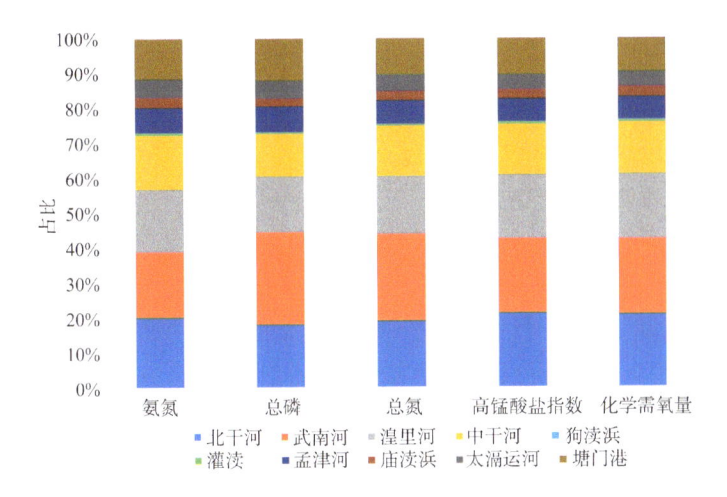

图 5.3-11　入滆湖污染物通量各主要河道占比

3. 水量与污染物通量关系

对入滆湖污染物通量和水量进行标准化（Z-Score）处理，再基于 SPSS 22.0 进行相关性分析，逐月氨氮、总磷、总氮、高锰酸盐指数和化学需氧量入滆湖通量与水量呈极显著相关关系（$P<0.01$）。

入滆湖氨氮、总磷、总氮、高锰酸盐指数和化学需氧量通量与水量逐月响应关系好，在月尺度上，水量对入滆湖氨氮、总磷、总氮、高锰酸盐指数和化学需氧量通量影响较大。详见图 5.3-12。

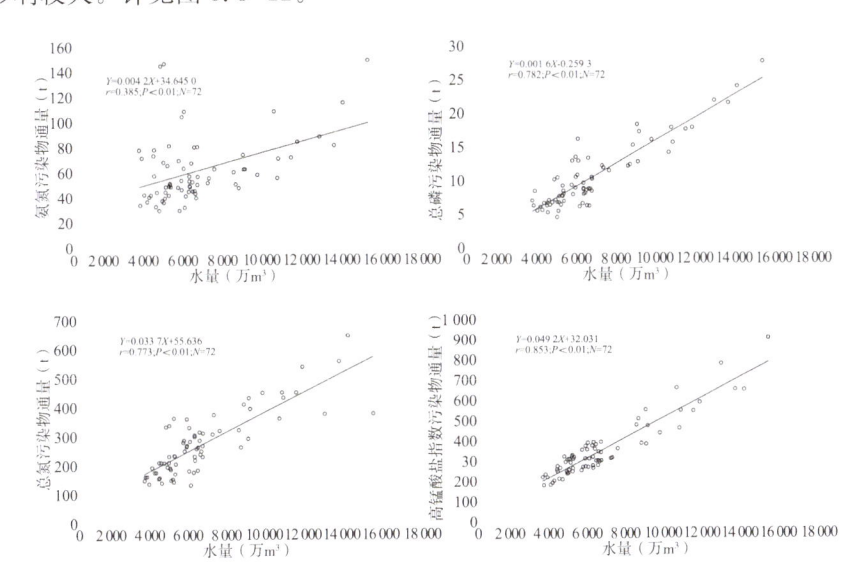

143

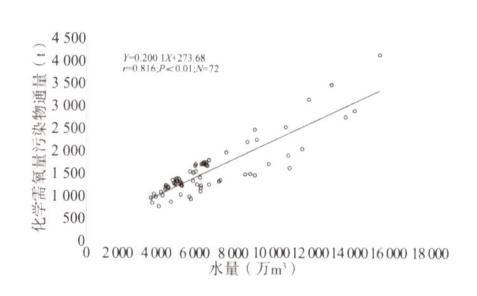

图 5.3-12　入滆湖污染物通量与水量相关关系

5.4　出滆湖污染物通量分析

5.4.1　年内污染物通量分析

2019 年,氨氮、总磷、总氮、高锰酸盐指数、化学需氧量出滆湖通量分别为 510.36 t、112.61 t、3 931.31 t、4 134.92 t、16 653.59 t,出滆湖浓度分别为 0.55 mg/L、0.120 mg/L、4.22 mg/L、4.4 mg/L、17.9 mg/L。

1. 年内变化

（1）氨氮

2019 年,汛期氨氮出滆湖通量为 198.43 t,占全年的 38.9%;月最大出滆湖通量为 53.18 t(3 月),占全年的 10.4%;月最小出滆湖通量为 34.39 t(11 月),占全年的 6.7%。

（2）总磷

2019 年,汛期总磷出滆湖通量为 51.52 t,占全年的 45.8%;月最大出滆湖通量为 14.33 t(9 月),占全年的 12.7%;月最小出滆湖通量为 7.23 t(3 月),占全年的 6.4%。

（3）总氮

2019 年,汛期总氮出滆湖通量为 1 700.99 t,占全年的 43.3%;月最大出滆湖通量为 442.19 t(9 月),占全年的 11.2%;月最小出滆湖通量为 260.33 t(2 月),占全年的 6.6%。

（4）高锰酸盐指数

2019 年,汛期高锰酸盐指数出滆湖通量为 1 848.91 t,占全年的 44.7%;月最大出滆湖通量为 442.31 t(9 月),占全年的 10.7%;月最小出滆湖通量为 265.88 t(2 月),占全年的 6.4%。

(5) 化学需氧量

2019年,汛期化学需氧量出滆湖通量为7 334.80 t,占全年的44.0%;月最大出滆湖通量为1 706.86 t(9月),占全年的10.2%;月最小出滆湖通量为1 060.86 t(2月),占全年的6.4%。

2. 空间分异

按主要出滆湖河道统计,2019年,出滆湖氨氮通量,37.8%出自烧香港,34.4%出自殷村港,19.8%出自湛渎港;出滆湖总磷通量,39.6%出自烧香港,34.0%出自殷村港,17.9%出自湛渎港;出滆湖总氮通量,38.4%出自烧香港,35.7%出自殷村港,17.9%出自湛渎港;出滆湖高锰酸盐指数通量,38.8%出自烧香港,37.4%出自殷村港,16.6%出自湛渎港;出滆湖化学需氧量通量,38.2%出自烧香港,38.3%出自殷村港,16.0%出自湛渎港。

2019年,出滆湖污染物通量主要出自烧香港、殷村港和湛渎港。

5.4.2 年际污染物通量分析

2014—2019年,氨氮、总磷、总氮、高锰酸盐指数、化学需氧量多年平均出滆湖通量分别为514.46 t、98.42 t、2 986.35 t、4 113.42 t、18 607.03 t,多年平均出滆湖浓度分别为0.66 mg/L、0.127 mg/L、3.86 mg/L、5.3 mg/L、24.0 mg/L。

1. 年际变化

(1) 氨氮

2014—2019年,氨氮出滆湖通量最大值出现在2015年,为678.98 t;最小值出现在2014年,为350.16 t。多年平均汛期出滆湖通量为199.04 t,占全年通量的38.7%;月均最大值为2月的73.11 t,占全年通量的14.2%,月均最小值为4月的31.17 t,占全年通量的6.1%。详见图5.4-1、图5.4-2。

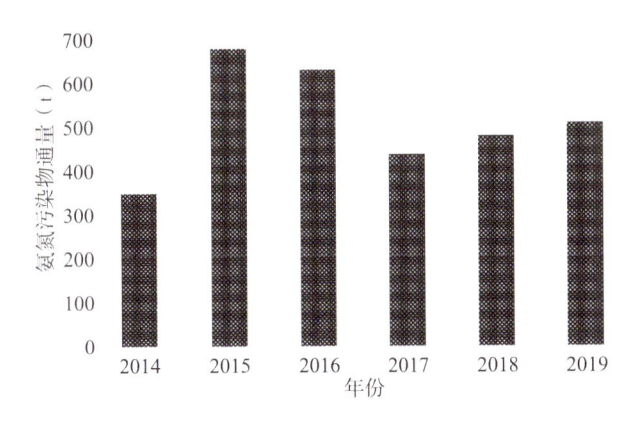

图 5.4-1　2014—2019年出滆湖氨氮通量变化

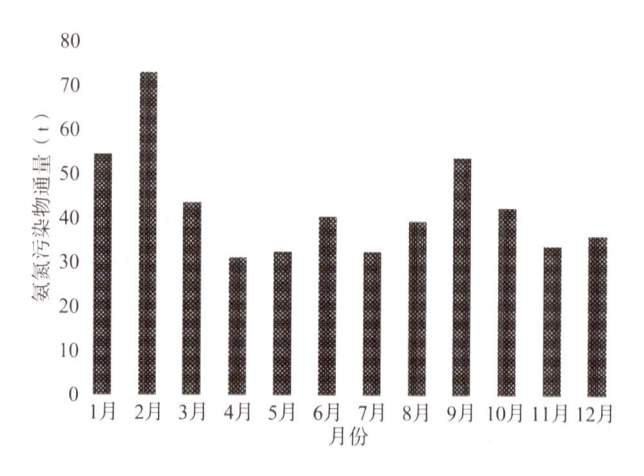

图 5.4-2 2014—2019 年出滆湖氨氮通量年内分配

（2）总磷

2014—2019 年，总磷出滆湖通量最大值出现在 2015 年，为 124.45 t；最小值出现在 2014 年，为 62.79 t。多年平均汛期出滆湖通量为 49.63 t，占全年通量的 50.4%；月均最大值为 9 月的 13.16 t，占全年通量的 13.4%，月均最小值为 11 月的 6.20 t，占全年通量的 6.3%。详见图 5.4-3、图 5.4-4。

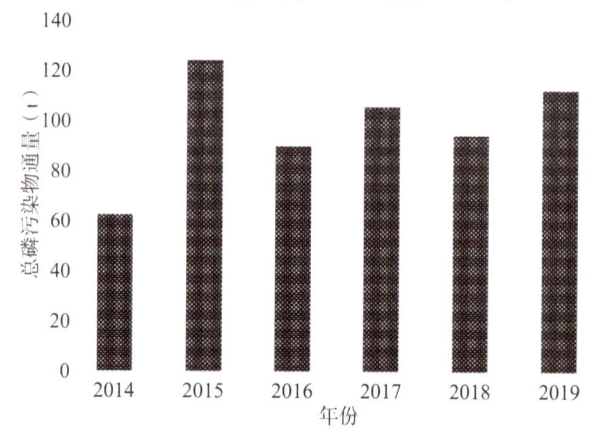

图 5.4-3 2014—2019 年出滆湖总磷通量变化

（3）总氮

2014—2019 年，总氮出滆湖通量最大值出现在 2019 年，为 3 931.31 t；最小值出现在 2014 年，为 1 567.83 t。多年平均汛期出滆湖通量为 1 405.15 t，占全年通量的 47.1%；月均最大值为 9 月的 367.52 t，占全年通量的 12.3%，月均最小值为 12 月的 210.28 t，占全年通量的 7.0%。详见图 5.4-5、图 5.4-6。

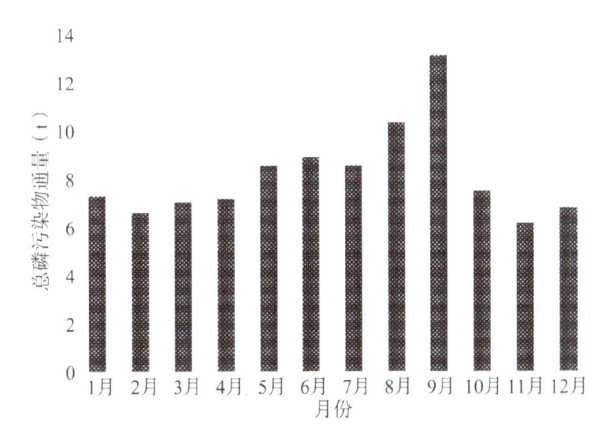

图 5.4-4　2014—2019 年出滆湖总磷通量年内分配

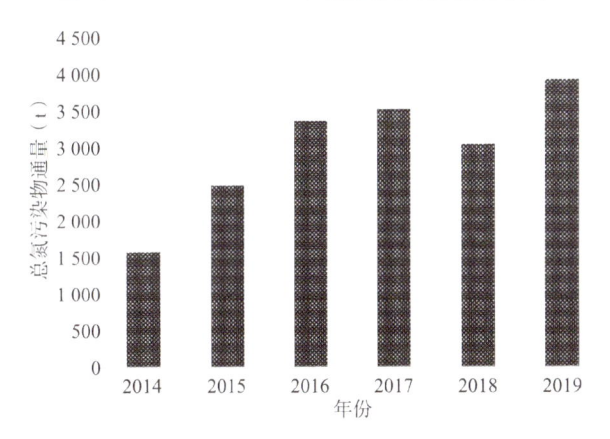

图 5.4-5　2014—2019 年出滆湖总氮通量变化

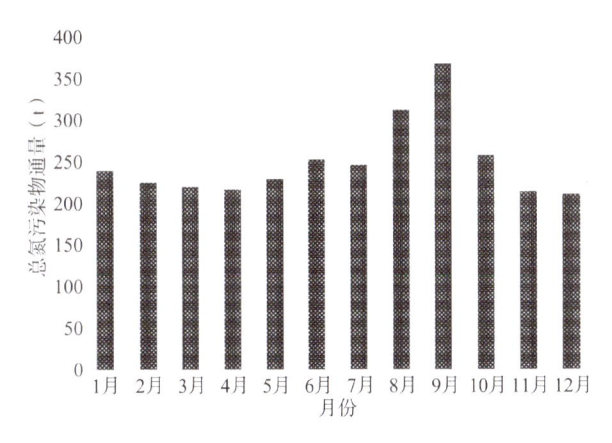

图 5.4-6　2014—2019 年出滆湖总氮通量年内分配

(4) 高锰酸盐指数

2014—2019 年,高锰酸盐指数出滆湖通量最大值出现在 2015 年,为 5 243.38 t;最小值出现在 2014 年,为 3 321.94 t。多年平均汛期出滆湖通量为 2 097.28 t,占全年通量的 51.0%;月均最大值为 9 月的 506.02 t,占全年通量的 12.3%,月均最小值为 4 月的 265.73 t,占全年通量的 6.5%。详见图 5.4-7、图 5.4-8。

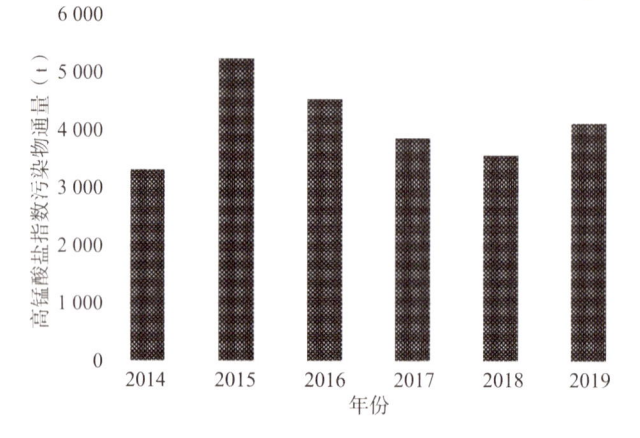

图 5.4-7 2014—2019 年出滆湖高锰酸盐指数通量变化

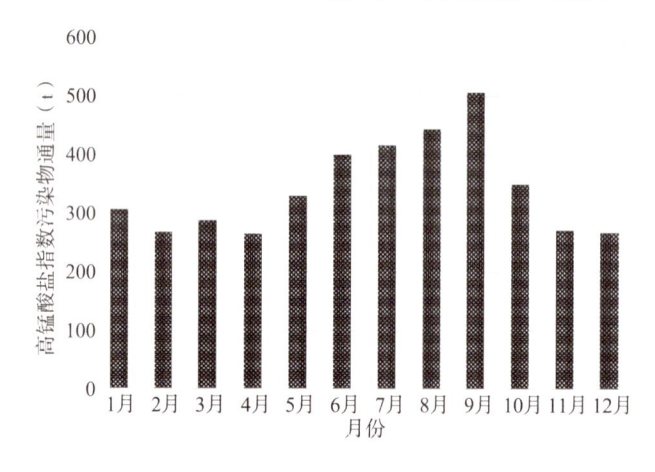

图 5.4-8 2014—2019 年出滆湖高锰酸盐指数通量年内分配

(5) 化学需氧量

2014—2019 年,化学需氧量出滆湖通量最大值出现在 2015 年,为 24 547.95 t;最小值出现在 2018 年,为 13 464.10 t。多年平均汛期出滆湖通量为 9 222.23 t,占全年通量的 49.6%;月均最大值为 9 月的 2 131.75 t,占全年通量的 11.5%,月均最小值为 2 月的 1 231.17 t,占全年通量的 6.6%。详见图 5.4-9、图 5.4-10。

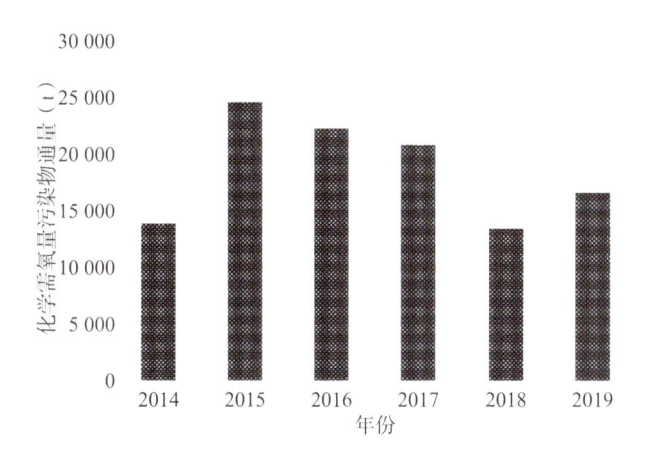

图 5.4-9　2014—2019 年出滆湖化学需氧量通量变化

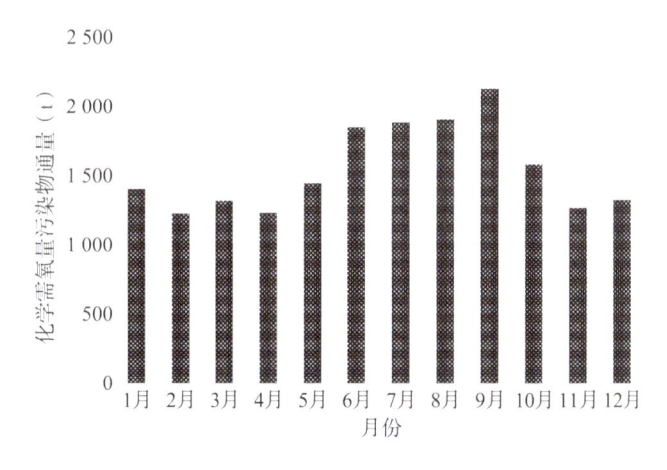

图 5.4-10　2014—2019 年出滆湖化学需氧量通量年内分配

2. 空间分异

按主要出滆湖河道统计，2014—2019 年，出滆湖氨氮总通量为 3 086.75 t，其中 30.7% 出自烧香港，29.4% 出自殷村港，22.3% 出自湛渎港；出滆湖总磷总通量为 590.52 t，其中 34.8% 出自烧香港，26.7% 出自殷村港，19.9% 出自湛渎港；出滆湖总氮总通量为 17 918.09 t，其中 34.2% 出自烧香港，29.4% 出自殷村港，19.7% 出自湛渎港；出滆湖高锰酸盐指数总通量为 24 680.50 t，其中 34.7% 出自烧香港，29.2% 出自殷村港，19.8% 出自湛渎港；出滆湖化学需氧量总通量为 111 642.18 t，其中 35.1% 出自烧香港，29.0% 出自殷村港，20.0% 出自湛渎港。详见图 5.4-11。

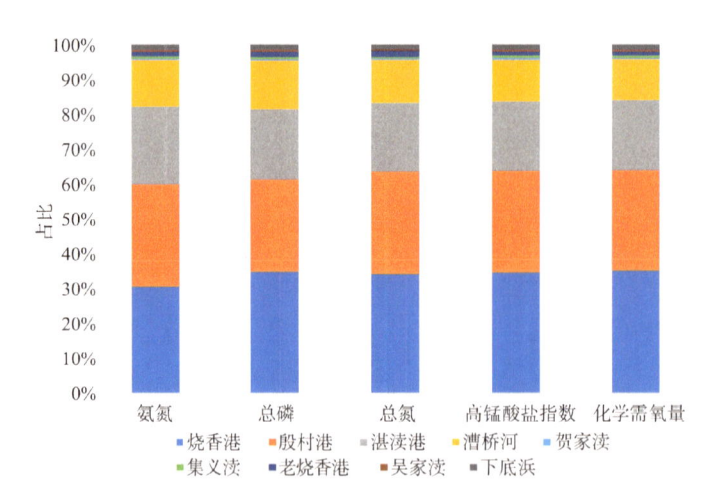

图 5.4-11　出漪湖污染物通量各主要河道占比

3. 水量与污染物通量关系

对出漪湖污染物通量和水量进行标准化（Z-Score）处理，再基于 SPSS 22.0 进行相关性分析，逐月氨氮、总磷、总氮、高锰酸盐指数和化学需氧量出漪湖通量与水量呈极显著相关关系（$P<0.01$）。

出漪湖氨氮、总磷、总氮、高锰酸盐指数和化学需氧量通量与水量逐月响应关系好，在月尺度上，水量对出漪湖氨氮、总磷、总氮、高锰酸盐指数和化学需氧量通量影响较大。详见图 5.4-12。

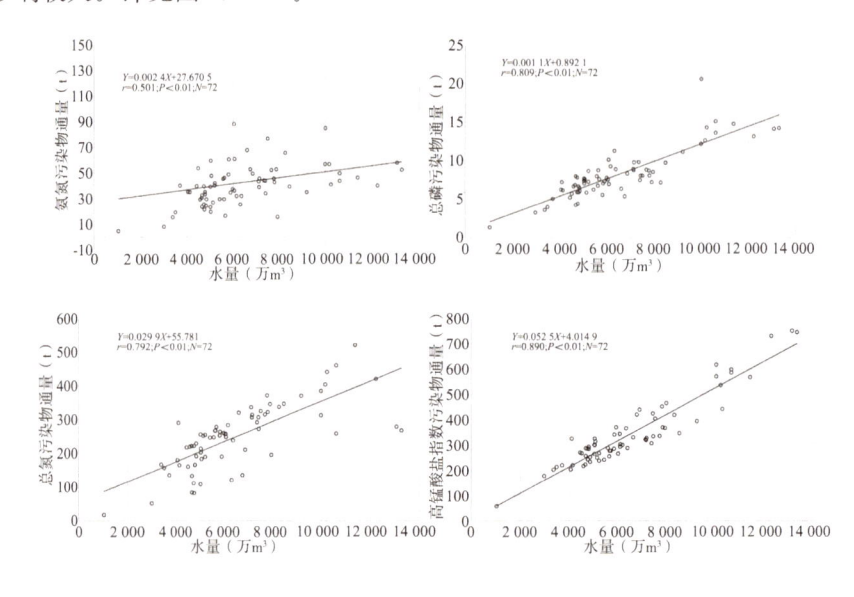

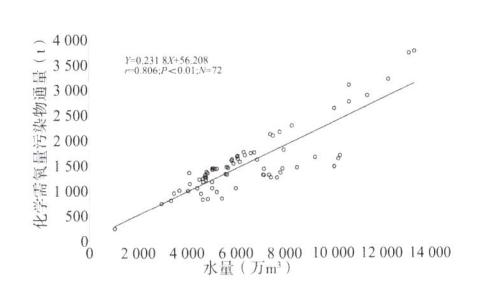

图 5.4-12　出㴔湖污染物通量与水量相关关系

5.5　太湖湖西入太湖污染物通量分析

5.5.1　年内污染物通量分析

2019 年,太湖湖西氨氮、总磷、总氮、高锰酸盐指数、化学需氧量入太湖通量分别为 4 419.43 t、1 481.34 t、21 197.69 t、32 799.66 t、146 052.26 t,太湖湖西入太湖浓度分别为 0.63 mg/L、0.210 mg/L、3.01 mg/L、4.7 mg/L、20.7 mg/L。

1. 年内变化

（1）氨氮

2019 年,太湖湖西汛期氨氮入太湖通量为 1 821.13 t,占全年的 41.2%;月最大入太湖通量为 562.00 t(2 月),占全年的 12.7%;月最小入太湖通量为 212.99 t(11 月),占全年的 4.8%。

（2）总磷

2019 年,太湖湖西汛期总磷入太湖通量为 650.59 t,占全年的 43.9%;月最大入太湖通量为 144.27 t(8 月),占全年的 9.7%;月最小入太湖通量为 93.35 t(3 月),占全年的 6.3%。

（3）总氮

2019 年,太湖湖西汛期总氮入太湖通量为 8 613.37 t,占全年的 40.6%;月最大入太湖通量为 2 288.03 t(2 月),占全年的 10.8%;月最小入太湖通量为 1 331.14 t(10 月),占全年的 6.3%。

（4）高锰酸盐指数

2019 年,太湖湖西汛期高锰酸盐指数入太湖通量为 15 260.23 t,占全年的 46.5%;月最大入太湖通量为 3 482.53 t(8 月),占全年的 10.6%;月最小入太湖通量为 2 308.97 t(4 月),占全年的 7.0%。

(5) 化学需氧量

2019年,太湖湖西汛期化学需氧量入太湖通量为65 770.19 t,占全年的45.0%;月最大入太湖通量为13 621.41 t(6月),占全年的9.3%;月最小入太湖通量为10 757.82 t(3月),占全年的7.4%。

2. 空间分异

按太湖湖西入太湖河段统计,2019年,入太湖氨氮通量,浯溪桥段为1 475.81 t,占比为33.4%,城东港桥段为2 943.62 t,占比为66.6%;入太湖总磷通量,浯溪桥段为509.92 t,占比为34.4%,城东港桥段为971.42 t,占比为65.6%;入太湖总氮通量,浯溪桥段为7 311.88 t,占比为34.5%,城东港桥段为13 885.81 t,占比为65.5%;入太湖高锰酸盐指数通量,浯溪桥段为9 580.72 t,占比为29.2%,城东港桥段为23 218.94 t,占比为70.8%;入太湖化学需氧量通量,浯溪桥段为44 021.84 t,占比为30.1%,城东港桥段为102 030.42 t,占比为69.9%。

2019年,太湖湖西区入太湖污染物通量主要来自城东港段。

5.5.2 年际污染物通量分析

2014—2019年,太湖湖西氨氮、总磷、总氮、高锰酸盐指数、化学需氧量多年平均入太湖通量分别为7 986.50 t、1 751.11 t、28 343.03 t、40 833.62 t、183 299.05 t,多年平均入太湖浓度分别为1.00 mg/L、0.220 mg/L、3.57 mg/L、5.1 mg/L、23.1 mg/L。

1. 年际变化

(1) 氨氮

2014—2019年,太湖湖西氨氮入太湖通量最大值出现在2014年,为10 863.79 t;最小值出现在2019年,为4 419.43 t。汛期多年平均值为2 923.89 t,占全年通量的36.6%;月均最大值为3月的928.88 t,占全年通量的11.6%,月均最小值为9月的361.85 t,占全年通量的4.5%。详见图5.5-1、图5.5-2。

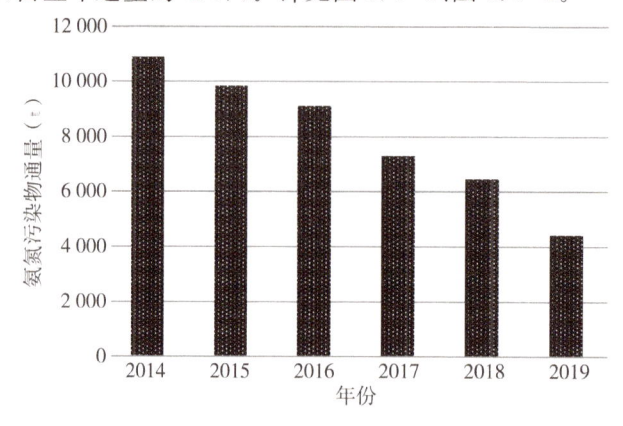

图5.5-1 2014—2019年太湖湖西入太湖氨氮通量变化

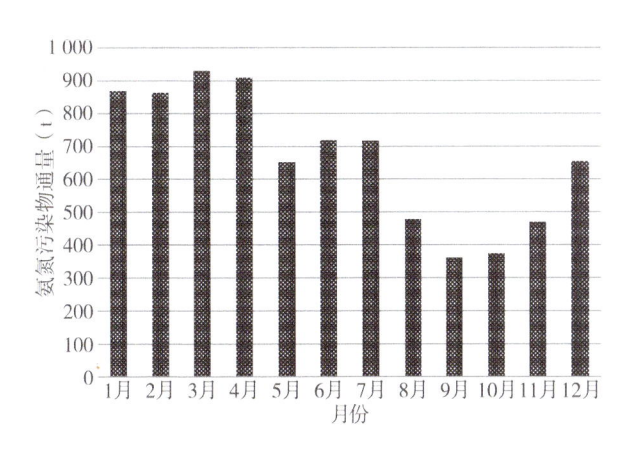

图 5.5-2 2014—2019 年太湖湖西入太湖氨氮通量年内分配

(2) 总磷

2014—2019 年,太湖湖西总磷入太湖通量最大值出现在 2016 年,为 2 163.94 t;最小值出现在 2019 年,为 1 481.34 t。汛期多年平均值为 866.72 t,占全年通量的 49.5%;月均最大值为 7 月的 205.99 t,占全年通量的 11.8%,月均最小值为 2 月的 99.58 t,占全年通量的 5.7%。详见图 5.5-3、图 5.5-4。

(3) 总氮

2014—2019 年,太湖湖西总氮入太湖通量最大值出现在 2016 年,为 33 101.91 t;最小值出现在 2019 年,为 21 197.69 t。汛期多年平均值为 11 881.24 t,占全年通量的 41.9%;月均最大值为 4 月的 3 118.74 t,占全年通量的 11.0%,月均最小值为 11 月的 1 918.86 t,占全年通量的 6.8%。详见图 5.5-5、图 5.5-6。

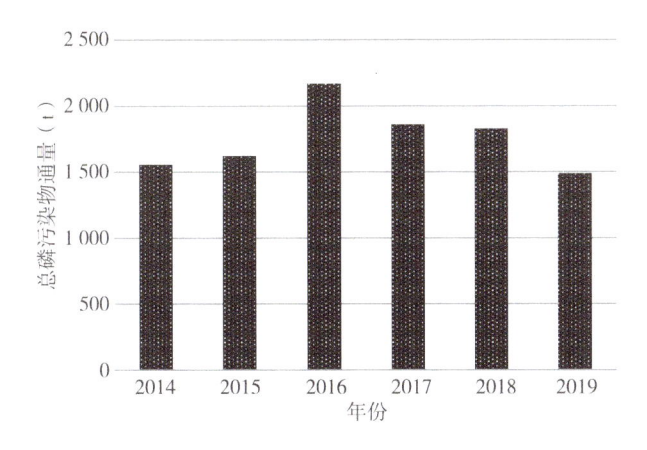

图 5.5-3 2014—2019 年太湖湖西入太湖总磷通量变化

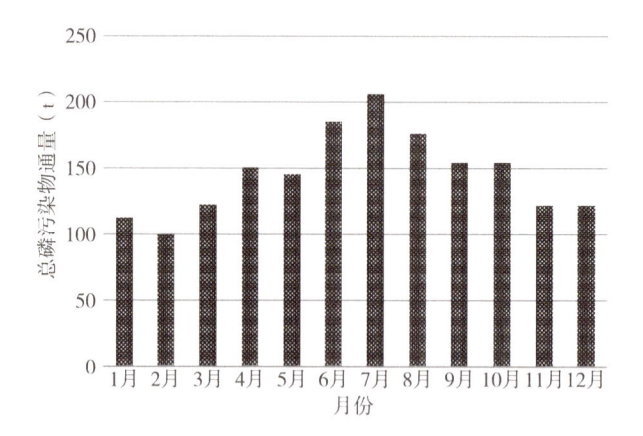

图 5.5-4　2014—2019 年太湖湖西入太湖总磷通量年内分配

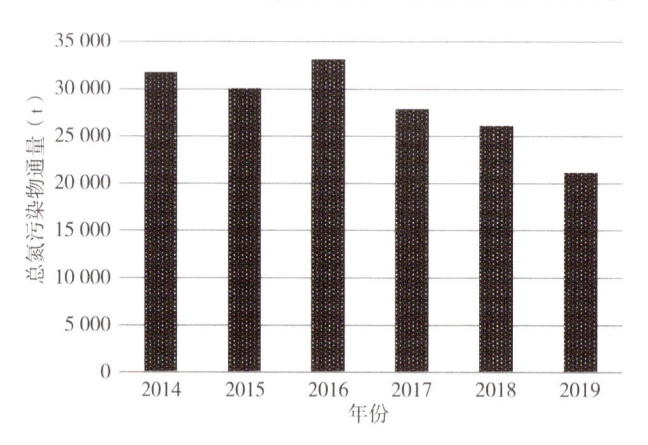

图 5.5-5　2014—2019 年太湖湖西入太湖总氮通量变化

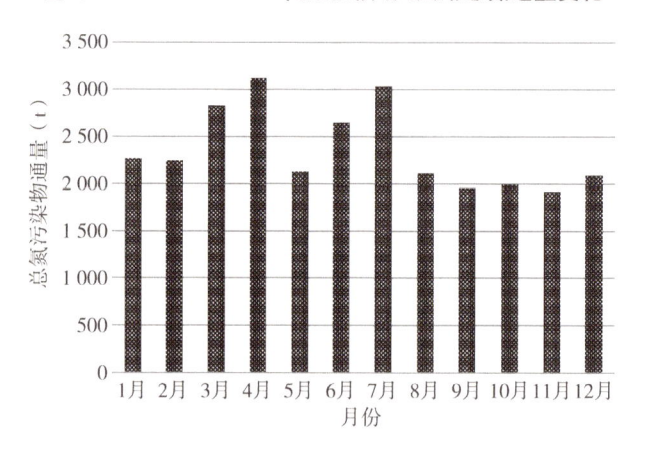

图 5.5-6　2014—2019 年太湖湖西入太湖总氮通量年内分配

(4) 高锰酸盐指数

2014—2019 年,太湖湖西高锰酸盐指数入太湖通量最大值出现在 2016 年,为 47 595.94 t;最小值出现在 2019 年,为 32 799.66 吨。汛期多年平均值为 20 817.40 t,占全年通量的 51.0%;月均最大值为 7 月的 4 862.87 t,占全年通量的 11.9%,月均最小值为 2 月的 2 262.32t,占全年通量的 5.5%。详见图 5.5-7、图 5.5-8。

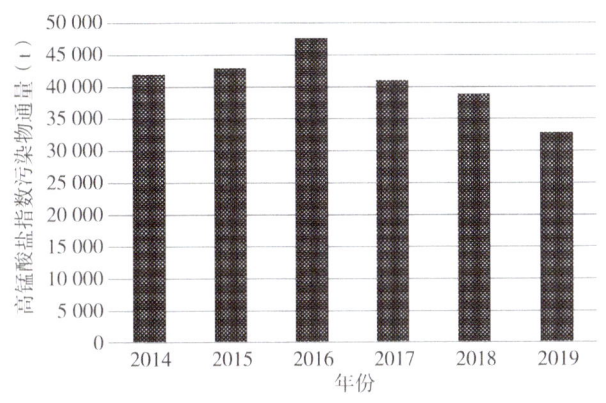

图 5.5-7　2014—2019 年太湖湖西入太湖高锰酸盐指数通量变化

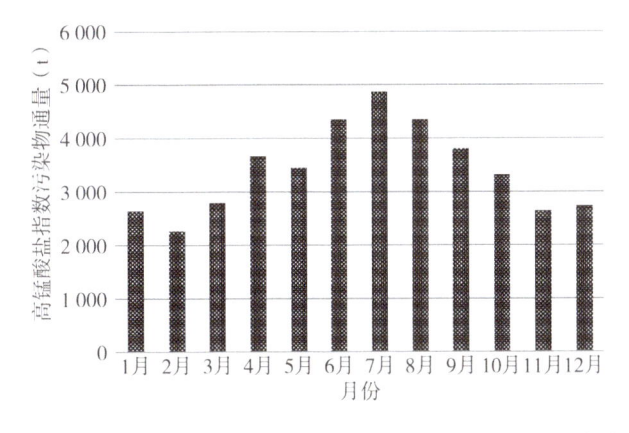

图 5.5-8　2014—2019 年太湖湖西入太湖高锰酸盐指数通量年内分配

(5) 化学需氧量

2014—2019 年,太湖湖西化学需氧量入太湖通量最大值出现在 2016 年,为 222 981.24 t;最小值出现在 2019 年,为 146 052.26 t。汛期多年平均值为 91 356.94 t,占全年通量的 49.8%;月均最大值为 7 月的 22 063.33 t,占全年通量的 12.0%,月均最小值为 2 月的 10 506.35 t,占全年通量的 5.7%。详见图 5.5-9、图 5.5-10。

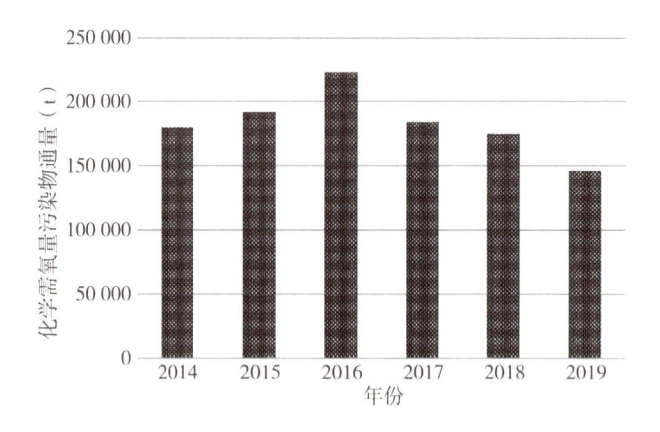

图 5.5-9　2014—2019 年入太湖湖西化学需氧量通量变化

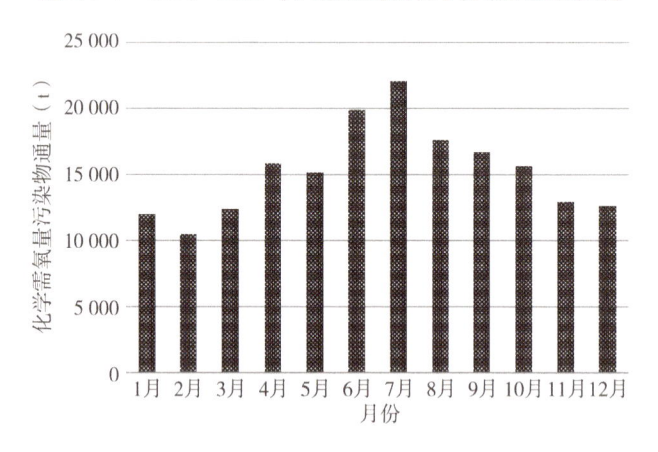

图 5.5-10　2014—2019 年入太湖湖西化学需氧量通量年内分配

2. 空间分异

按太湖湖西入太湖河段统计,2014—2019 年,太湖湖西入太湖氨氮总通量为 47 918.98 t,城东港桥段和洑溪桥段占比分别为 60.3% 和 39.7%;太湖湖西入太湖总磷总通量为 10 506.68 t,城东港桥段和洑溪桥段占比分别为 63.5% 和 36.5%;太湖湖西入太湖总氮总通量为 170 058.19 t,城东港桥段和洑溪桥段占比分别为 62.8% 和 37.2%;太湖湖西入太湖高锰酸盐指数总通量为 245 001.74 t,城东港桥段和洑溪桥段占比分别为 65.9% 和 34.1%;太湖湖西入太湖化学需氧量总通量为 1 099 794.31 t,城东港桥段和洑溪桥段占比分别为 66.1% 和 33.9%。详见图 5.5-11。

3. 水量与污染物通量关系

对太湖湖西入太湖污染物通量和水量进行标准化(Z-Score)处理,再基于 SPSS 22.0 进行相关性分析,逐月总磷、总氮、高锰酸盐指数和化学需氧量入太湖

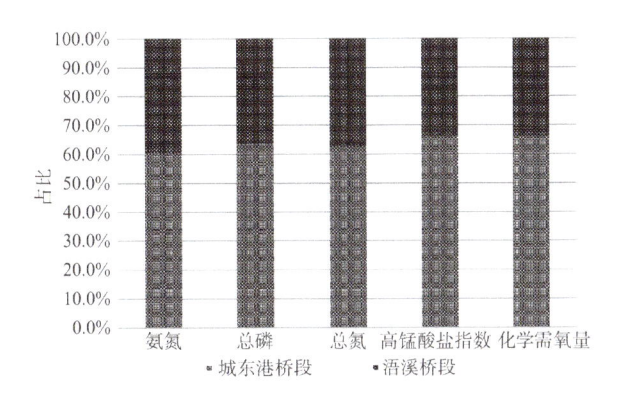

图 5.5-11　太湖湖西入太湖污染物通量各主要河道占比

通量与水量呈极显著相关关系（$P<0.01$）。氨氮入太湖通量与水量无显著相关关系（$P>0.05$）。

太湖湖西入太湖总磷、总氮、高锰酸盐指数和化学需氧量通量与水量逐月响应关系好，在月尺度上，水量对太湖湖西入太湖总磷、总氮、高锰酸盐指数和化学需氧量通量影响较大。详见图 5.5-12。

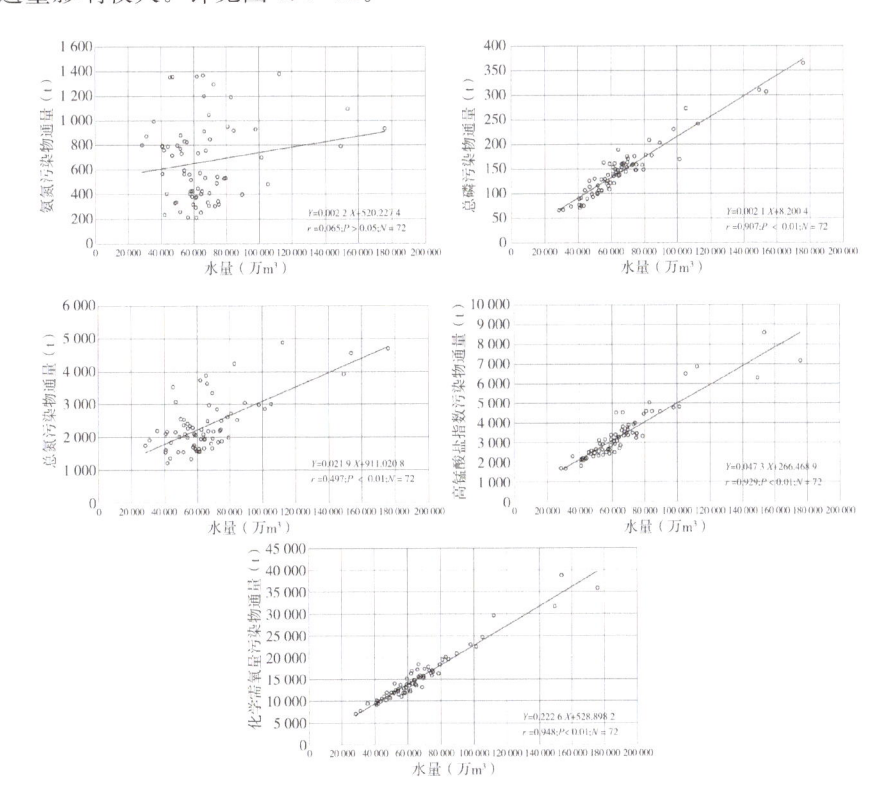

图 5.5-12　太湖湖西入太湖污染物通量与水量相关关系

5.6 区域污染物通量特征及通量交换空间格局

5.6.1 区域污染物通量特征

从 2014—2019 年污染物通量统计结果来看，洮湖出、入湖总磷、总氮、高锰酸盐指数和化学需氧量通量汛期占比在 50% 以上；滆湖入湖总磷、高锰酸盐指数和化学需氧量通量汛期占比在 50% 以上，滆湖出湖总磷、高锰酸盐指数通量汛期占比在 50% 以上；太湖湖西入太湖高锰酸盐指数通量汛期占比在 50% 以上，总磷和化学需氧量通量汛期占比接近 50%。区域内污染物通量交换基本集中在汛期。

2014—2019 年，洮湖出、入湖和滆湖出、入湖氨氮、总磷、总氮、高锰酸盐指数和化学需氧量通量与水量逐月响应关系好，在月尺度上，水量对污染物通量影响较大。太湖湖西氨氮入太湖通量与水量无显著相关关系，水量仅对总磷、总氮、高锰酸盐指数和化学需氧量通量影响较大。

5.6.2 区域污染物通量交换空间格局

2014—2019 年，入洮湖污染物通量贡献主要来自大浦港、北河和白石港，三条河道污染物通量占比在 80% 以上；出洮湖污染物通量贡献主要为北干河、湟里河和中干河，三条河道污染物通量占比在 70% 以上；入滆湖污染物通量贡献主要来自北干河、武南河和湟里河，三条河道污染物通量占比在 60% 左右；出滆湖污染物通量贡献主要为烧香港、殷村港和湛渎港，三条河道污染物通量占比在 80% 以上；太湖湖西入太湖污染物通量贡献主要来自城东港桥段（包括城东港、芰渎港、社渎港、官渎港、大浦港、林庄港、八房港、乌溪港等 14 条河道），污染物通量占比在 60% 以上。

2014—2019 年，洮湖氨氮、总磷、总氮、高锰酸盐指数、化学需氧量入湖总通量分别为 2 250.67 t、468.28 t、11 766.90 t、14 167.94 t、64 015.74 t；出湖总通量分别为 1 812.92 t、294.86 t、11 067.12 t、14 273.11 t、63 291.66 t，出湖通量是入湖通量的 80.6%、63.0%、94.1%、100.7%、98.9%。可见，洮湖可以少量消纳氨氮和总磷，被湖泊生物所利用；而总氮、高锰酸盐指数、化学需氧量出入通量基本持平，说明湖泊对此三项指标的自净能力已趋极限。

2014—2019 年，滆湖氨氮、总磷、总氮、高锰酸盐指数、化学需氧量入湖总通量分别为 4 472.96 t、751.97 t、19 830.83 t、25 364.48 t、113 550.48 t；出湖总通量分别为 3 086.75 t、590.52 t、17 918.09 t、24 680.50 t、111 642.18 t。出湖通量是入湖通量的 69.0%、78.5%、90.4%、97.3%、98.3%。可见，滆湖仍可以消纳部分氨氮和总磷，被湖泊生物所利用；而对总氮、高锰酸盐指数、化学需氧量的消纳能力已非常有限。

2014—2019年,太湖湖西氨氮、总磷、总氮、高锰酸盐指数、化学需氧量入太湖总通量分别为47 918.98 t、10 506.68 t、170 058.19 t、245 001.74 t、1 099 794.31 t。其中浯溪桥段氨氮、总磷、总氮、高锰酸盐指数、化学需氧量入湖通量分别为19 023.83 t、384.94 t、63 261.65 t、83 545.59 t、372 830.27 t。

从污染物通量总量上来看,入滆湖污染物通量远高于出洮湖污染物通量,但洮滆间(湟里河、北干河和中干河)入滆湖氨氮、总磷、总氮、高锰酸盐指数、化学需氧量入湖通量分别为2 378.49 t、346.83 t、9 914.67 t、13 671.32 t、61 490.82 t,与出洮湖污染物通量相当,因此入滆湖污染物通量增量主要受滆湖北部上游来水影响。详见表5.6-1。

表5.6-1　洮、滆、太三湖间污染物通量统计表

指标		入洮湖	出洮湖	入滆湖	出滆湖	入太湖
水量 (万 m³)	2014年	38 958.19	32 982.98	59 351.96	55 906.37	730 278.00
	2019年	51 407.91	47 814.58	10 8697.18	93 263.50	703 910.00
	总量	277 195.39	273 569.21	469 038.45	464 229.62	4 769 956.90
氨氮(t)	2014年	439.66	191.93	909.26	350.16	10 863.79
	2019年	303.18	322.35	761.32	510.36	4 419.43
	总量	2 250.67	1 812.92	4 472.96	3 086.75	47 918.98
总磷(t)	2014年	78.28	34.38	93.83	62.79	1 552.35
	2019年	78.66	53.44	175.35	112.61	1 481.34
	总量	468.28	294.86	751.97	590.52	10 506.68
总氮(t)	2014年	1 824.64	935.17	2 678.52	1 567.83	31 717.11
	2019年	2 244.26	2 088.16	4 977.67	3 931.31	21 197.69
	总量	11 766.90	11 067.12	19 830.83	17 918.09	17 0058.19
高锰酸盐 指数(t)	2014年	2 485.28	1 877.70	3 737.88	3 321.94	41 916.13
	2019年	2 315.73	2 121.54	4 962.26	4 134.92	32 799.66
	总量	14 167.94	14 273.11	25 364.48	24 680.50	24 5001.74
化学需氧量(t)	2014年	9 840.86	8464.59	15 728.93	13 882.68	179 864.10
	2019年	8221.19	7 040.07	20 436.69	16 653.59	146 052.26
	总量	64 015.74	63 291.66	113 550.48	111 642.18	1 099 794.31

第六章 区域水生态状况

6.1 西部上游片水生态状况

6.1.1 简渎河

1. 服务功能

1）防洪工程达标率

简渎河已完成堤防达标建设，河道沿线仅少量村庄段未能按标准堤防建设，以村庄道路为堤，并达到达标堤顶标高要求，其余河段堤防均达标，防洪工程达标率为100%。

2）供水保障

（1）供水水量保证程度

简渎河两岸取水工程主要是灌排站。灌排站主要满足水稻等农作物生长所需水量，而简渎河灌溉期集中在每年的5—9月份，此时正值汛期，来自通济河的水量以及降雨径流的补充使之能够很好地满足沿线灌排站的取水需求，供水水量保证程度为100%。

（2）水功能区水质达标率

简渎河水功能区划（望仙桥—通济河口段）为简渎河金坛工业、农业用水区，水质目标为Ⅳ类。评价期水功能区双指标监测评价结果为Ⅲ类，达标。

2. 生物状况

1)浮游植物

(1)浮游植物群落结构

在简渎河浮游植物定量样品中,共鉴定出浮游植物 27 种(属),隶属于 6 大门类,其中绿藻门种类最多,共有 10 种,占总数的 37%;其次是硅藻门,为 8 种,占总数的 29.6%;隐藻门和裸藻门发现的物种数较低,各为 3 种;其他 2 个门类,即甲藻门和蓝藻门则分别发现 2 种和 1 种。在物种组成上,2 个样点均以绿藻门出现的物种数较高,分别有 7 种和 6 种;其次是硅藻门,2 个样点分别发现 6 种和 4 种;隐藻门在 2 个样点均出现 3 种;裸藻门、甲藻门和蓝藻门出现得较少。

在优势类群方面,依据 McNaughton 优势度指数大于 0.02 的原则,现阶段优势种有 5 种(属),隶属于隐藻门、蓝藻门和裸藻门,其中隐藻门 3 种(属),分别为啮蚀隐藻、尖尾蓝隐藻和隐藻;蓝藻门和裸藻门各 1 种(属),分别为颤藻和裸藻。这 5 种(属)的平均密度分别为 76.13 万个/L、71.72 万个/L、30.08 万个/L、11.83 万个/L 和 4.49 万个/L。详见表 6.1-1。

表 6.1-1 简渎河浮游植物优势种(属)密度及优势度

门类	种(属)	密度(万个/L)	相对密度	优势度
隐藻门	啮蚀隐藻	76.13	0.352	0.352
	尖尾蓝隐藻	71.72	0.332	0.332
	隐藻	30.08	0.139	0.139
蓝藻门	颤藻	11.83	0.055	0.027
裸藻门	裸藻	4.49	0.021	0.021

简渎河 2 个样点的浮游植物密度分别为 265.07 万个/L 和 167.11 万个/L,平均值为 216.09 万个/L。隐藻门密度在 2 个样点均占据主要优势,密度分别达 223.00 万和 132.87 万个/L,分别占总密度的 84.1% 和 79.5%,平均占比达 81.8%;其次密度占比较高的门类分别为绿藻门和蓝藻门。在生物量方面,2 个样点总生物量分别为 3.57 mg/L 和 2.27 mg/L,均值为 2.92 mg/L。2 个样点的总生物量组成也存在差异,但均以隐藻门生物量占比最高,生物量分别达 2.94 mg/L 和 1.46 mg/L,占比分别为 82.4% 和 64.3%,其次是裸藻门,生物量占比分别为 8.5% 和 29.9%;此外是蓝藻门、绿藻门、硅藻门和甲藻门,2 个样点均值占比分别为 3.3%、1.6%、1.4% 和 1.3%。详见图 6.1-1。

(2)浮游植物多样性

简渎河 2 个样点浮游植物物种数均值为 19 种。在浮游植物多样性方面,Simpson 指数均值为 0.73;Shannon-Wiener 多样性指数均值为 1.64;Pielou 均匀度指数均值为 0.55。

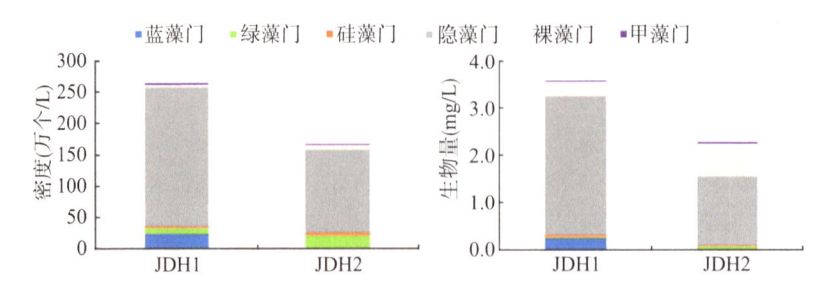

图 6.1-1　简渎河 2 个样点浮游植物密度和生物量组成

2）着生藻类
（1）着生藻类群落结构

在简渎河着生藻类定量样品中共鉴定出着生藻类 4 门 23 种（属），其中硅藻门最多，发现 14 种（属），占总物种数的 60.9%，其次是蓝藻门 4 种（属）、绿藻门 3 种（属）和裸藻门 2 种（属）。详见图 6.1-2。

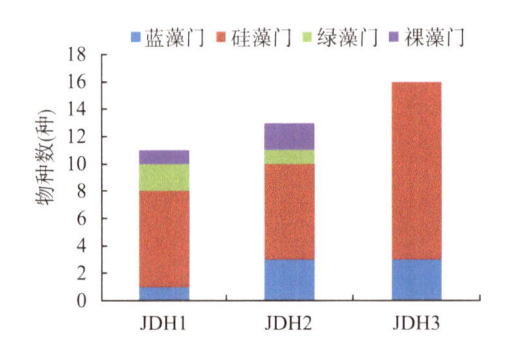

图 6.1-2　简渎河各样点着生藻类种类组成

根据 McNaughton 优势度指数大于 0.02 的原则，现阶段优势种有 5 种，分别为希罗鞘丝藻、颤藻、谷皮菱形藻、菱形藻、舟形藻，平均密度分别为 3.48 万个/cm²、1.34 万个/cm²、0.36 万个/cm²、0.33 万个/cm² 和 0.26 万个/cm²。详见表 6.1-2。

表 6.1-2　简渎河各样点着生藻类名录及优势度

门类	种（属）	JDH1	JDH2	JDH3	优势度
蓝藻门	点形平裂藻	—	—	+	0.007
	巨颤藻	—	+	+	0.011
	颤藻	—	+	+	0.212
	希罗鞘丝藻	+	+	+	0.552

续表

门类	种（属）	JDH1	JDH2	JDH3	优势度
硅藻门	肘状针杆藻	—	+	+	0.007
硅藻门	尖针杆藻	+	—	+	0.003
硅藻门	舟形藻	+	+	+	0.041
硅藻门	异极藻	+	+	+	0.002
硅藻门	布纹藻	+	+	+	0.007
硅藻门	曲壳藻	+	+	+	0.011
硅藻门	曲丝藻	+	+	—	0.001
硅藻门	膨胀桥弯藻	+	+	—	0.001
硅藻门	内丝藻	—	—	+	0.000
硅藻门	美壁藻	—	+	+	0.004
硅藻门	谷皮菱形藻	+	+	+	0.058
硅藻门	针状菱形藻	+	+	+	0.014
硅藻门	新月菱形藻	+	—	+	0.001
硅藻门	菱形藻	+	+	+	0.052
绿藻门	四尾栅藻	+	+	—	0.002
绿藻门	二角盘星藻	—	+	+	0.006
绿藻门	丝状绿藻	—	+	+	0.004
裸藻门	尖尾裸藻	—	+	—	0.001
裸藻门	裸藻	+	+	—	0.003

简渎河3个样点的着生藻类密度分别为1.79万个/cm²、11.19万个/cm²、5.93万个/cm²，平均值为6.30万个/cm²，各样点间密度差异较大，蓝藻门和硅藻门占优，蓝藻门在各样点密度分别为0.29万个/cm²、10.38万个/cm²、4.13万个/cm²，占比分别为16.2%、92.8%、69.6%；硅藻门在各样点密度分别为1.39万个/cm²、0.63万个/cm²、1.79万个/cm²，占比分别为77.7%、5.6%、30.2%。详见图6.1-3。

（2）着生藻类多样性

简渎河着生藻类物种数均值为13.3种。Simpson指数均值为0.59；Shannon-Wiener多样性指数均值为1.28；Pielou均匀度指数均值为0.50。总体而言，简渎河着生藻类多样性较低。

3）底栖动物

（1）底栖动物群落结构

简渎河共采集到底栖动物10种（属），其中软体动物门出现的种类最多，

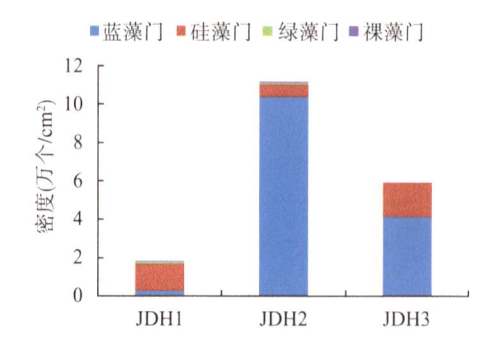

图 6.1-3　简渎河各样点着生藻类密度

达 6 种，占比为 60%，包括腹足纲 5 种和双壳纲 1 种；其次为节肢动物门，共 3 种，均为昆虫纲；而环节动物门仅出现寡毛纲的 1 种，即苏氏尾鳃蚓。在物种组成上，腹足纲在 2 个样点分布较多，分别为 3 种和 4 种，均值为 3.5 种；其次是昆虫纲，在 2 个样点分别发现 2 种和 1 种；寡毛纲和双壳纲出现的 1 种均分布在 JDH1 样点。

根据 McNaughton 优势度指数大于 0.02 的原则，现阶段优势种有 3 种（属），分别为腹足纲和昆虫纲，其中腹足纲 2 种，即铜锈环棱螺和大沼螺；昆虫纲 1 种，即分离底栖摇蚊，平均密度分别为 19.4 ind./m²、6.1 ind./m² 和 2.2 ind./m²。详见表 6.1-3。

表 6.1-3　简渎河主要底栖动物优势种（属）密度及优势度

门类	种（属）	密度(ind./m²)	相对密度	优势度
腹足纲	铜锈环棱螺	19.4	0.593	0.593
	大沼螺	6.1	0.186	0.186
昆虫纲	分离底栖摇蚊	2.2	0.068	0.034

简渎河 2 个样点的底栖动物密度分别为 22.2 ind./m² 和 43.3 ind./m²，平均值为 32.8 ind./m²，且简渎河 JDH2 样点总密度要高于 JDH1 样点。在密度组成方面，2 个样点腹足纲的密度均较高，分别为 14.4 ind./m² 和 42.2 ind./m²，分别占总密度的 64.9% 和 97.5%；其次，JDH1 样点昆虫纲的密度占比也较高，可达 25%，而在 JDH2 样点该门类占比则偏低，仅 2.6%；此外，JDH1 样点中寡毛纲和双壳纲密度占比均达到 5%。在生物量方面，总生物量空间分布格局与总密度的空间分布趋势相似，2 个样点总生物量分别为 18.25 g/m² 和 52.38 g/m²，均值为 35.32 g/m²。在总生物量组成上，2 个样点均是腹足纲占据绝对优势，生物量分别可达 17.10 g/m² 和 52.37 g/m²，占比分别为 93.7% 和 100.0%；此外，双壳纲在 JDH1 样点生物量占比较低，仅 6.3%。详见图 6.1-4。

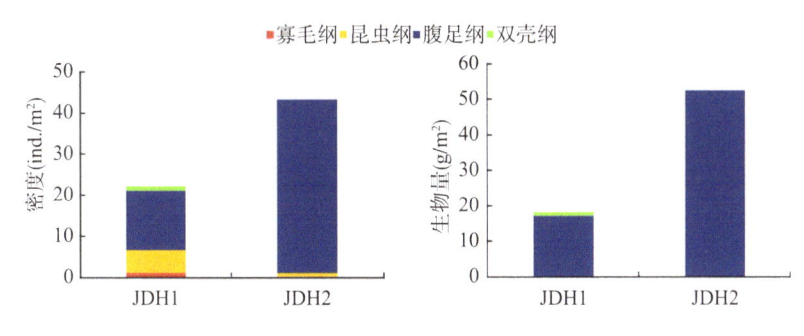

图 6.1-4　简渎河各样点底栖动物密度和生物量

（2）底栖动物多样性

简渎河底栖动物物种数均值为 6 种。在底栖动物多样性方面，Simpson 指数和 Pielou 均匀度指数均值分别为 0.62 和 0.72；Shannon-Wiener 多样性指数均值为 1.29。

3. 栖息地状况

（1）生态用水满足程度

简渎河与丹金溧漕河相通，以丹金溧漕河生态水位作为片区生态水位评价标准，丹金溧漕河生态水位为 2.70 m，评价期间简渎河南场桥站水位最低，日平均水位为 3.23 m，高于生态水位，因此简渎河生态用水满足程度为 100%。

（2）水质优劣程度

评价期间简渎河水质监测指标浓度年平均值评价结果为 Ⅲ 类，定类水质指标为化学需氧量，年平均浓度为 18.0 mg/L。

（3）岸坡植被覆盖度

望仙村至盘石庄段：本河段长 2.5 km，护坡类型主要为自然土质护坡。该段左岸植被覆盖度为 50%~60%，常水位以下区域有水花生，伴有零星芦苇，覆盖度为 50%；局部变化水位区域主要为草本，覆盖度为 60%；洪水位以上区域有泡桐、水杉、构树、柳树、杨树、桑树和洋槐树，覆盖度为 50%，树下有草本，覆盖度为 100%。

盘石庄至通济河段：本河段长 3 km，护坡类型主要为自然土质护坡。该段两岸植被覆盖度为 50%~60%，常水位以下区域有水花生，伴有零星芦苇，覆盖率 50%；局部变化水位区域主要为草本，覆盖率 40%；洪水位以上区域有泡桐、水杉、构树、柳树、杨树、桑树和洋槐树，覆盖度为 50%，树下有草本，覆盖度为 100%。

总体而言，简渎河两岸的植被覆盖度较高，但植被层次较单一，变化很小。

（4）岸线利用管理状况

简渎河两岸的桥梁、民房等占用岸线总长度为 135 m；2 处废弃电灌站占用岸线总长度为 8 m；排灌站等共 27 处，占用岸线长度为 208 m。简渎河两岸排灌站占用岸线均已审批。

简渎河岸线总长 11 km,占用岸线总长度为 351 m,占用岸线中河岸侵蚀的长度为 110 m。河流岸线利用管理状况良好。

4. 生态健康状况

简渎河生态健康状况综合得分为 88.1 分,评价等级为"良"。

各指标得分如下:防洪工程达标率、供水水量保证程度、水功能区水质达标率、生态用水满足程度、管理(保护)范围划定率和综合治理程度均为 100 分,岸线利用管理指数为 85 分,水质优劣程度为 84 分,河岸带植被覆盖度为 70 分,底栖动物多样性为 65.8 分,着生藻类多样性为 59.2 分,浮游植物多样性为 56 分。

6.1.2 茅东水库

1. 服务功能

1) 防洪工程达标率

茅东水库设计洪水标准为 50 年一遇,校核洪水标准为 1 000 年一遇,集水面积为 22.0 km^2,茅东水库工程由大坝、灌溉输水涵洞、溢洪闸以及非常溢洪道组成,大坝长 668 m,坝顶高程 31.26 m,坝顶宽 6.0 m;配有溢洪闸 1 座,设计最大泄洪流量为 87.7 m^3/s;非常溢洪道 1 座;北灌溉输水高涵设计流量为 4.60 m^3/s,南灌溉输水高涵设计流量为 5.69 m^3/s;补库电力提水站 1 座,设计翻水流量为 0.70 m^3/s。茅东水库工程等别为Ⅲ等,主要建筑物级别为 3 级,次要建筑物级别为 4 级。

茅东水库现以大坝、溢洪闸、输水涵洞构成枢纽工程,均达到防洪标准,茅东水库防洪工程达标率为 100%。

2) 供水保障

(1) 湖水交换能力

湖水交换能力反映的是湖泊(水库)水体交换的快慢程度(即速率),指年度湖水交换率与多年平均湖水交换率的百分比。茅东水库多年平均降水量为 1 170.4 mm,多年平均入库水量为 1 408.4 万 m^3,多年平均湖水交换率为 1.28。2020 年入库水量为 1 651.8 万 m^3,湖水交换率为 1.50。计算得出其湖水交换能力为 117%。

(2) 水功能区水质达标率

茅东水库水功能区划为茅东水库金坛饮用水水源、渔业用水区,主要功能为饮用水水源区,水质目标为Ⅱ类。2020 年水功能区氨氮、高锰酸盐指数双指标监测评价结果为Ⅱ类,达标。

2. 生物状况

1) 浮游植物

(1) 浮游植物群落结构

在茅东水库的浮游植物定量样品中,共鉴定出浮游植物 26 种(属),隶属于 7

大门类，其中硅藻门种类最多，共有10种，占总数的38.5%；其次是绿藻门，达8种，占总数的30.8%；蓝藻门和隐藻门分别发现2种和3种；其次是裸藻门、甲藻门和金藻门，均仅发现1种。各断面间的物种数量和组成也存在一定差异。茅东水库1#断面发现的浮游植物物种数略高于2#断面，两断面分别发现物种21种和20种。在物种组成上，两断面均以硅藻门和绿藻门出现的物种数较高，其次是隐藻门。

在优势类群方面，依据McNaughton优势度指数大于0.02的原则，现阶段优势种有7种（属），主要隶属于蓝藻门、硅藻门和绿藻门，均为2种，其中蓝藻门2种（属），分别为颤藻和伪鱼腥藻；硅藻门2种（属），即小环藻和颗粒直链藻极狭变种；绿藻门则为网球藻和绿柄球藻。此外，隐藻门只有1种，即啮蚀隐藻。该7个优势种（属）平均密度分别为34.74万个/L、4.17万个/L、13.92万个/L、11.89万个/L、4.76万个/L、2.20万个/L和2.13万个/L。详见表6.1-5。

表6.1-5 茅东水库主要浮游植物优势种（属）密度及优势度

门类	种（属）	密度（万个/L）	相对密度	优势度
蓝藻门	颤藻	34.74	0.427	0.427
	伪鱼腥藻	4.17	0.051	0.026
硅藻门	小环藻	13.92	0.171	0.171
	颗粒直链藻极狭变种	11.89	0.146	0.146
绿藻门	网球藻	4.76	0.059	0.059
	绿柄球藻	2.20	0.027	0.027
隐藻门	啮蚀隐藻	2.13	0.026	0.026

茅东水库两个断面的浮游植物密度分别为89.22万个/L和73.61万个/L，平均值为81.41万个/L。在生物量方面，两个断面总生物量分别为17.93 mg/L和15.34 mg/L，均值为16.64 mg/L。在总生物量组成上两个断面均以硅藻门占据优势，生物量分别达9.72 mg/L和10.52 mg/L，占比分别为54.2%和68.6%；其次，蓝藻门的生物量占比也较高，占比分别为43.5%和27.7%；其他门类生物量占比较低。详见图6.1-5。

(2) 浮游植物多样性

茅东水库两断面浮游植物物种数均值为20.5种，1#断面的物种丰富度略高于2#断面。在浮游植物多样性指数方面，Simpson指数均值为0.75；Shannon-Wiener多样性指数均值为1.83；Pielou均匀度指数均值为0.61。监测评价结果显示蓝藻密度均值为38.90万个/L。

2) 底栖动物

(1) 底栖动物群落结构

在茅东水库调查中共采集到底栖动物8种（属），其中节肢动物门出现种类最

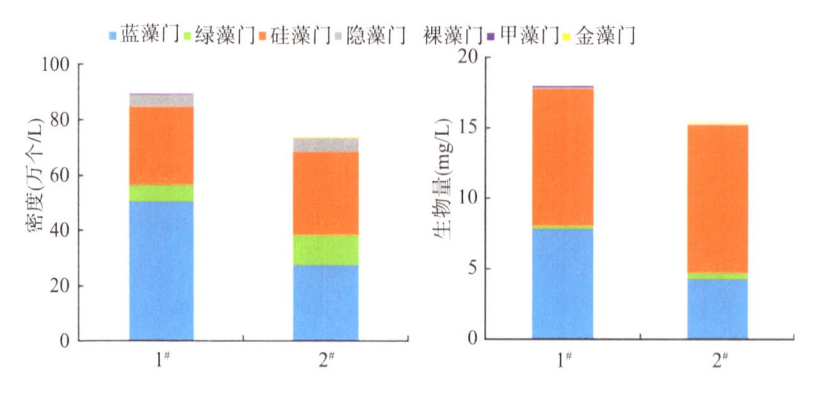

图 6.1-5　茅东水库各断面浮游植物密度和生物量组成

多,均为昆虫纲,共 5 种,占总数的 62.5%;环节动物门共发现 2 种,均为寡毛纲,分别为霍甫水丝蚓和苏氏尾鳃蚓;软体动物门的腹足纲 1 种,为纹沼螺。

在优势类群方面,依据 McNaughton 优势度指数大于 0.02 的原则,现阶段优势种有 4 种,分别为寡毛纲 1 种,即霍甫水丝蚓;昆虫纲 3 种,即黄色羽摇蚊、红裸须摇蚊和前突摇蚊属,平均密度分别为 263.70 ind./m²、428.89 ind./m²、215.56 ind./m²和46.94 ind./m²,详见表 6.1-6。总体来看,茅东水库的底栖动物物种丰富度较低。

表 6.1-6　茅东水库主要底栖动物优势种(属)密度及优势度

门类	种(属)	密度(ind./m²)	相对密度	优势度
寡毛纲	霍甫水丝蚓	263.70	0.267	0.178
昆虫纲	黄色羽摇蚊	428.89	0.434	0.289
	红裸须摇蚊	215.56	0.218	0.145
	前突摇蚊属	46.94	0.048	0.048

茅东水库两个断面的底栖动物密度分别为 1 833.3 ind./m² 和 565.6 ind./m²,平均值为 1 199.4 ind./m²。在生物量方面,两个断面总生物量分别为 13.19 g/m² 和 7.17 g/m²,均值为 10.18 g/m²。在总生物量组成上,两个断面均以昆虫纲最高,分别为 10.28 g/m² 和 5.89 g/m²,分别占总生物量的 77.9% 和 82.1%;其次寡毛纲生物量在 1# 断面也占据一定比例,而腹足纲在 2# 断面生物量占比也较高,分别占总生物量的 15.1% 和 12.8%。详见图 6.1-6。

(2) 底栖动物多样性

茅东水库底栖动物物种丰富度较低,两个断面物种数分别仅为 8 种和 6 种,各断面物种数均值为 7 种。两个断面底栖动物多样性指数均以 1# 断面的指数值最高,但各断面的 Simpson 指数和 Pielou 均匀度指数均值均不高,分别仅为 0.60 和

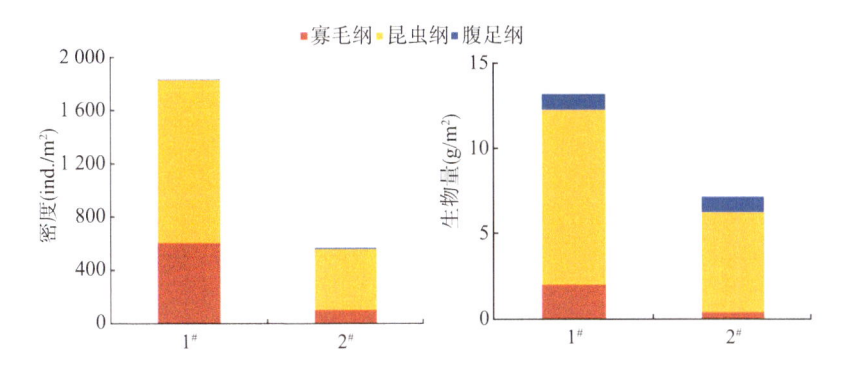

图 6.1-6　茅东水库各监测断面底栖动物密度及生物量组成

0.61;Shannon-Wiener 多样性指数均值也仅为 1.18。

3. 栖息地状况

（1）生态水位满足程度

选取茅东水库 1990—2020 年年最小日平均水位系列（系列长度为 31 年），采用 Q_{90} 法计算得出茅东水库生态水位为 18.16 m。2020 年茅东水库逐日平均水位最低值为 20.66 m，高于生态水位，生态水位满足程度为 100%。详见图 6.1-7。

图 6.1-7　2020 年茅东水库逐日水位变化情况

（2）水质优劣程度

2020 年茅东水库水质监测指标浓度年平均值评价结果为Ⅴ类，定类水质指标为总氮，年平均浓度为 1.8 mg/L。

（3）营养状态指数

茅东水库 2020 年 1—12 月营养状态指数为 49.2～52.9,2 月、11 月属中营养，其余各月均属轻度富营养，夏季 6 月、7 月、8 月营养状态指数较高；营养状态指数年均值为 51.0，属轻度富营养。详见图 6.1-8。

169

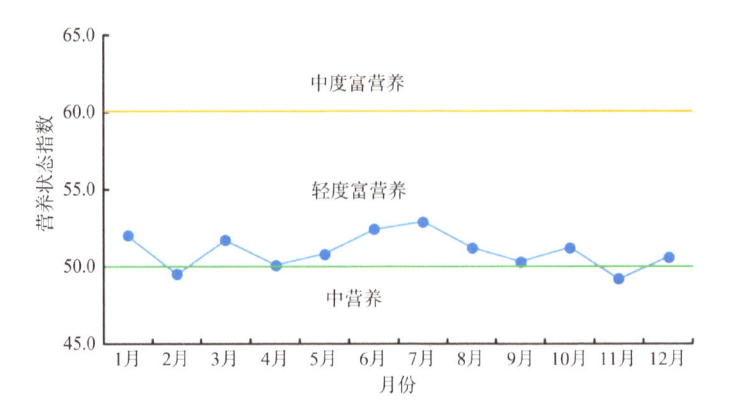

图 6.1-8　2020 年茅东水库营养状态指数逐月变化情况

(4) 水面利用管理指数

茅东水库正常蓄水位下水域面积约为 1.73 km²，现状水面开发利用面积较小，约为 0.046 km²，水面利用管理指数为 97.3%。

4. 生态健康状况

茅东水库生态状况指数综合得分为 88.9 分，评价等级为"良"。

各指标得分如下：防洪工程达标率、水功能区水质达标率、生态水位满足程度、管理(保护)范围划定率均为 100 分，蓝藻密度为 98.7 分，综合治理程度为 91 分，营养状态指数为 88.5 分，水面利用管理指数为 86.7 分，底栖动物多样性指数为 63.6 分，水质优劣程度为 48.0 分。

6.2　洮滆片水生态状况

6.2.1　钱资湖

1. 服务功能

1) 防洪工程达标率

钱资湖位于湖西区，地势较高，大部分为高地和半高地，环湖堤防类型主要为硬质护坡，均达标；沿线防洪工程有钱资湖枢纽、钱资湖北闸、岸圩闸、南洲闸，可以有效保障钱资湖防洪安全，达标，钱资湖防洪工程达标率为 100%。

2) 供水保障

(1) 湖水交换能力

钱资湖枢纽建成投运后，钱资湖湖水交换能力较过去有大大的提升，根据防洪、水景观及生态补水等需求，湖水不仅可以进行自流交换，还可以通过枢纽调度加强湖水交换，湖水交换能力为 100%。

(2) 水功能区水质达标率

钱资湖水功能区划为钱资荡金坛饮用水水源区,水质目标为Ⅲ类。评价期水功能区双指标监测评价结果为Ⅲ类,达标。

2. 生物状况

1) 浮游植物

(1) 浮游植物群落结构

在钱资湖的浮游植物定量样品中,共鉴定出浮游植物55种(属),隶属于6大门类,其中绿藻门种类最多,共有24种,占总数的43.6%;其次是硅藻门,达15种,占总数的27.3%;蓝藻门种类分布也较多,达9种,占总数的16.4%;裸藻门,共发现3种;其他各门类,即甲藻门和隐藻门,均发现2种。

在优势类群方面,依据McNaughton优势度指数大于0.02的原则,现阶段优势种有6种(属),主要隶属于蓝藻门,分别为鱼腥藻、颤藻、伪鱼腥藻、束丝藻和微囊藻;以及绿藻门一属,即卵囊藻。该6个优势种(属)平均密度分别为140.85万个/L、176.71万个/L、172.43万个/L、146.73万个/L、54.44万个/L和24.72万个/L。详见表6.2-1。

表6.2-1　钱资湖主要浮游植物优势种(属)密度及优势度

门类	种(属)	密度(万个/L)	相对密度	优势度
蓝藻门	鱼腥藻	140.85	0.153	0.153
	颤藻	176.71	0.191	0.144
	伪鱼腥藻	172.43	0.187	0.140
	束丝藻	146.73	0.159	0.079
	微囊藻	54.44	0.059	0.044
绿藻门	卵囊藻	24.72	0.027	0.027

钱资湖2个位点的浮游植物密度分别为509.99万个/L和1 336.28万个/L,平均值为923.14万个/L,蓝藻门密度占据绝对优势,占比达81.6%;其次密度占比较高为硅藻门和绿藻门。在生物量方面,2个位点总生物量分别4.46 mg/L和3.91 mg/L,均值为4.18 mg/L。总生物量组成上以蓝藻门生物量占比最高,其次为硅藻门和绿藻门。详见图6.2-1。

(2) 浮游植物多样性

钱资湖浮游植物物种数均值为38.5种。在浮游植物多样性指数方面,Simpson指数均值为0.75;Shannon Wiener多样性指数均值为1.98;Pielou均匀度指数均值为0.54。

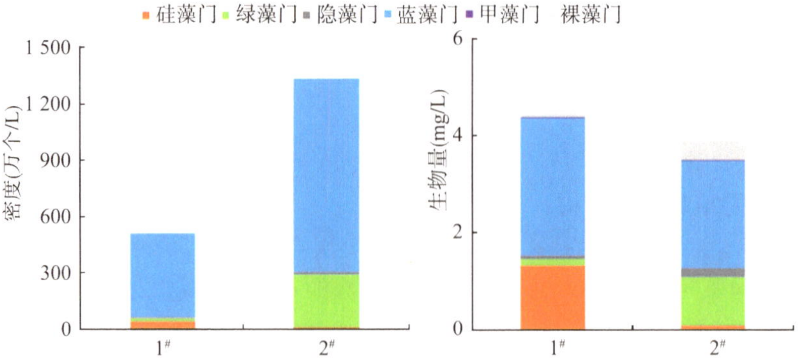

图 6.2-1　钱资湖各位点浮游植物密度和生物量组成

2) 浮游动物

(1) 浮游动物群落结构

本次调查共鉴定出钱资湖浮游动物 29 种,其中轮虫类最多,为 14 种,占 48.3%;其次是桡足类和枝角类,分别为 9 种和 6 种。各位点间的物种数量和组成也存在一定的差异。钱资湖 2# 位点发现的浮游动物物种数略高于 1# 位点。在物种组成上,两位点均以轮虫类出现的物种数最高,分别可达 11 种和 10 种,平均 10.5 种;其次是桡足类和枝角类,两位点均值分别为 8.5 种和 5.0 种。

根据 McNaughton 优势度指数大于 0.02 的原则,现阶段优势种达 9 种,分别属于轮虫类、桡足类和枝角类 3 个门类,其中轮虫类占有 5 种,分别是轮虫属、暗小异尾轮虫、裂痕龟纹轮虫、萼花臂尾轮虫和针簇多枝轮虫;桡足类和枝角类分别占有 2 种,分别为无节幼体、剑水蚤幼体、简弧象鼻溞和角突网纹溞。该 9 种优势种(属)密度分别达 108.75 ind./L、36.25 ind./L、28.75 ind./L、22.50 ind./L、11.25 ind./L、36.52 ind./L、13.83 ind./L、37.90 ind./L 和 25.10 ind./L。详见表 6.2-2。

钱资湖两位点的浮游动物密度分别为 234.06 ind./L 和 525.60 ind./L,平均值为 379.83 ind./L。2# 位点密度主要由轮虫类支配,可达 417.50 ind./L,占比为 79.4%,其次是桡足类和枝角类,占比分别为 14.5% 和 6.1%;而 1# 位点则主要由枝角类和轮虫类共同支配,分别为 102.10 ind./L 和 97.50 ind./L,占比分别为 43.6% 和 41.7%。在生物量方面,两个位点的浮游动物生物量分别为 0.96 mg/L 和 0.39 mg/L,平均值为 0.67 mg/L。1# 位点生物量主要由枝角类占据优势,生物量达 0.58 mg/L,占比为 60.6%,其次是桡足类和轮虫类,占比分别为 21.8% 和 17.6%;2# 位点则以桡足类的生物量占比最高,可达 63.2%,其次是枝角类和轮虫类。详见图 6.2-2。

表 6.2-2　钱资湖主要浮游动物优势种(属)密度及优势度

门类	种(属)	密度(ind./L)	相对密度	优势度
轮虫类	轮虫属	108.75	0.286	0.143
	暗小异尾轮虫	36.25	0.095	0.048
	痕龟纹轮虫	28.75	0.076	0.038
	萼花臂尾轮虫	22.50	0.059	0.030
	针簇多枝轮虫	11.25	0.030	0.022
桡足类	无节幼体	36.52	0.096	0.096
	剑水蚤幼体	13.83	0.036	0.036
枝角类	简弧象鼻溞	37.90	0.100	0.075
	角突网纹溞	25.10	0.066	0.050

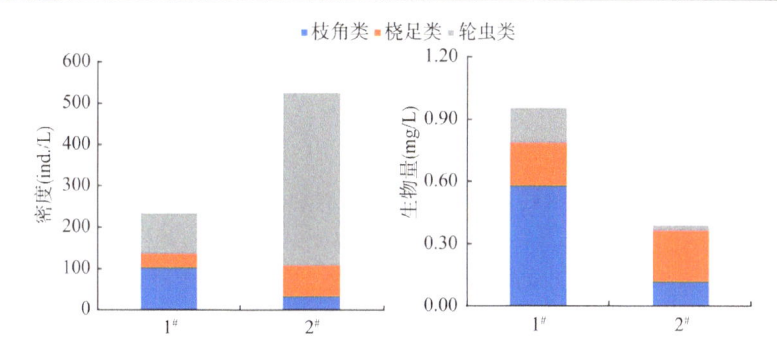

图 6.2-2　钱资湖各位点浮游动物密度和生物量组成

(2) 浮游动物多样性

钱资湖两位点浮游动物物种数的均值达 24 种；Simpson 指数均值为 0.82；Shannon-Wiener 多样性指数均值达 2.18；Pielou 均匀度指数均值为 0.69。总体而言，钱资湖浮游动物多样性并不高。

3) 底栖动物

(1) 底栖动物群落结构

钱资湖共采集到底栖动物 13 种(属)，其中节肢动物门种类最多，分别为昆虫纲 6 种和甲壳纲 2 种；环节动物门 4 种，均为寡毛纲；软体动物门的腹足纲 1 种，为铜锈环棱螺。

依据 McNaughton 优势度指数大于 0.02 的原则，现阶段优势种有 5 种，分别为昆虫纲 3 种，寡毛纲和甲壳纲均为 1 种。优势度从大到小排序依次是霍甫水丝蚓、多巴小摇蚊、中国长足摇蚊、红裸须摇蚊和米虾，平均密度分别为 26.67 ind./m^2、10.00 ind./m^2、11.67 ind./m^2、6.67 ind./m^2 和 6.39 ind./m^2。详见表 6.2-3。总体来看，钱资湖的底栖动物物种丰富度较低。

表 6.2-3 钱资湖主要底栖动物优势种(属)密度及优势度

门类	种(属)	密度(ind./m²)	相对密度	优势度
寡毛纲	霍甫水丝蚓	26.67	0.361	0.271
昆虫纲	多巴小摇蚊	10.00	0.135	0.068
	中国长足摇蚊	11.67	0.158	0.039
	红裸须摇蚊	6.67	0.090	0.023
甲壳纲	米虾	6.39	0.086	0.022

钱资湖两个位点的底栖动物密度分别为 45.6 ind./m² 和 102.2 ind./m²,平均值为 73.9 ind./m²。钱资湖 2# 位点密度明显大于 1# 位点,且其总密度由昆虫纲和寡毛纲共同支配,分别为 55.6 ind./m² 和 46.7 ind./m²,分别占总密度的 54.4% 和 45.7%,而甲壳纲和腹足纲在该位点未有密度分布;1# 位点密度则主要由寡毛纲、甲壳纲和昆虫纲共同支配,占比分别可达 33.3%、30.5% 和 26.0%,其次是腹足纲,密度仅有 4.6 ind./m²,占比仅为 10.2%。

在生物量方面,总生物量空间分布格局与总密度的空间分布趋势正好相反,两位点总生物量分别为 5.12 g/m² 和 0.31 g/m²,平均值为 2.72 g/m²。在总生物量组成上,1# 位点主要由腹足纲占绝对优势,生物量可达 4.61 g/m²,占比为 90.0%;而 2# 位点由于没有软体动物分布,总生物量偏低,由寡毛纲和昆虫纲共同支配,占比分别为 53.4% 和 46.6%。详见图 6.2-3。

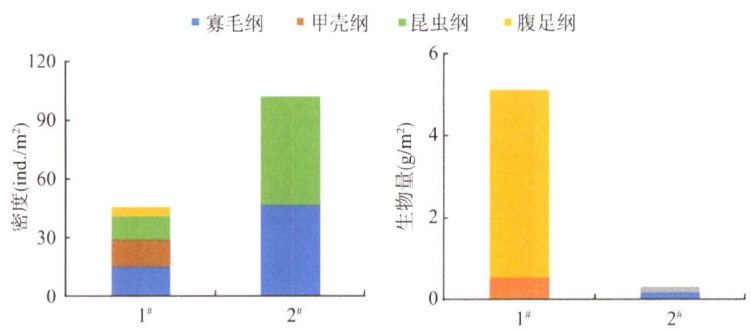

图 6.2-3 钱资湖各位点底栖动物密度及生物量组成

(2) 底栖动物多样性

钱资湖底栖动物物种丰富度较低,两个位点物种数分别仅为 8 种和 7 种,物种数均值为 7.5 种。两个位点底栖动物多样性指数均以 1# 位点的指数值最高,但各位点的 Simpson 指数和 Pielou 均匀度指数均值均不高,分别仅为 0.78 和 0.84;Shannon-Wiener 多样性指数均值也仅为 1.69。

3. 栖息地状况

（1）生态水位满足程度

钱资湖与长荡湖相通，以已确定的长荡湖生态水位作为片区的评价标准进行评价。长荡湖生态水位为 2.70 m，评价期钱资湖最低日平均水位为 3.20 m，逐日水位均高于生态水位，生态水位满足程度为 100%。

（2）水质优劣程度

2020 年钱资湖水质监测指标年度平均浓度评价结果为Ⅳ类，总磷为定类水质指标，年平均浓度为 0.054 mg/L。

（3）营养状态指数

2020 年钱资湖年均营养状态指数为 56.9，属轻度富营养。

（4）水面利用管理指数

钱资湖为向公众开放的景观、休闲湖泊，现状未有开发利用水面的情况，水面利用管理指数为 100%。

4. 生态健康状况

钱资湖生态状况指数综合得分为 92.5 分，评价等级为"优"。

各指标得分如下：防洪工程达标率、水功能区水质达标率、湖水交换能力、生态水位满足程度、水面利用管理指数、管理（保护）范围划定率和综合治理程度得分均为 100；蓝藻密度得分为 85.4 分；营养状态指数赋分为 79.6 分；水质优劣程度评分结果为 73.8 分；底栖动物多样性指数得分为 73.8 分；浮游动物多样性指数得分为 68.6 分。

6.2.2 孟津河

1. 服务功能

1）防洪工程达标率

孟津河属重要跨县河道，两岸堤防类型为土堤、土石混合堤和钢筋混凝土防洪墙，河道堤顶高 5.80~8.88 m，堤顶宽 2.3~8.8 m，防洪标准为 50 年一遇，设计堤顶高程为 6.80 m，堤防总长 57.12 km，田舍圩堤段、沈叶圩堤段右岸临时加高，高度不达标，不达标堤防总长 2.84 km，计算得出孟津河防洪工程达标率为 95.0%。

2）供水保障

（1）供水水量保证程度

灌溉站供水主要满足农田灌溉等所需水量，年供水量为 6.545 3 万 m³；工业用水取水设施供水量为 0.672 2 万 m³；孟津河工农业总取水量为 7.217 5 万 m³。孟津河来水包括扁担河、夏溪河、湟里河、北干河和中干河，评价期上述河道径流量分别为 2.911 亿 m³、1.249 亿 m³、2.934 亿 m³、2.452 亿 m³、0.764 5 亿 m³，共计 10.31 亿 m³，能够很好满足沿线工农业用水，因此孟津河供水水量保证程度为 100%。

(2) 水功能区水质达标率

孟津河水功能区划为孟津河武进工业、农业用水区,水质目标为Ⅲ类。评价期水功能区双指标监测评价结果为Ⅲ类,达标。

2. 生物状况

1) 浮游植物

(1) 浮游植物群落结构

在孟津河浮游植物定量样品中,共鉴定出浮游植物 75 种(属),隶属于 6 大门类,其中绿藻门种类最多,共有 33 种,占总数 44.0%;其次是硅藻门,达 17 种,占总数的 22.7%;蓝藻门种类分布也较多,达 14 种,占总数的 18.7%;其次是裸藻门和甲藻门,均发现 4 种;其他各门即隐藻门则发现 3 种。在物种组成上,各样点均以绿藻门出现的物种数较高,平均可达 18 种,其次是硅藻门,各样点均值为 10 种,再者是蓝藻门,各样点均值也达 7.3 种,隐藻门在各样点出现的物种数介于 2~3 种,裸藻门则介于 2~4 种,甲藻门各样点均值则为 17 种。

在优势类群方面,依据 McNaughton 优势度指数大于 0.02 的原则,现阶段优势种有 7 种(属),分别隶属于蓝藻门、隐藻门和硅藻门,其中蓝藻门 5 种(属),分别为微囊藻、颤藻、钝顶螺旋藻、伪鱼腥藻和束丝藻;隐藻门 1 种(属),即尖尾蓝隐藻;硅藻门 1 种(属),即小环藻。这 7 种(属)平均密度分别为 388.38 万个/L、159.08 万个/L、129.82 万个/L、47.04 万个/L、53.98 万个/L、80.34 万个/L 和 47.91 万个/L。详见表 6.2-4。

表 6.2-4　孟津河主要浮游植物优势种(属)密度及优势度

门类	种(属)	密度(万个/L)	相对密度	优势度
蓝藻门	微囊藻	388.38	0.346	0.231
	颤藻	159.08	0.142	0.118
	钝顶螺旋藻	129.82	0.116	0.068
	伪鱼腥藻	47.04	0.042	0.035
	束丝藻	53.98	0.048	0.028
隐藻门	尖尾蓝隐藻	80.34	0.072	0.048
硅藻门	小环藻	47.91	0.043	0.043

孟津河 6 个样点的浮游植物密度分别为 733.97 万个/L、1 403.98 万个/L、983.66 万个/L、889.13 万个/L、682.76 万个/L 和 2 033.79 万个/L,平均值为 1 121.22 万个/L,各样点密度均以蓝藻门占据主要优势,其次密度占比较高的是硅藻门。在生物量方面,各样点总生物量分别为 2.97 mg/L、9.49 mg/L、3.87 mg/L、4.04 mg/L、2.92 mg/L 和 4.86 mg/L,均值为 4.69 mg/L。在总生物量组成上,各

样点差异较大,蓝藻门的生物量在各样点占比均较高,其次是硅藻门和隐藻门。详见图6.2-4。

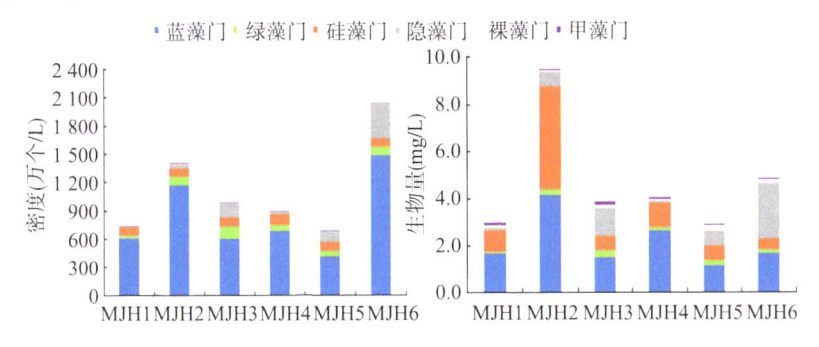

图6.2-4 孟津河各样点浮游植物密度和生物量组成

(2) 浮游植物多样性

孟津河各样点浮游植物物种数均值为42.3种;Simpson指数各样点均值为0.81;Shannon-Wiener多样性指数均值为2.24;Pielou均匀度指数均值为0.60。

2) 着生藻类

(1) 着生藻类群落结构

在孟津河着生藻类定量样品中,共鉴定出着生藻类43种(属),隶属于5大门类,其中硅藻门种类最多,共有16种,占总数的37.2%;其次是绿藻门,达15种,占总数的34.9%;而蓝藻门共采集到8种,占总数的18.6%;隐藻门和裸藻门均发现2种。在物种组成上,各样点均以硅藻门出现的物种数占比最高,其次是绿藻门和蓝藻门。

根据McNaughton优势度指数大于0.02的原则,现阶段优势种有7种(属),分别隶属于蓝藻门和硅藻门,其中蓝藻门5种(属),分别为细鞘丝藻、鞘丝藻、伪鱼腥藻、颤藻和微囊藻;而硅藻门2种(属),即舟形藻和菱形藻。5种(属)的密度均值分别为33.41万个/cm²、24.70万个/cm²、10.17万个/cm²、6.58万个/cm²、4.51万个/cm²、2.94万个/cm²和2.79万个/cm²。详见表6.2-5。

孟津河6个样点的着生藻类密度分别为153.95万个/cm²、143.12万个/cm²、39.68万个/cm²、24.26万个/cm²、140.77万个/cm²和37.53万个/cm²,平均值为89.88万个/cm²,各样点均以蓝藻门占据主要优势。在生物量方面,各样点总生物量分别为0.589 mg/cm²、0.684 mg/cm²、0.242 mg/cm²、0.140 mg/cm²、0.723 mg/cm²和0.131 mg/cm²,均值为0.418 mg/cm²。总生物量组成格局与总密度的组成模式较为类似,即各样点均以蓝藻门占据主要优势。详见图6.2-5。

表 6.2-5 孟津河主要着生藻类优势种(属)密度及优势度

门类	种(属)	密度(万个/cm²)	相对密度	优势度
蓝藻门	细鞘丝藻	33.41	0.372	0.310
	鞘丝藻	24.70	0.275	0.252
	伪鱼腥藻	10.17	0.113	0.085
	颤藻	6.58	0.073	0.055
	微囊藻	4.51	0.050	0.021
硅藻门	舟形藻	2.94	0.033	0.033
	菱形藻	2.79	0.031	0.031

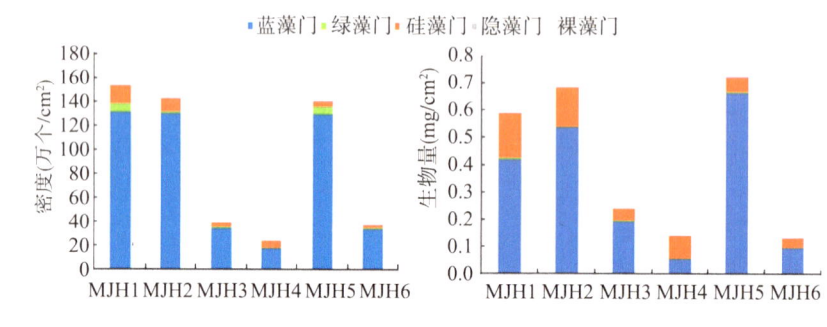

图 6.2-5 孟津河各样点着生藻类密度和生物量组成

(2) 着生藻类多样性

孟津河各样点着生藻类物种数均值为 24.3 种。在多样性指数方面，Simpson 指数均值为 0.73；Pielou 均匀度指数均值为 0.52；Shannon-Wiener 多样性指数均值达 1.65。

3) 底栖动物

(1) 底栖动物群落结构

在本次孟津河调查中共采集到底栖动物 47 种(属)，其中节肢动物门出现种类最多，达到 27 种，包括昆虫纲的 22 种和甲壳纲的 5 种，占比分别为 46.8% 和 10.6%；其次为软体动物门，其中腹足纲发现的物种数最多，达 15 种，占比为 31.9%，双壳纲 2 种，即淡水壳菜和河蚬；环节动物门发现种类最少，仅为腹足纲的 3 种，即霍甫水丝蚓、克拉泊水丝蚓和苏氏尾鳃蚓。

依据 McNaughton 优势度指数大于 0.02 的原则，现阶段优势种有 5 种(属)，即腹足纲和昆虫纲各 1 种(属)，甲壳纲 3 种(属)。甲壳纲 3 种(属)分别为日本沼虾、米虾和中华锯齿米虾；寡毛纲 1 种，即铜锈环棱螺；昆虫纲 1 种，即多足摇蚊，这 5 个种(属)的平均密度分别为 12.04 ind./m²、13.33 ind./m²、4.91 ind./m²、36.06 ind./m² 和 3.89 ind./m²。详见表 6.2-6。

第六章 区域水生态状况

表 6.2-6 孟津河主要底栖动物优势种(属)密度及优势度

门类	种(属)	密度(ind./m²)	相对密度	优势度
腹足纲	铜锈环棱螺	36.06	0.406	0.406
甲壳纲	日本沼虾	12.04	0.135	0.090
	米虾	13.33	0.150	0.075
	中华锯齿米虾	4.91	0.055	0.023
昆虫纲	多足摇蚊	3.89	0.044	0.033

孟津河 6 个样点的底栖动物密度分别为 74.44 ind./m²、68.33 ind./m²、102.78 ind./m²、74.17 ind./m²、125.00 ind./m² 和 88.89 ind./m²，平均值为 88.94 ind./m²。在生物量方面，总生物量空间分布格局与总密度的空间分布有所差异，各样点总生物量分别为 20.71 g/m²、45.49 g/m²、48.01 g/m²、34.58 g/m²、46.47 g/m² 和 58.85 g/m²，均值为 42.35 g/m²。在总生物量组成上，各样点总生物量均以腹足纲占据绝对优势，甲壳纲也占有一定比例。详见图 6.2-6。

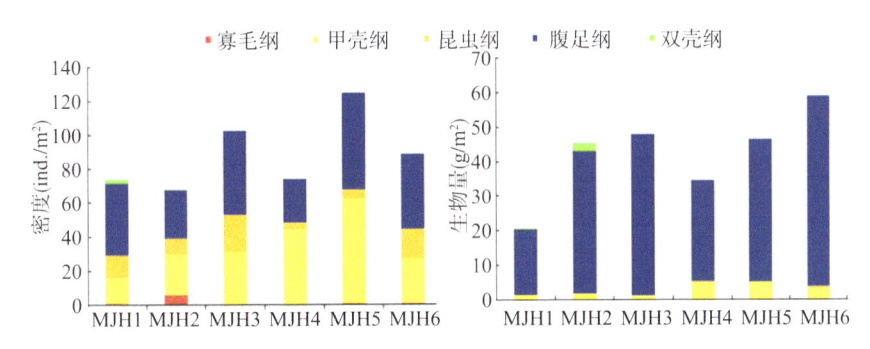

图 6.2-6 孟津河各样点底栖动物密度及生物量组成

(2) 底栖动物多样性

孟津河各样点底栖动物物种数均值为 19.3 种。Simpson 指数均值为 0.75；Pielou 均匀度指数均值为 0.65；Shannon-Wiener 多样性指数均值为 1.94。

3. 栖息地状况

(1) 生态用水满足程度

孟津河所在武进区属平原河网地区，在一定距离内水面比降变化不明显，其与滆湖连通，水位存在一定的相关性，故采用长荡湖和滆湖代表站通过距离插补推求孟津河的生态水位。

江苏省水利厅第一批和第二批公布的滆湖生态水位为 2.67 m，长荡湖生态水位为 2.70 m。按照评价河段到控制站的距离插补确定孟津河生态水位，计算得到孟津河生态水位为 2.68 m。评价期孟津河最低日平均水位为 3.03 m，高于生态水

179

位,孟津河生态用水满足程度为100%。

（2）水质优劣程度

孟津河水质监测指标浓度平均值评价结果为Ⅲ类,五日生化需氧量、氨氮和总磷为定类水质指标,年平均浓度分别为 4.0 mg/L、0.67 mg/L 和 0.120 mg/L。

（3）河岸带植被覆盖度

武宜运河至夏溪河段:该段长 10.56 km,总体岸坡植被覆盖度在 65%～90%。常水位以上有构树、樟树等植物;常水位以下有金鱼藻、狐尾藻,水面漂浮有水葫芦、槐叶萍、水花生等漂浮植物;变化水位区域有芦苇、茭草、蓬草等植物。总体而言,该河段经过生态建设后,河岸带植被分布宽度较高,种类较多,河岸带以草本植物为主,木本植物分布相对较少。

夏溪河至湟里河段:该段长 7.35 km,总体岸坡植被覆盖度在 50%～95%。常水位以上有构树、樟树、柳树等植物;常水位以下有金鱼藻、狐尾藻、水葫芦、槐叶萍等植物;局部变化水位区域有芦苇、葎草、蓬草等植物。总体而言,该河段存在一定开发利用,植被覆盖度变化较大。

湟里河至武进宜兴交界段:该段长 9.92 km,总体岸坡植被覆盖度在 50%～90%。常水位以上有构树、樟树、柳树等植物;常水位以下有金鱼藻、狐尾藻、水葫芦、槐叶萍植物;变化水位区域有芦苇、葎草、蓬草等植物。总体而言,该河段村庄、农田较多,且存在一些企业,被利用岸线的植被覆盖度相对较低,分布宽度一般。

综合三段河道情况,孟津河河道两侧植被覆盖度总体处于较高水平,植被种类较为丰富,木本植物、草本植物分布较多,但是水生植物较少。

（4）岸线利用管理状况

孟津河已划定河道管理范围。

孟津河岸线总长 57.12 km,现状岸线利用项目主要包括企业、民房、桥梁、排灌站等。据统计,沿线厂房、民居、码头等利用岸线长度为 4.28 km,占岸线总长的 7.5%,已利用岸线完好率为 94.1%。

4. 生态健康状况

孟津河生态状况指数综合赋分为 88.2,评价等级为"良"。

各指标得分如下:供水水量保证程度、水功能区水质达标率、生态用水满足程度、管理(保护)范围划定率得分均为 100 分,综合治理程度为 96 分,防洪工程达标率为 95.0 分,岸线利用管理指数为 93.2 分,河岸带植被覆盖度为 82.4 分,底栖动物多样性为 78.8 分,水质优劣程度为 75.0 分,浮游植物多样性为 69.8 分,着生藻类多样性为 56.3 分。

6.3 太湖片水生态状况

1. 服务功能
1) 防洪工程达标率

永安河武南河以北段防洪标准为 100 年一遇,武南河以南段为 50 年一遇;湖塘镇段 100 年一遇防洪设计水位为 5.80 m,前黄镇、礼嘉镇段 50 年一遇防洪设计水位分别为 5.40 m、5.60 m。2019 年永安河拓浚工程竣工,河道两岸挡墙护岸,局部镇区段建成景观生态护坡,北段堤顶高 6.8 m,堤顶宽不小于 6.0 m;南段堤顶高 6.5 m,堤顶宽不小于 5.0 m。永安河全线堤顶高程均大于 100 年一遇防洪设计水位,达标,防洪工程达标率为 100%。

2) 供水保障
(1) 供水水量保证程度

永安河两岸无工业和农业取水,同时评价期永安河逐日水位均高于生态水位 2.76 m,因此永安河的供水水量保证程度为 100%。

(2) 水功能区水质达标率

永安河水功能区划为永安河武进工业、农业用水区,水质目标为Ⅳ类。评价期水功能区双指标监测评价结果为Ⅲ类,达标。

2. 生物状况
1) 浮游植物
(1) 浮游植物群落结构

在永安河浮游植物定量样品中,共鉴定出浮游植物 58 种(属),隶属于 7 大门类,其中绿藻门种类最多,共有 23 种,占总数的 39.7%;其次是硅藻门,达 16 种,占总数的 27.6%;蓝藻门种类分布也较多,达 9 种,占总数的 15.5%;其次是甲藻门和裸藻门,分别发现 3 种和 4 种,其他各门,即金藻门和隐藻门分别发现 1 种和 2 种。

在优势类群方面,依据 McNaughton 优势度指数大于 0.02 的原则,现阶段优势种有 5 种(属),分别隶属于蓝藻门和硅藻门,其中蓝藻门 4 种(属),分别为颤藻、束丝藻、微囊藻和钝顶螺旋藻,而硅藻门 1 种,即小环藻。这 5 种(属)平均密度分别为 113.28 万个/L、79.49 万个/L、56.35 万个/L、54.64 万个/L 和 17.76 万个/L。详见表 6.3-1。

永安河 5 个样点的浮游植物密度分别为 731.4 万个/L、671.9 万个/L、222.1 万个/L、285.4 万个/L 和 374.6 万个/L,平均值为 457.1 万个/L,各样点密度均以蓝藻门占据绝对优势,平均占比达 78.6%;其次密度占比较高的是硅藻门和绿藻门。在生物量方面,总生物量的样点差异模式与总密度类似,各样点总生物量分别为 4.74 mg/L、3.12 mg/L、1.86 mg/L、1.55 和 1.80 mg/L,均值为 2.62 mg/L。

详见图 6.3-1。

表 6.3-1 永安河主要浮游植物优势种(属)密度及优势度

门类	种(属)	密度(万个/L)	相对密度	优势度
蓝藻门	颤藻	113.28	0.248	0.248
	束丝藻	79.49	0.174	0.174
	微囊藻	56.35	0.123	0.123
	钝顶螺旋藻	54.64	0.120	0.072
硅藻门	小环藻	17.76	0.039	0.039

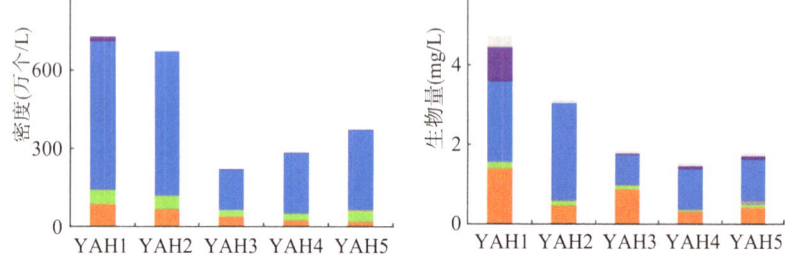

图 6.3-1 永安河各样点浮游植物密度和生物量组成

(2) 浮游植物多样性

各样点浮游植物物种数均值为 30.2 种。Simpson 指数均值为 0.82，Shannon-Wiener 多样性指数均值为 2.16，Pielou 均匀度指数均值为 0.64。

2) 着生藻类

(1) 着生藻类群落结构

在永安河着生藻类定量样品中，共鉴定出着生藻类 36 种(属)，隶属于 6 大门类，其中硅藻门种类最多，共有 15 种，占总数的 41.7%；其次是绿藻门，达 10 种，占总数的 27.8%；而蓝藻门共采集到 6 种，占总数的 16.7%；其他各门类，隐藻门、甲藻门和裸藻门分别仅发现 1 种、1 种和 3 种。

根据 McNaughton 优势度指数大于 0.02 的原则，现阶段优势种有 5 种(属)，分别隶属于蓝藻门、绿藻门和硅藻门，其中硅藻门 1 种(属)，即菱形藻，蓝藻门 3 种(属)，分别为细鞘丝藻、微囊藻和鞘丝藻；而绿藻门 1 种(属)，即鞘藻，5 种(属)的密度均值分别为 2.75 万个/cm^2、3.02 万个/cm^2、1.24 万个/cm^2、1.12 万个/cm^2 和 0.44 万个/cm^2。详见表 6.3-2。

永安河 5 个样点着生藻类密度分别为 4.42 万个/cm^2、20.48 万个/cm^2、16.53 万个/cm^2、1.04 万个/cm^2 和 6.66 万个/cm^2，平均值为 9.83 万个/cm^2。除了永安

桥（YAH4）的密度以硅藻门和绿藻门共同占据优势外，其他各样点均以蓝藻门占据优势。在生物量方面，总生物量呈现与总密度类似的空间差异，各样点总生物量分别为 0.046 mg/cm²、0.200 mg/cm²、0.105 mg/cm²、0.007 mg/cm² 和 0.046 mg/cm²，均值为 0.081 mg/cm²。详见图 6.3-2。

表 6.3-2　永安河主要着生藻类优势种（属）密度及优势度

门类	种（属）	密度（万个/cm²）	相对密度	优势度
硅藻门	菱形藻	2.75	0.279	0.279
蓝藻门	细鞘丝藻	3.02	0.307	0.246
	微囊藻	1.24	0.126	0.076
	鞘丝藻	1.12	0.114	0.046
绿藻门	鞘藻	0.44	0.045	0.027

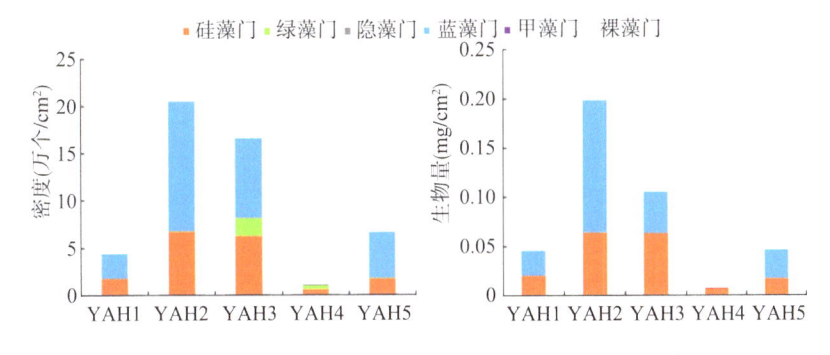

图 6.3-2　永安河各样点着生藻类密度和生物量组成

（2）着生藻类多样性

永安河各样点着生藻类物种数均值为 15.2 种。Simpson 指数和 Pielou 均匀度指数均值分别为 0.71 和 0.56；Shannon-Wiener 多样性指数均值达 1.81。

3）底栖动物

（1）底栖动物群落结构

永安河共采集到底栖动物 14 种（属），其中节肢动物门出现种类最多，达 11 种，包括甲壳纲的 3 种和昆虫纲的 8 种；其次为环节动物门，均为寡毛纲，共发现 2 种，分别为霍甫水丝蚓和苏氏尾鳃蚓；软体动物门发现种类最少，仅为腹足纲的 1 种，即纹沼螺。

根据 McNaughton 优势度指数大于 0.02 的原则，现阶段优势种有 5 种（属），分别为甲壳纲和昆虫纲各 2 种，寡毛纲 1 种。甲壳纲 2 种分别为洁白长臂虾和秀丽白虾；寡毛纲 1 种为霍甫水丝蚓；昆虫纲 2 种分别为负子蝽和二叉摇蚊，这 5 个种（属）的平均密度分别为 8.2 ind./m²、2.0 ind./m²、1.7 ind./m²、1.0 ind./m² 和

1.3 ind./m²。详见表6.3-3。

表6.3-3　永安河主要底栖动物优势种(属)密度及优势度

门类	种(属)	密度(ind./m²)	相对密度	优势度
甲壳纲	洁白长臂虾	8.2	0.487	0.292
	秀丽白虾	2.0	0.118	0.047
寡毛纲	霍甫水丝蚓	1.7	0.099	0.059
昆虫纲	负子蝽	1.0	0.059	0.036
	二叉摇蚊	1.3	0.079	0.032

永安河4个样点的底栖动物密度分别为5.00 ind./m²、8.89 ind./m²、9.44 ind./m²、33.33 ind./m²和27.78 ind./m²,平均值为16.89 ind./m²。在生物量方面,总生物量空间分布格局类似总密度的空间分布趋势,各样点总生物量分别为1.09 g/m²、0.20 g/m²、0.49 g/m²、3.53 g/m²和2.18 g/m²,平均值为1.50 g/m²。详见图6.3-3。

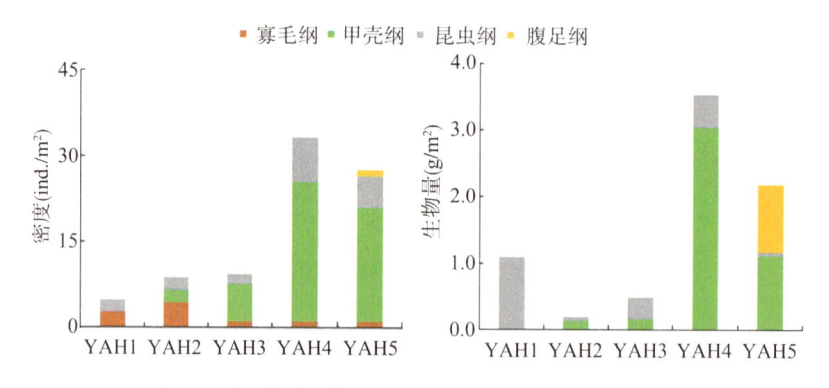

图6.3-3　永安河各样点底栖动物密度及生物量组成

(2) 底栖动物多样性

永安河底栖动物物种丰富度偏低,各样点物种数均值为4.6种。Simpson指数和Pielou均匀度指数的各样点均值均不高,分别仅为0.59和0.79；Shannon-Wiener多样性指数均值也仅为1.13。

3. 栖息地状况

(1) 生态用水保障程度

永安河处于坊前站和常州站之间,选择永安河中点,以其与坊前站和常州站的距离为权重,用两站的生态水位插值计算出永安河的生态水位为2.76 m。

评价期间,永安河日平均水位均高于生态水位,达标率为100%,满足生态用水要求。

(2) 水质优劣程度

2020年永安河水质监测指标浓度年平均值评价结果为Ⅲ类,定类水质指标为总磷、高锰酸盐指数、氨氮和五日生化需氧量,年度平均浓度分别为 0.169 mg/L、4.4 mg/L、0.88 mg/L 和 3.5 mg/L。

(3) 河岸带植被覆盖度

永安河北段(采菱港—武南河):该河段长约 4.82 km,植被覆盖度在 75%~100%,常水位以下区域植被覆盖度较低,仅有少量凤眼莲、金鱼藻等植物;岸坡上有狗尾草、小蓬草、狗牙根、蒲公英、藿草、苍耳等植物;常水位以上区域有樟树、松树等植物。总体而言,本河段植被种类较为丰富。

永安河南段(武南河—太滆运河):该河段长约 12.08 km,植被覆盖度在 70%~100%,常水位以下区域植被覆盖度较低,有少量凤眼莲、水葫芦等植物;岸坡上有狗尾草、小蓬草、狗牙根、蒲公英、藿草、苍耳、酸模、马唐等植物;常水位以上区域有樟树、松树等植物。总体而言,本河段有较长部分为自然岸坡,植被种类较为丰富。

根据两个河段的植被覆盖度总体情况,永安河河岸带植被覆盖度高。

(4) 岸线利用管理状况

永安河河岸线总长 33.8 km,利用岸线的为两家企事业单位,岸线利用总长度为 510 m。永安河河岸线利用率为 1.51%,被利用岸线完好率为 100.0%。

4. 生态健康状况

永安河生态状况指数综合得分为 90.6,评价等级为"优"。

各指标得分如下:防洪工程达标率、供水水量保证程度、水功能区水质达标率、生态用水满足程度、管理(保护)范围划定率、综合治理程度得分均为 100 分,岸线利用管理指数为 99.2 分,河岸带植被覆盖度为 94 分,水质优劣程度为 78.6 分,浮游植物多样性为 68.2 分,底栖动物多样性为 62.6 分,着生藻类多样性为 60.3 分。

6.4 运北沿江片水生态状况

6.4.1 澡港河

1. 服务功能

1) 防洪工程达标率

澡港河南枢纽至关河段处于运北片城市防洪大包围圈内,堤顶高均在 5.0 m 以上,区域设防标准为 200 年一遇(5.95 m),控制水位为 4.80 m,该段防洪工程达标率可视为 100%。

澡港河南枢纽以北段防洪标准为 100 年一遇(5.80 m),现状堤防堤顶宽 5~6 m、顶高 6.0~10.2 m,达标。

2) 供水保障

(1) 供水水量保证程度

澡港河两岸取水工程主要是灌溉站和工业企业用水。灌溉站主要满足水稻等农作物生长所需水量,评价期共取水 7.56 万 m^3;工业用水取水量为 236 万 m^3。评价期澡港河实测引水量为 4.269 亿 m^3,能够很好满足沿线农业灌溉和工业生产的取水需求,同时评价期澡港河逐日平均水位均高于最低生态水位,供水水量保证程度为 100%。

(2) 水功能区水质达标率

澡港河水功能区划为澡港河常州工业、农业用水区,水质目标为Ⅳ类。评价期水质双指标监测评价结果为Ⅲ类,达标。

2. 生物状况

1) 浮游植物

(1) 浮游植物群落结构

澡港河共鉴定出浮游植物 51 种(属),隶属于 6 大门类,其中绿藻门种类最多,共有 19 种,占总数 37.3%;其次是硅藻门,达 15 种,占总数的 29.4%;蓝藻门种类分布也较多,达 9 种,占总数的 17.6%;其次是隐藻门和裸藻门,均发现 3 种;另外,甲藻门出现 2 种。

在优势类群方面,根据 McNaughton 优势度指数大于 0.02 的原则,现阶段优势种有 10 种(属),分别隶属于硅藻门、绿藻门、蓝藻门和隐藻门,其中硅藻门 3 种(属),分别为小环藻、菱形藻和模糊直链藻;绿藻门 2 种(属),即丝状绿藻和衣藻;蓝藻门 4 种(属),分别为束丝藻、微囊藻、颤藻和伪鱼腥藻;而隐藻门 1 种(属),即尖尾蓝隐藻。这 7 种(属)平均密度分别为 11.58 万个/L、8.89 万个/L、3.58 万个/L、7.20 万个/L、4.65 万个/L、5.54 万个/L、5.46 万个/L、3.59 万个/L、3.47 万个/L 和 3.18 万个/L。详见表 6.4-1。

表 6.4-1 澡港河主要浮游植物优势种(属)密度及优势度

门类	种(属)	密度(万个/L)	相对密度	优势度
硅藻门	小环藻	11.58	0.160	0.160
	菱形藻	8.89	0.123	0.123
	模糊直链藻	3.58	0.049	0.049
绿藻门	丝状绿藻	7.20	0.099	0.099
	衣藻	4.65	0.064	0.039
蓝藻门	束丝藻	5.54	0.077	0.061
	微囊藻	5.46	0.076	0.060
	颤藻	3.59	0.050	0.040
	伪鱼腥藻	3.47	0.048	0.038
隐藻门	尖尾蓝隐藻	3.18	0.044	0.035

澡港河5个样点的浮游植物密度分别为131.77万个/L、82.83万个/L、39.93万个/L、52.24万个/L和54.91万个/L,平均值为72.34万个/L。5个样点在密度组成上也存在一定差异,除了ZGH5样点以蓝藻门占据主要优势外,其他各样点均以硅藻门的密度占比最高,密度分别达51.73万个/L、33.22万个/L、19.42万个/L和27.17万个/L,分别占总密度的39.3%、40.1%、48.6%和52.0%,密度占比较高的门类还有蓝藻门和绿藻门。

在生物量方面,各样点总生物量分别为1.502 mg/L、0.606 mg/L、0.276 mg/L、0.455 mg/L和0.143 mg/L,均值为0.596 mg/L。总生物量组成也同密度组成格局相似,硅藻门的生物量在各样点占比均较高,各样点生物量分别为0.803 mg/L、0.244 mg/L、0.211 mg/L、0.315 mg/L和0.043 mg/L,占总生物量的53.4%、40.3%、76.4%、69.3%和30.1%;此外隐藻门、蓝藻门在各样点的生物量组成中占比也较高。详见图6.4-1。

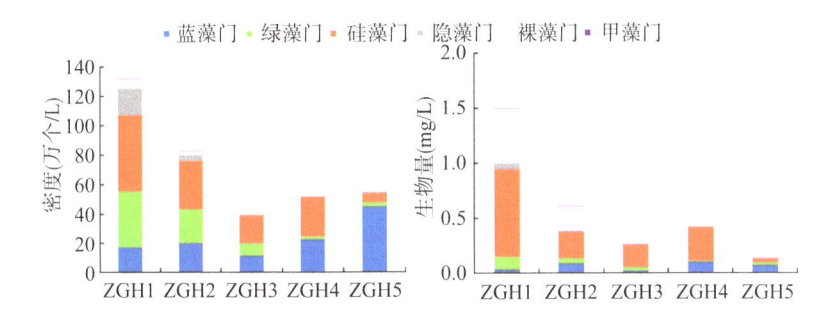

图6.4-1 澡港河各样点浮游植物密度和生物量组成

(2)浮游植物多样性

澡港河各监测点浮游植物物种数的均值为25.6种;Simpson指数均值为0.88,Shannon-Wiener多样性指数均值为2.44,Pielou均匀度指数均值为0.75。

2)着生藻类

(1)着生藻类群落结构

澡港河共鉴定出着生藻类21种(属),隶属于4大门类,其中硅藻门种类最多,共有10种,占总数的47.6%;其次是蓝藻门,达6种,占比为28.6%;而绿藻门共采集到4种,占总数的19.0%;隐藻门仅发现1种。

在优势类群方面,根据McNaughton优势度指数大于0.02的原则,现阶段优势种有4种(属),分别隶属于蓝藻门和硅藻门,其中蓝藻门占3种(属),分别为鞘丝藻、细鞘丝藻和颤藻;硅藻门1种(属),即菱形藻。4种(属)的密度均值分别为20.46万个/cm²、29.47万个/cm²、11.04万个/cm²和1.53万个/cm²。详见表6.4-2。

表 6.4-2　澡港河主要着生藻类优势种(属)密度及优势度

门类	种(属)	密度(万个/cm²)	相对密度	优势度
蓝藻门	鞘丝藻	20.46	0.306	0.306
	细鞘丝藻	29.47	0.441	0.441
	颤藻	11.04	0.165	0.165
硅藻门	菱形藻	1.53	0.023	0.023

澡港河 5 个样点的着生藻类密度分别为 136.09 万个/cm²、44.44 万个/cm²、41.39 万个/cm²、47.70 万个/cm² 和 64.78 万个/cm²，平均值为 66.88 万个/cm²，在生物量方面，总生物量呈现与总密度类似的空间差异，各样点总生物量分别为 0.584 mg/cm²、0.251 mg/cm²、0.267 mg/cm²、0.409 mg/cm²、0.226 mg/cm²，均值为 0.347 mg/L，总生物量组成格局与总密度的组成模式较为类似，即各样点均以蓝藻门占据主要优势。详见图 6.4-2。

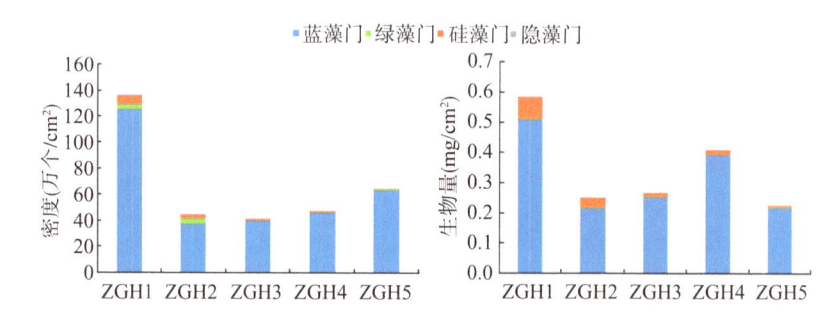

图 6.4-2　澡港河各样点着生藻类密度和生物量组成

(2) 着生藻类多样性

澡港河各监测点着生藻类物种数均值为 12.8 种。Simpson 指数均值为 0.64，Pielou 均匀度指数均值为 0.51，Shannon-Wiener 多样性指数均值达 1.36。

3) 底栖动物

(1) 底栖动物群落结构

澡港河共采集到底栖动物 22 种(属)，其中节肢动物门出现种类最多，达 10 种，包括昆虫纲的 6 种和甲壳纲的 4 种，占比分别为 27.3% 和 18.2%；其次为软体动物门，共计发现 8 种，占比为 36.4%，其中腹足纲发现的物种数最多，为 6 种，双壳纲 2 种，即淡水壳菜和河蚬；环节动物门发现种类最少，共计 4 种，包括寡毛纲的 2 种，以及多毛纲和蛭纲各 1 种。

在优势种方面，根据 McNaughton 优势度指数大于 0.02 的原则，现阶段优势种有 6 种(属)，分别为腹足纲 3 种(属)、甲壳纲的 2 种(属)和寡毛纲的 1 种(属)，即分别为铜锈环棱螺、大沼螺、方形环棱螺、日本沼虾、秀丽白虾和霍甫水丝蚓，这

5个种(属)的平均密度分别为 13.71 ind./m²、4.71 ind./m²、3.12 ind./m²、11.37 ind./m²、3.84 ind./m² 和 2.93 ind./m²。详见表 6.4-3。

表 6.4-3　澡港河主要底栖动物优势种(属)密度及优势度

门类	种(属)	密度(ind./m²)	相对密度	优势度
腹足纲	铜锈环棱螺	13.71	0.285	0.228
	大沼螺	4.71	0.098	0.078
	方形环棱螺	3.12	0.065	0.026
甲壳纲	日本沼虾	11.37	0.236	0.142
	秀丽白虾	3.84	0.080	0.048
寡毛纲	霍甫水丝蚓	2.93	0.061	0.036

澡港河 5 个样点的底栖动物密度分别为 109.27 ind./m²、32.20 ind./m²、68.29 ind./m²、12.22 ind./m² 和 18.89 ind./m²，平均值为 48.17 ind./m²。在密度组成方面，各样点差异较大，其中 ZGH3 和 ZGH4 样点以腹足纲占据绝对优势，密度分别为 57.56 ind./m² 和 12.22 ind./m²，分别占总密度的 84.3% 和 100%；ZGH1 和 ZGH5 样点甲壳纲的密度占比则较高，密度分别为 49.76 ind./m² 和 16.67 ind./m²，分别占总密度的 45.6% 和 88.2%，此外腹足纲在 ZGH1 样点的密度占比也较高，密度可达 44.88 ind./m²，占总密度的 41.1%；而 ZGH2 样点出现甲壳纲、腹足纲和寡毛纲共同支配的密度组成格局，密度分别为 11.71 ind./m²、8.78 ind./m² 和 6.83 ind./m²，占总密度的 36.4%、27.3% 和 21.2%，此外昆虫纲也占有一定比例，为 15.2%。

在生物量方面，总生物量空间分布格局与总密度的空间分布相似，各样点总生物量分别为 92.80 g/m²、11.89 g/m²、82.96 g/m²、21.87 g/m² 和 0.83 g/m²，平均值为 42.07 g/m²。在总生物量组成上，除了 ZGH5 样点，其他各样点总生物量均以腹足纲占据绝对优势，生物量分别达 85.12 g/m²、10.84 g/m²、81.23 g/m² 和 21.87 g/m²，占比分别为 91.7%、91.2%、97.9% 和 100.0%，其次甲壳纲在 ZGH1 和 ZGH2 样点也占有一定比例，占比分别为 8.1% 和 8.6%；而 ZGH5 样点则以甲壳纲占据绝对优势，占比可达 97.1%。详见图 6.4-3。

(2) 底栖动物多样性

澡港河各样点底栖动物物种数均值为 7.6 种。Simpson 指数和 Pielou 均匀度指数均值分别为 0.66 和 0.72；Shannon-Wiener 多样性指数均值则为 1.42。

3. 栖息地状况

(1) 生态用水满足程度

澡港河连接老大运河与长江，入江口建有水利枢纽，以控制澡港河水位不受长江潮汐影响而大幅度涨落，同时利用节制闸在长江涨潮时引水，补充内河生产、生

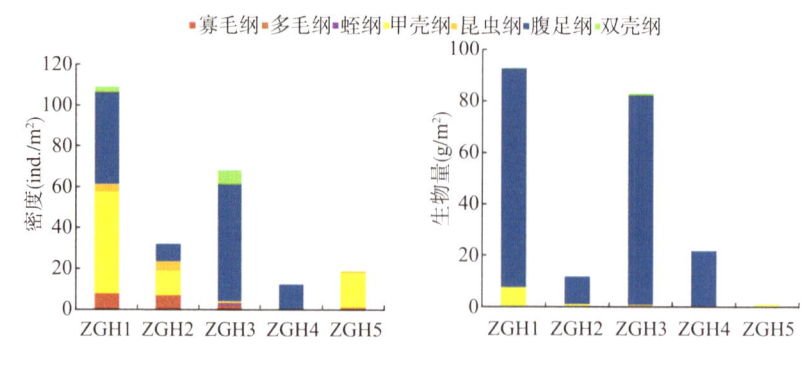

图 6.4-3 澡港河各样点底栖动物密度及生物量组成

态用水。以老大运河生态水位 2.87 m 作为评价标准,评价期澡港河最低日平均水位为 3.17 m,高于生态水位,澡港河生态用水满足程度为 100%。

(2) 水质优劣程度

评价期澡港河水质监测指标年平均值评价结果为Ⅲ类,定类水质指标为氨氮,年均值为 0.57 mg/L。

(3) 河岸带植被覆盖度

关河至红河路段:该河段长 9.5 km,总体河岸带植被覆盖度在 50%～80%。其中常水位以下区域有少量芦苇、芦竹、稗草和浮萍;变化水位区域矮挡墙段基本无植被,部分河段土质护坡段生长有芦苇、芦竹、菖蒲、泽泻、莲子草,杂草等湿生草本;洪水位以上区域植被以香樟、构树、垂柳、桑树、木槿等园林花木为主,林下草本丛生,主要有美人蕉、苦草、冬青以及市政生态护岸景观植物。总体而言,本河段植被覆盖度较高,部分河段河岸带植被结构高低交错。

红河路至东海路段:该河段长 7.6 km,岸带植被覆盖度在 70%～90%。其中常水位以下区域有少量菖蒲、芦苇、芦竹、黑三棱和水花生;变水位区域矮挡墙段基本无植被,土质护坡段生长有芦苇、夹竹桃、芦苇、葎草等;洪水位以上区域植被较为丰富,主要有杨树、杉树、香樟、柳树、玉兰、构树等,林下有茅草、菟丝子、小鸡草、连翘、冬青、杂草等以及部分农作物。总体而言,本河段植被覆盖度较高、连续性好,河岸带植被层次结构较为完整。

东海路至澡港河枢纽段:该河段长 4.3 km,岸带植被覆盖度为 40%～70%。其中常水位以下区域基本无植物生长,偶有少量芦苇;变水位区域矮挡墙段基本无植被,部分土质护坡段生长有少量木槿、构树等及各类杂草;洪水位以上区域植被较为丰富,主要有杨树、杉树、香樟、柳树、玉兰等,以及沿线有红薯、玉米等农作物,另有市政绿化已成规模的人工草坪和生态护岸。总体而言,本河段植被覆盖度不高,植被种类不够丰富,受码头、港口、企业的阻隔,植被的纵向连续性一般,河岸生态缓冲带结构完整性一般。

综合三河段的植被覆盖度,澡港河总体植被覆盖度为71%。

(4) 岸线利用管理状况

澡港河已划定河道管理范围。

澡港河岸线总长44.9 km,已利用岸线总长11.10 km,岸线利用率为24.7%。其中企业、码头利用岸线总长5.704 km,多数为历史遗留问题;小区、民房、事业单位利用岸线长2.315 km;桥梁等公共基础设施利用岸线长2.847 km;其他类型利用岸线长0.237 km。澡港河两岸基础设施(桥梁、排灌站、枢纽、水闸等)利用岸线均已审批。被利用岸线完好率为100.0%。

4. 生态健康状况

澡港河生态状况指数综合赋分为88.9,评价等级为"良"。

各指标得分如下:防洪工程达标率、供水水量保证程度、水功能区水质达标率、生态用水满足程度、管理(保护)范围划定率、综合治理程度得分均为100分,水质优劣程度为87.9分,岸线利用管理指数为83.0分,浮游植物多样性为73.8分,河岸植被覆盖度为71.0分,底栖动物多样性为68.4分,着生藻类多样性为49.0分。

6.4.2 王下河

1. 服务功能

1) 防洪工程达标率

王下河位于德胜河东岸,属于新北高片区域,两岸堤防类型为生态护岸和自然生态岸坡,河道堤顶高7.2~8.3 m,全线堤顶高程均大于区域100年一遇防洪设计水位5.80 m,达标,防洪工程达标率为100%。

2) 供水保障

(1) 供水水量保证程度

王下河两岸无工业和农业取水,评价期王下河最低日平均水位高于生态水位,因此,王下河的供水水量保证程度为100%。

(2) 水功能区水质达标率

王下河未划定水功能区划。

2. 生物状况

1) 浮游植物

(1) 浮游植物群落结构

王下河共鉴定出浮游植物33种属,隶属于5大门类,其中绿藻门种类最多,共有14种,占总数的42.4%;其次是蓝藻门和硅藻门,分别达8种和7种,占总数的24.2%和21.2%;隐藻门和裸藻门均仅发现2种。

依据McNaughton优势度指数大于0.02的原则,现阶段优势种有8种(属),

隶属于蓝藻门、硅藻门和绿藻门,其中蓝藻门 5 种(属),分别为颤藻、钝顶螺旋藻、细小平裂藻、微囊藻和束丝藻;硅藻门 1 种(属),即小环藻;绿藻门 2 种(属),分别为栅藻和纤维藻。这 8 种(属)的平均密度分别为 45.34 万个/L、40.75 万个/L、26.11 万个/L、25.25 万个/L、18.53 万个/L、15.29 万个/L、5.08 万个/L 和 4.71 万个/L。详见表 6.4-4。

表 6.4-4　王下河主要浮游植物优势种(属)密度及优势度

门类	种(属)	密度(万个/L)	优势度
蓝藻门	颤藻	45.34	0.101
	钝顶螺旋藻	40.75	0.091
	细小平裂藻	26.11	0.058
	微囊藻	25.25	0.056
	束丝藻	18.53	0.041
硅藻门	小环藻	15.29	0.068
绿藻门	栅藻	5.08	0.023
	纤维藻	4.71	0.021

王下河两样点的浮游植物密度分别为 307.44 万个/L 和 140.39 万个/L,平均值为 223.92 万个/L,以蓝藻门占据优势,其次密度占比较高的门类分别为绿藻门和硅藻门。

在生物量方面,两样点总生物量分别为 1.25 mg/L 和 3.41 mg/L,均值为 2.33 mg/L。各样点在总生物量组成上也存在差异,WXH1 样点以蓝藻门占比最高,生物量达 0.98 mg/L,占比为 78.4%,WXH2 样点主要以硅藻门占据绝对优势,生物量可达 3.06 mg/L,占比为 89.7%。详见图 6.4-4。

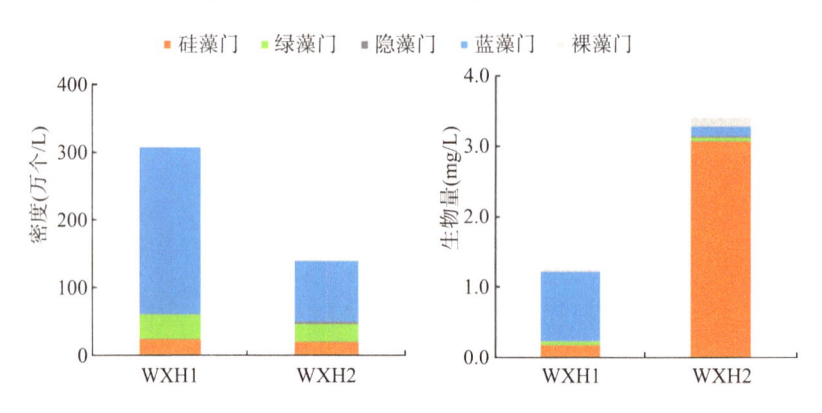

图 6.4-4　王下河各样点浮游植物密度和生物量组成

(2) 浮游植物多样性

王下河各监测点浮游植物物种数均值为 21.5 种；在浮游植物多样性方面，Simpson 指数均值为 0.80，Pielou 均匀度指数均值为 0.66，Shannon-Wiener 多样性指数均值为 2.03。

2) 着生藻类

(1) 着生藻类群落结构

王下河共鉴定出着生藻类 22 种属，隶属于 3 大门类，其中硅藻门种类最多，共有 14 种，占总数的 63.6%；其次是蓝藻门，达 5 种，占总数的 22.7%，而绿藻门出现的物种数最低，仅 3 种。

根据 McNaughton 优势度指数大于 0.02 的原则，现阶段优势种有 5 种（属），分别隶属于蓝藻门和硅藻门，其中蓝藻门占 4 种（属），分别为细鞘丝藻、颤藻、微囊藻和鞘丝藻；而硅藻门 1 种（属），即菱形藻。5 个种（属）的密度均值分别为 4.64 万个/cm^2、4.63 万个/cm^2、4.51 万个/cm^2、1.22 万个/cm^2 和 1.48 万个/cm^2。详见表 6.4-5。

表 6.4-5　王下河主要着生藻类优势种（属）密度及优势度

门类	种（属）	密度（万个/cm^2）	优势度
蓝藻门	细鞘丝藻	4.64	0.262
蓝藻门	颤藻	4.63	0.261
蓝藻门	微囊藻	4.51	0.127
蓝藻门	鞘丝藻	1.22	0.035
硅藻门	菱形藻	1.48	0.084

王下河两个样点的着生藻类密度分别为 16.78 万个/cm^2 和 18.60 万个/cm^2，平均值为 17.69 万个/cm^2，两样点总密度差异不大，且在组成上也均以蓝藻门占据绝对优势。在生物量方面，总生物量呈现 WXH2 样点大于 WXH1 样点的空间差异，两样点总生物量分别为 0.082 mg/cm^2 和 0.192 mg/cm^2，均值为 0.137 mg/cm^2。总生物量组成格局也类似总密度的组成模式，即两样点均以蓝藻门占据优势，生物量分别达 0.072 mg/cm^2 和 0.143 mg/cm^2，分别占总生物量的 87.8% 和 74.5%。详见图 6.4-5。

(2) 着生藻类多样性

王下河各监测点着生藻类物种数均值为 15.5 种。Simpson 指数均值为 0.66，Pielou 均匀度指数均值为 0.51，Shannon-Wiener 多样性指数均值达 1.85。

3) 底栖动物

(1) 底栖动物群落结构

在王下河调查中共采集到底栖动物 11 种（属），其中以软体动物门发现的种类

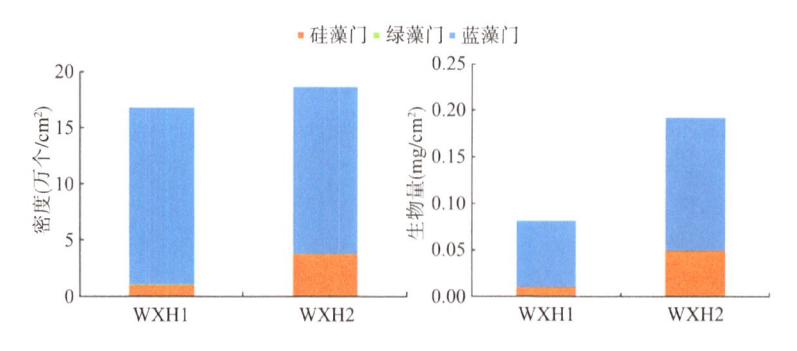

图 6.4-5　王下河各样点着生藻类密度和生物量组成

最多,共计达 7 种,包括腹足纲 5 种和双壳纲 2 种,分别为铜锈环棱螺、大沼螺、方格短沟蜷、纹沼螺、长角涵螺、淡水壳菜和圆顶珠蚌;环节动物门包括霍甫水丝蚓。

现阶段优势种主要有 4 种,分别为腹足纲 2 种,寡毛纲和双壳纲各 1 种。优势度从大到小排序依次是铜锈环棱螺、霍甫水丝蚓、圆顶珠蚌和纹沼螺,平均密度分别为 15.67 ind./m^2、2.22 ind./m^2、2.78 ind./m^2 和 1.11 ind./m^2。详见表 6.4-6。总体来看,王下河的底栖动物物种丰度偏低。

表 6.4-6　王下河主要底栖动物优势种(属)密度及优势度

门类	种(属)	密度(ind./m^2)	优势度
腹足纲	铜锈环棱螺	15.67	0.701
	纹沼螺	1.11	0.025
寡毛纲	霍甫水丝蚓	2.22	0.100
双壳纲	圆顶珠蚌	2.78	0.062

王下河两个样点的底栖动物密度分别为 13.33 ind./m^2 和 31.33 ind./m^2,平均值为 22.33 ind./m^2,王下河两样点总密度均以腹足纲占据优势,密度分别为 8.89 ind./m^2 和 24.67 ind./m^2,分别占总密度的 66.7% 和 78.7%。

在生物量方面,总生物量空间分布格局与总密度的空间分布趋势相似,两样点总生物量分别为 10.41 g/m^2 和 39.28 g/m^2,均值为 24.85 g/m^2。在总生物量组成上,也同总密度的组成模式,即两个样点均以腹足纲占据主要优势,生物量分别为 10.32 g/m^2 和 28.97 g/m^2,分别占总生物量的 99.1% 和 73.8%。详见图 6.4-6。

(2) 底栖动物多样性

王下河底栖动物物种丰富度偏低,两个样点物种数均值仅为 3.5 种。在多样性指数方面,Simpson 指数和 Pielou 均匀度指数均值均较低,分别为 0.47 和 0.68;Shannon-Wiener 多样性指数均值为 1.06。

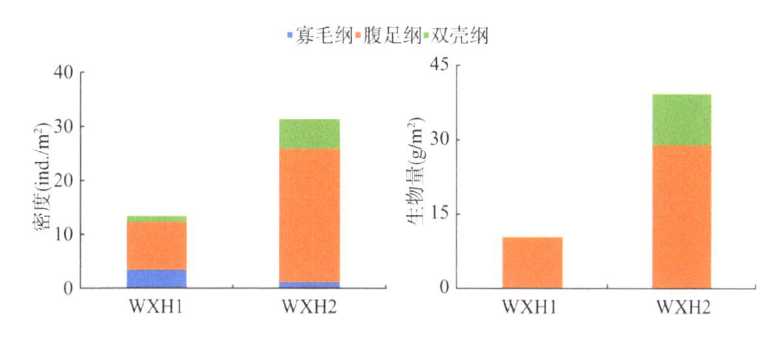

图 6.4-6　王下河各样点底栖动物密度及生物量组成

3. 栖息地状况

（1）生态用水满足程度

王下河无水位观测资料，采用新龙河闸闸外水位评价评价期王下河生态用水满足程度。新龙河评价期最低日平均水位为 3.30 m，王下河生态水位为 2.96 m，因此王下河生态用水满足程度为 100%。

（2）水质优劣程度

王下河水质监测指标浓度年平均值评价结果为Ⅲ类，定类水质指标为化学需氧量、总磷、高锰酸盐指数和氨氮，高锰酸盐指数年均浓度为 4.6 mg/L，总磷年均浓度为 0.125 mg/L，化学需氧量年均浓度为 16.0 mg/L，氨氮年均浓度为 0.57 mg/L。

（3）河岸带植被覆盖度

王下河整体上植被覆盖度达 90% 左右，常水位以下区域有金鱼藻、狐尾藻，浮水植物有槐叶萍、水花生等；局部变化水位区域有芦苇、菱草、蓬草等植物；常水位以上有构树、柳树、樟树等植物。王下河植被分布宽度较高，种类较多，常水位以上区域以木本植物为主，草本植物分布较为普遍。

（4）岸线利用管理指数

王下河已划定河道管理范围。

王下河岸线全长 6.74 km，岸线利用类型均为桥梁，各类桥梁利用岸线总长度 560 m，均经过审批，未见其他利用岸线的情况。

4. 生态健康状况

王下河生态状况指数综合得分为 91.4 分，评价等级为"优"。

各指标得分如下：防洪工程达标率、供水水量保证程度、生态用水满足程度、岸线利用管理指数、管理（保护）范围划定率、综合治理程度得分均为 100 分，河岸带植被覆盖度得分为 90 分，水质优劣程度为 85.5 分，浮游植物多样性为 65.5 分，着生藻类多样性为 61.3 分，底栖动物多样性为 61.2 分。

6.5 城区片水生态状况

6.5.1 老大运河

1. 服务功能

1）防洪工程达标率

德胜河口至大运河西枢纽段位于常州市防洪大包围外,属于外河,处于钟楼闸上游,依据《常州市城市防洪规划(2017—2035年)》,运北片钟楼闸上游段护岸式堤顶设计高程为6.80 m,现状两岸堤顶高在7.20 m以上,满足防洪要求。

德胜河口至大运河东枢纽段位于常州城区防洪大包围以内,现状驳岸顶高在5.50 m以上,满足防洪大包围排涝最高水位控制4.80 m的要求。

依据《常州市城市防洪规划(2017—2035年)》,钟楼闸下游段护岸式堤顶设计高程为6.70 m,现状老大运河驳岸顶高6.80～7.00 m,故该段河道堤岸达到防洪标准要求。

因此,老大运河防洪工程达标率为100%。

2）供水保障

(1) 供水水量保证程度

老大运河两岸取水主要为工业取水,年取水总量为2 413.5万 m^3。评价期老大运河来水量约为1.42亿 m^3,满足工业企业取用水,同时评价期老大运河逐日平均水位均高于最低生态水位,因此老大运河供水水量保证程度为100%。

(2) 水功能区水质达标率

老大运河水功能区划为江南运河武进景观娱乐、工业用水区和江南运河常州景观娱乐、工业用水区,水质目标均为Ⅳ类。评价期2个水功能双指标评价结果均为Ⅲ类,达标。

2. 生物状况

1）浮游植物

(1) 浮游植物群落结构

在老大运河浮游植物定量样品中,共鉴定出浮游植物41种(属),隶属于6大门类,其中绿藻门种类最多,共有17种(属),占总数的41.5%;其次是硅藻门,发现13种(属),占比为31.7%;再者是蓝藻门,也出现7种,占总数的17.1%;而隐藻门、裸藻门和甲藻门,依次仅发现2种、1种和1种。在物种组成上,各样点均以硅藻门和蓝藻门出现的物种数最高,平均分别可达8.5种和8.3种;其次是蓝藻门,在各样点出现的物种数为2～4种。

在优势类群方面,依据McNaughton优势度指数大于0.02的原则,现阶段优势种有 8 种(属),主要隶属于硅藻门、绿藻门和蓝藻门。其中硅藻门 4 种(属),分别为小环藻、模糊直链藻、菱形藻和颗粒直链藻;绿藻门和蓝藻门各 2 种(属),分别为丝状绿藻、栅藻、伪鱼腥藻和颤藻。这 8 种(属)平均密度分别为 31.24 万个/L、20.26 万个/L、12.21 万个/L、3.01 万个/L、19.58 万个/L、3.65 万个/L、10.14 万个/L 和 6.83 万个/L。详见表 6.5-1。

表 6.5-1 老大运河主要浮游植物优势种(属)密度及优势度

门类	种(属)	密度(万个/L)	相对密度	优势度
硅藻门	小环藻	31.24	0.222	0.222
	模糊直链藻	20.26	0.144	0.144
	菱形藻	12.21	0.087	0.087
	颗粒直链藻	3.01	0.021	0.021
绿藻门	丝状绿藻	19.58	0.139	0.139
	栅藻	3.65	0.026	0.026
蓝藻门	伪鱼腥藻	10.14	0.072	0.072
	颤藻	6.83	0.049	0.036

老大运河 4 个样点的浮游植物密度分别为 103.77 万个/L、119.60 万个/L、170.90 万个/L 和 167.50 万个/L,平均值为 140.44 万个/L,各样点均以硅藻门的密度占比最高,密度分别达 78.70 万个/L、72.64 万个/L、66.04 万个/L 和 78.19 万个/L,分别占总密度的 75.8%、60.7%、38.6% 和 46.7%,平均占比达 52.6%。

在生物量方面,总生物量的样点差异模式与总密度相似,各样点总生物量分别为 0.922 mg/L、0.866 mg/L、1.004 mg/L 和 1.137 mg/L,均值为 0.982 mg/L。在总生物量组成上各样点同样以硅藻门生物量占比最高,生物量分别达可达 0.822 mg/L、0.577 mg/L、0.502 mg/L 和 0.745 mg/L,占比分别为 89.2%、66.6%、50.0% 和 65.5%,平均占比达 67.8%。详见图 6.5-1。

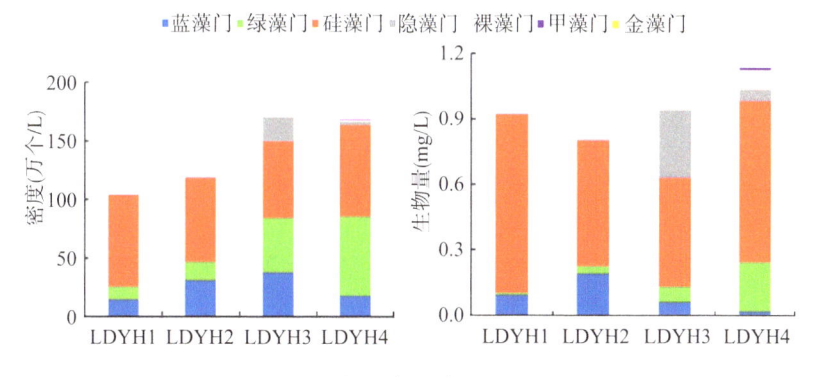

图 6.5-1 老大运河各样点浮游植物密度和生物量组成

(2) 浮游植物多样性

老大运河各样点浮游植物物种数均值为 22.3 种。Simpson 指数均值为 0.87；Shannon-Wiener 多样性指数均值为 2.19；Pielou 均匀度指数均值为 0.76。

2) 着生藻类

(1) 着生藻类群落结构

在本次调查老大运河的着生藻类定量样品中，共鉴定出着生藻类 24 种(属)，隶属于 5 大门类，其中硅藻门种类最多，共有 11 种，占总数的 45.8%；其次是绿藻门，达 7 种，占比为 29.2%；而蓝藻门共采集到 4 种，占总数的 16.7%；隐藻门和裸藻门则均为 1 种。在物种组成上，各样点均以硅藻门出现的物种数占比最高，平均为 7.8 种；其次是绿藻门，各样点均有分布。

根据 McNaughton 优势度指数大于 0.02 的原则，现阶段优势种有 9 种(属)，分别隶属于硅藻门、蓝藻门和绿藻门，其中硅藻门 5 种(属)，分别为菱形藻、舟形藻、脆杆藻、异极藻和变异直链藻，蓝藻门 3 种(属)，即鞘丝藻、伪鱼腥藻和细鞘丝藻；绿藻门 1 种(属)，即鞘藻，9 个种(属)的密度均值分别为 1.96 万个/cm²、1.72 万个/cm²、2.26 万个/cm²、0.44 万个/cm²、0.34 万个/cm²、1.81 万个/cm²、1.23 万个/cm²、0.91 万个/cm² 和 2.41 万个/cm²。详见表 6.5-2。

表 6.5-2 老大运河主要着生藻类优势种(属)密度及优势度

门类	种(属)	密度(万个/cm²)	相对密度	优势度
硅藻门	菱形藻	1.96	0.138	0.138
	舟形藻	1.72	0.122	0.122
	脆杆藻	2.26	0.159	0.120
	异极藻	0.44	0.031	0.031
	变异直链藻	0.34	0.024	0.024
蓝藻门	鞘丝藻	1.81	0.128	0.128
	伪鱼腥藻	1.23	0.087	0.065
	细鞘丝藻	0.91	0.064	0.048
绿藻门	鞘藻	2.41	0.170	0.128

老大运河 4 个样点的着生藻类密度分别为 9.61 万个/cm²、17.29 万个/cm²、11.25 万个/cm² 和 18.52 万个/cm²，平均值为 14.17 万个/cm²。在生物量方面，总生物量呈现与总密度类似的空间差异，各样点总生物量分别为 0.024 mg/cm²、0.132 mg/cm²、0.088 mg/cm² 和 0.129 mg/cm²，均值为 0.093 mg/cm²。详见图 6.5-2。

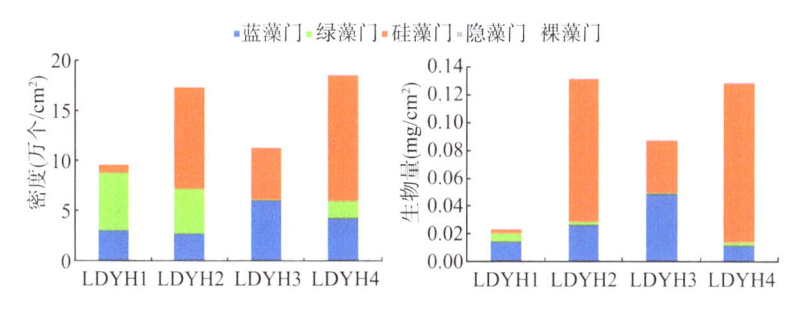

图 6.5-2 老大运河各样点着生藻类密度和生物量组成

(2) 着生藻类多样性

老大运河各样点着生藻类物种数均值为 14.5 种。Simpson 指数和 Pielou 均匀度指数均值分别为 0.80 和 0.69，Shannon-Wiener 多样性指数均值为 1.92。

3) 底栖动物

(1) 底栖动物群落结构

在本次老大运河调查中共采集到底栖动物 20 种(属)，其中节肢动物门出现种类最多，为 10 种，分别为昆虫纲 6 种和甲壳纲 4 种，占比为 50%；其次是软体动物，分别发现腹足纲和双壳纲 6 种和 1 种，共占总数的 35%；环节动物门发现的最少，且均为寡毛纲，共 3 种，分别为霍甫水丝蚓、巨毛水丝蚓和苏氏尾鳃蚓。

根据 McNaughton 优势度指数大于 0.02 的原则，现阶段优势种有 5 种，分别为腹足纲 2 种和甲壳纲 3 种，即铜锈环棱螺、方格短沟蜷、日本沼虾、中华锯齿米虾和细足米虾，平均密度分别为 21.71 ind./m²、4.69 ind./m²、12.00 ind./m²、10.00 ind./m² 和 2.78 ind./m²。详见表 6.5-3。总体来看，老大运河的底栖动物物种丰度并不高。

表 6.5-3 老大运河主要底栖动物优势种(属)密度及优势度

门类	种类	密度(ind./m²)	相对密度	优势度
腹足纲	铜锈环棱螺	21.71	0.362	0.362
	方格短沟蜷	4.69	0.078	0.059
甲壳纲	日本沼虾	12.00	0.200	0.200
	中华锯齿米虾	10.00	0.167	0.083
	细足米虾	2.78	0.046	0.023

老大运河 4 个样点的底栖动物密度分别为 34.93 ind./m²、35.99 ind./m²、75.33 ind./m² 和 93.33 ind./m²，平均值为 59.90 ind./m²。在密度组成方面，各样点差异不大，均以腹足纲和甲壳纲占据优势。在生物量方面，总生物量空间分布格局

与总密度的空间分布趋势略有不同,各样点总生物量分别为 14.57 g/m²、25.63 g/m²、74.51 g/m² 和 23.29 g/m²,均值为 34.50 g/m²。在总生物量组成上各样点均以腹足纲占绝对比重。详见图 6.5-3。

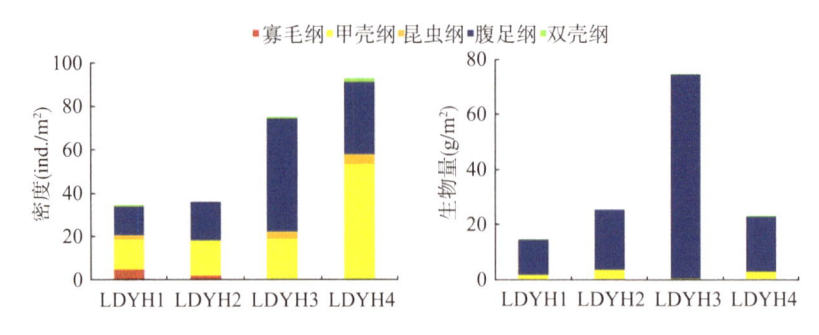

图 6.5-3 老大运河各样点底栖动物密度及生物量组成

(2) 底栖动物多样性

老大运河底栖动物物种丰富度较低,各样点物种数均值为 8.8 种。Simpson 指数和 Pielou 均匀度指数均值仅分别为 0.73 和 0.75,Shannon-Wiener 多样性指数均值为 1.65。详见表 6.5-4。

表 6.5-4 老大运河各样点底栖动物多样性

指标	LDYH1	LDYH2	LDYH3	LDYH4	均值
物种数(种)	9	6	8	12	8.8
Simpson 指数	0.74	0.67	0.68	0.82	0.73
Shannon-Wiener 多样性指数	1.66	1.40	1.59	1.95	1.65
Pielou 均匀度指数	0.76	0.72	0.72	0.78	0.75

3. 栖息地状况

(1) 生态用水满足程度

选取大运河常州站 1990—2019 年年最小日平均水位系列(系列长度 30 年,同江苏省水利厅第一批公布的生态水位计算系列),确定 90% 频率对应的大运河常州站生态水位为 2.87 m,评价期大运河常州站最低日平均水位为 3.21 m,高于其生态水位,老大运河生态用水满足程度为 100%。

(2) 水质优劣程度

评价期老大运河水质监测指标年平均浓度评价结果为Ⅲ类,定类水质指标为氨氮、总磷和五日生化需氧量,年平均浓度分别为 0.69 mg/L、0.117 mg/L 和 3.5 mg/L。

(3) 河岸带植被覆盖度

德胜河至新市街段:该河段长 8.5 km,河岸带植被覆盖度在 50%~80%。常水位以下部分区域有少量狐尾藻,水面漂浮着少量水葫芦等植物,水生植物稀少;局部变化水位区域有少量芦苇;洪水位以上有柳树、樟树、玉兰、构树等植物。该河段因渠道化特征明显、护坡硬质化,河道内植被分布稀少,河岸带整体植被分布处于中等水平,种类较为丰富,洪水位以上区域以乔木、灌木、草本植物为主。

新市街至水门桥段:该河段长6.3 km,河岸带植被覆盖度在65%~75%。常水位以下水生植物稀少,部分水域漂浮着少量水葫芦等植物;变化水位因硬质挡墙基本无植被,洪水位以上至堤顶区域有樟树、柳树、构树、玉兰等。该河段植被分布宽度中等,木本植物分布较多。

水门桥至沿塘段:该河段长5.4 km,河岸带植被覆盖度在50%~80%。常水位以下区域有少量水葫芦等漂浮植物,沉水植物、挺水植物稀少;局部变化水位区域有少量芦苇等;洪水位以上有樟树、柳树、灌木丛等植物。该河段左岸植被覆盖度偏低,右岸植被覆盖度相对较高,木本植物较为丰富,水生植物较少。

总体而言,老大运河道两侧植被覆盖度处于中等水平,木本植物分布较多,但是水生植物较少。

(4) 岸线利用管理状况

老大运河已划定河道管理范围。

老大运河市区段两岸岸线总长40.4 km,原岸线利用总长5.06 km,其中右岸4.21 km,左岸0.85 km。岸线利用类型主要是工业企业、民房,多数为历史遗留问题,其利用长度约为3.01 km,已拆除934.8 m;其次为桥梁,岸线总长0.83 km。老大运河岸线利用率为12.5%,部分拆除、退出岸线经修复后复绿。

4. 生态健康状况

老大运河生态状况指数综合得分为88.2,评价等级为"良"。

各指标得分如下:防洪工程达标率、供水水量保证程度、水功能区水质达标率、生态用水满足程度、管理(保护)范围划定率、综合治理程度得分均为100分,岸线利用管理指数为89分,水质优劣程度为82.5分,河岸带植被覆盖度为78分,底栖动物多样性为73.0分,浮游植物多样性为68.8分,着生藻类多样性为63.0分。

6.5.2 南童子河

1. 服务功能

1) 防洪工程达标率

南童子河作为运北片防洪包围圈的边界河道,河道防洪标准为200年一遇。

南童子河龙江路东侧朱夏墅段为低片,评价期正在实施堤防加固工程;其余河段东岸为堤防,现状均已达到设计高程,西岸无堤防,现状地面高程也满足设计要求。因此,南童子河防洪工程达标率为84%。

2) 供水保障

(1) 供水水量保证程度

南童子河两岸无工业和农业取水,且评价期南童子河日平均水位均高于生态水位,因此供水水量保证程度为100%。

2) 水功能区水质达标率

南童子河水功能区划为南童子河武进农业、工业用水区,主要功能为农业用水,水质目标为Ⅳ类。评价期水功能区双指标监测评价结果为Ⅳ类,达标。

2. 生物状况

1) 浮游植物

(1) 浮游植物群落结构

在南童子河浮游植物定量样品中,共鉴定出浮游植物43种(属),隶属于7大门类,其中绿藻门种类最多,共有16种,占总数的37.2%;其次是硅藻门,达12种,占总数的27.9%;蓝藻门种类分布也较多,达8种,占总数的18.6%;裸藻门和隐藻门分别发现3种和2种,其他各门,即金藻门和甲藻门均仅发现1种。

在优势类群方面,依据McNaughton优势度指数大于0.02的原则,现阶段优势种有11种(属),分别隶属于蓝藻门、绿藻门、硅藻门和隐藻门。其中蓝藻门8种(属),分别为细小平裂藻、微囊藻、伪鱼腥藻、束丝藻、钝顶螺旋藻、颤藻、点形平裂藻和鱼腥藻;绿藻门、硅藻门和隐藻门各1种,分别为丝状绿藻、小环藻和啮蚀隐藻。这11种(属)的平均密度分别为31.51万个/L、38.85万个/L、36.52万个/L、29.35万个/L、51.65万个/L、29.47万个/L、9.91万个/L、9.66万个/L、15.12万个/L、11.29万个/L和6.52万个/L。详见表6.5-5。

表6.5-5 南童子河主要浮游植物优势种(属)密度及优势度

门类	种(属)	密度(万个/L)	相对密度	优势度
蓝藻门	细小平裂藻	31.51	0.101	0.101
	微囊藻	38.85	0.124	0.083
	伪鱼腥藻	36.52	0.117	0.078
	束丝藻	29.35	0.094	0.063
	钝顶螺旋藻	51.65	0.165	0.055
	颤藻	29.47	0.094	0.031
	点形平裂藻	9.91	0.032	0.021
	鱼腥藻	9.66	0.031	0.021
绿藻门	丝状绿藻	15.12	0.048	0.048
硅藻门	小环藻	11.29	0.036	0.036
隐藻门	啮蚀隐藻	6.52	0.021	0.021

南童子河 3 个样点的浮游植物密度分别为 191.88 万/L、488.07 万/L 和 256.94 万个/L，平均值为 312.30 万个/L。3 个样点在密度组成上差异并不大，各样点均以蓝藻门的密度分布最高，密度分别为 115.69 万个/L、425.58 万个/L 和 169.50 万个/L，占比分别为 60.3%、87.2% 和 66.0%，均值达 71.2%；其次是绿藻门和硅藻门，3 个样点平均密度占比分别为 12.6% 和 10.8%；隐藻门、裸藻门、金藻门和甲藻门在各样点也有分布，但较少。

在生物量方面，各样点总生物量分别为 0.810 mg/L、1.516 mg/L 和 1.063 mg/L，均值为 1.130 mg/L。在总生物量组成上各样点差异较大，新塘桥（NTZH1）样点以裸藻门的生物量占比最高，其次是硅藻门、隐藻门和蓝藻门，这 4 个门类的占比分别达 40.9%、26.0%、15.6% 和 14.4%；张家桥（NTZH2）样点则以蓝藻门占据优势，生物量可达 1.084 mg/L，占比为 71.5%，其次是绿藻门、隐藻门和硅藻门，占比分别为 8.1%、7.1% 和 6.8%；仕兴桥（NTZH3）样点主要由隐藻门、蓝藻门、硅藻门和裸藻门共同支配，占比分别达 26.5%、24.7%、24.3% 和 19.6%。金藻门和甲藻门在各样点的生物量分布极其有限，各样点均值占比均不足 1.0%。详见图 6.5-4。

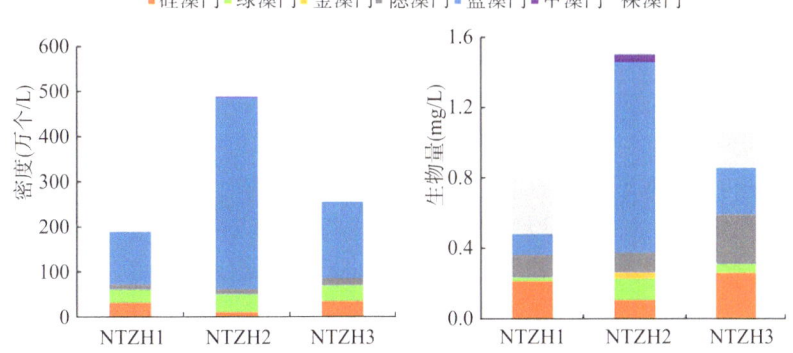

图 6.5-4　南童子河各样点浮游植物密度和生物量组成

（2）浮游植物多样性

南童子河各样点浮游植物物种数均值为 24 种。Simpson 指数均值为 0.83；Shannon-Wiener 多样性指数均值为 2.19；Pielou 均匀度指数均值为 0.69。

2）着生藻类

（1）着生藻类群落结构

在南童子河着生藻类定量样品中，共鉴定出着生藻类 39 种（属），隶属于 5 大门类，其中绿藻门种类最多，共有 16 种，占总数的 41.0%；其次是硅藻门，达 14 种，占比为 35.9%；而蓝藻门共采集到 7 种，占总数的 17.9%；其他两个门类，金藻门和裸藻门均仅发现 1 种。在物种组成上，各样点均以绿藻门出现的物种数占比最高,平均为 9.3 种;其次是硅藻门,各样点平均达 8.3 种。

依据 McNaughton 优势度指数大于 0.02 的原则,现阶段优势种有 5 种(属),隶属于蓝藻门和硅藻门,其中蓝藻门 4 种(属),分别为细鞘丝藻、鞘丝藻、颤藻和微囊藻;而硅藻门 1 种(属),即菱形藻,密度均值分别为 72.40 万个/cm²、50.74 万个/cm²、27.81 万个/cm²、4.09 万个/cm² 和 19.37 万个/cm²。详见表 6.5-6。

表 6.5-6 南童子河主要着生藻类优势种(属)密度及优势度

门类	种(属)	密度(万个/cm²)	优势度
蓝藻门	细鞘丝藻	72.40	0.400
	鞘丝藻	50.74	0.280
	颤藻	27.81	0.154
	微囊藻	4.09	0.023
硅藻门	菱形藻	19.37	0.107

南童子河 3 个样点的着生藻类密度分别为 225.44 万个/cm²、287.22 万个/cm² 和 30.05 万个/cm²,平均值为 180.90 万个/cm²,3 个样点均以蓝藻门占据优势,密度分别达 194.84 万个/cm²、250.22 万个/cm² 和 21.60 万个/cm²,分别占总密度的 86.4%、87.1% 和 71.9%,平均为 81.8%;密度占比较高的门类还有硅藻门,绿藻门、金藻门和裸藻门的密度占比较小。

在生物量方面,总生物量呈现与总密度类似的空间差异,各样点总生物量分别为 2.181 mg/cm²、4.533 mg/cm² 和 0.363 mg/cm²,均值为 2.359 mg/cm²。总生物量组成格局也类似于密度的组成模式,即 3 个样点均以蓝藻门占据优势,生物量分别达 1.922 mg/cm²、4.206 mg/cm² 和 0.288 mg/cm²,分别占总生物量的 88.1%、92.8% 和 79.3%;其次是硅藻门,绿藻门、金藻门和裸藻门在各样点分布极其有限,占比均偏低。详见图 6.5-5。

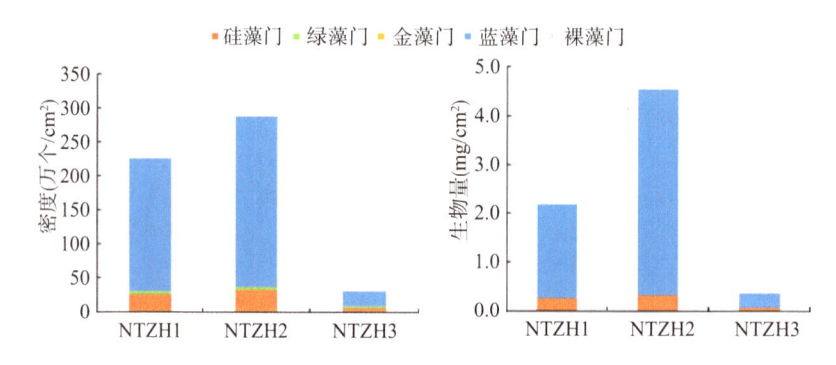

图 6.5-5 南童子河各样点着生藻类密度和生物量组成

(2) 着生藻类多样性

南童子河各样点着生藻类物种数均值为24种。Simpson指数和Pielou均匀度指数均值分别为0.70和0.49；Shannon-Wiener多样性指数均值达1.55。

3) 底栖动物

(1) 底栖动物群落结构

南童子河共采集到底栖动物7种(属)，其中软体动物门出现种类最多，达4种，占比为57.1%，包括腹足纲1种和双壳纲3种，分别为铜锈环棱螺、淡水壳菜、猪耳丽蚌和河蚬；其次为节肢动物门，共发现2种，均为昆虫纲，分别为黄色羽摇蚊和多巴小摇蚊；环节动物门仅寡毛纲1种，即霍甫水丝蚓。

根据McNaughton优势度指数大于0.02的原则，现阶段优势种有3种，分别为腹足纲、双壳纲和寡毛纲各1种。优势度从大到小排序依次是铜锈环棱螺、淡水壳菜、霍甫水丝蚓，平均密度分别为7.04 ind./m²、3.89 ind./m²和2.22 ind./m²。详见表6.5-7。总体来看，南童子河底栖动物物种丰富度偏低。

表6.5-7　南童子河主要底栖动物优势种(属)密度及优势度

门类	种(属)	密度(ind./m²)	优势度
腹足纲	铜锈环棱螺	7.04	0.481
双壳纲	淡水壳菜	3.89	0.177
寡毛纲	霍甫水丝蚓	2.22	0.101

南童子河3个样点的底栖动物密度分别为8.89 ind./m²、10.56 ind./m²和24.44 ind./m²，平均值为14.63 ind./m²。在生物量方面，各样点总生物量分别为79.50 g/m²、13.44 g/m²和17.45 g/m²，均值为36.80 g/m²。详见图6.5-6。

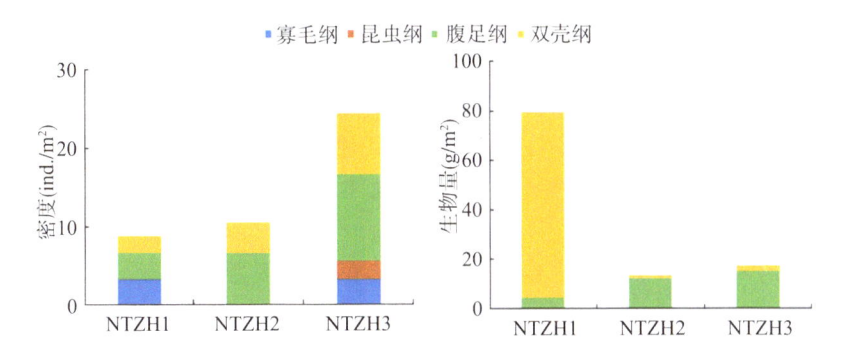

图6.5-6　南童子河各样点底栖动物密度及生物量组成

(2) 底栖动物多样性

南童子河底栖动物物种丰富度较低，各样点物种数均值仅为3.7种。Simpson指数和Pielou均匀度指数均值均不高，分别仅为0.61和0.88；Shannon-Wiener多样性指数均值也仅为 1.06。

3. 栖息地状况

(1) 生态用水满足程度

南童子河与大运河相连,其水位与大运河常州站相当,采用常州站生态水位来评价南童子河生态用水满足程度。评价期南童子河最低日平均水位为 3.25 m,高于常州站最低生态水位 2.87 m,因此南童子河生态用水满足程度为 100%。

(2) 水质优劣程度

南童子河水质监测指标浓度年平均值评价结果为Ⅳ类,定类水质指标为五日生化需氧量,年平均浓度为 4.3 mg/L。

(3) 河岸带植被覆盖度

老大运河至张家桥段:该河段总长度为 6.46 km,河道两岸景观优美,左岸植被覆盖度总体在 85%～90%,右岸植被覆盖度在 80%～85%,整体河岸带植被覆盖度在 80%～90%。常水位以下区域有金鱼藻、狐尾藻,水面漂浮着水葫芦、槐叶萍、水花生等植物;常水位以上有构树、柳树、樟树等植物。总体而言,该河段植被分布宽度较高,种类较多。

张家桥至南运河段:该河段总长度为 2.72 km,左岸植被覆盖度在 50%～80%,右岸植被覆盖度在 40%～75%,整体河岸带植被覆盖度在 60%左右。常水位以下区域有金鱼藻、槐叶萍等植物;局部变化水位区域有芦苇等植物;常水位以上有构树、樟树等植物。总体而言,该河段开发强度较高,西横林段岸坡多为硬质化,植被分布宽度一般,植被覆盖度较低。

总体而言,南童子河大部分河道两侧植被覆盖度较好,植被丰富,木本植物分布较多,但是水生植物较少。

(4) 岸线利用管理状况

南童子河已划定河道管理范围。

南童子河岸线总长度为 18.36 km,两岸部分河岸线被企事业单位、小区、民房等利用,岸线利用长度共计 1.54 km,岸线利用率为 8.39%,被利用岸线中(如西横林段)存在受损现象,被利用岸线完好率为 68.8%。

4. 生态健康状况

南童子河生态状况指数综合得分为 83.4,评价等级为"良"。

各指标得分如下:供水水量保证程度、水功能区水质达标率、生态用水满足程度得分均为 100 分;综合治理程度为 95 分,河岸带植被覆盖度为 87 分,防洪工程达标率为 84 分,岸线利用管理指数和管理(保护)范围划定率均为 80 分,水质优劣程度为 72.8 分,浮游植物多样性为 68.8 分,底栖动物多样性 61.2 分,着生藻类多样性为 53.8 分。

6.6 区域水生态状况分析

通过对各片区代表河(湖、库)服务功能、生物状况、栖息地状况和生态健康状况的分析评价,各片区服务功能、栖息地状况和生态健康状况差异不大。而生物状况中浮游植物和底栖动物多样性指数更能反映区域水生态实际状况,因此,进一步统计、分析、比较各片区浮游植物和底栖动物多样性指数。

浮游植物多样性指数越高,其群落结构越复杂,稳定性越大。浮游植物各片区Shannon-Wiener多样性指数均值大小依次为:运北沿江片(2.235)>城区片(2.19)>太滆片(2.16)>洮滆片(2.11)>西部上游片(1.735)。

底栖动物生物群落结构的复杂程度一般采用Shannon-Wiener多样性指数(H)对生物群落的多样性进行量度。详见表6.6-1。

表6.6-1 Shannon-Wiener多样性指数评价标准

Shannon-Wiener多样性指数(H)	$H=0$	$0<H<1$	$1\leqslant H\leqslant 3$	$H>3$
污染程度	严重污染	重污染	中污染	清洁

底栖动物各片区Shannon-Wiener多样性指数均值大小比较为:洮滆片(1.815)>城区片(1.355)>运北沿江片(1.24)>西部上游片(1.235)>太滆片(1.13),最大值为1.94,最小值为1.06,均处于1到3之间,按照评判标准,各片区水生态环境仍未达到清洁标准,尚处于中污染状态。

第七章

专题研究

7.1 沿江连续引水对区域水资源及水环境影响

魏村水利枢纽泵站于 2019 年 10 月 30 日—11 月 18 日开机调引水,澡港水利枢纽泵站于 2019 年 11 月 3—18 日开机调引水,采用调水期间跟踪监测资料,分析沿江连续引水对区域水资源及水环境的影响,分析污染物迁移变化规律。

7.1.1 沿江连续机引水水质状况

(1) 长江来水

沿江连续机泵引水期间,德胜河魏村水利枢纽和澡港河九号桥断面水质类别均介于Ⅱ~Ⅲ类。引水水质持续稳定达到或优于Ⅲ类水质。

(2) 苏南运河沿线境外来水

沿江连续机泵引水期间,苏南运河上游九里大桥丹阳来水中总磷指标 6 次出现Ⅳ类,采菱港入境口门采菱港桥氨氮指标 2 次出现Ⅳ类,其余时段以及其余来水口门德胜河连江桥、澡港河飞龙桥、武宜运河厚恕桥、南运河武宜河桥、武进港慈漯大桥水质始终稳定在Ⅲ类。

7.1.2 滆湖以西河流水质状况

中干河、北干河、湟里河、夏溪河在魏村水利枢纽和澡港水利枢纽连续机引长江水期间,河道基本无流量,因此滆湖以西河道污染物浓度变化主要受河道区间污染物汇入影响,沿江连续机引水对其水质变化无影响。

7.1.3 滆湖以东河流水质状况

（1）氨氮

从本底氨氮浓度分布来看，沿江连续机引水前，武宜运河沿线氨氮浓度较高，苏南运河下游出境断面氨氮浓度相对较低。武进区滆湖以东河流氨氮浓度总体呈西高东低分布。

沿江连续机引水第一天，仅魏村水利枢纽开机，氨氮污染物明显向苏南运河下游出境断面迁移，氨氮浓度增幅达239%；武宜运河沿线受上游清水汇入影响，氨氮污染物被稀释，浓度降幅达37.6%，本地氨氮污染物由太滆运河沿线及采菱港沿线向武进区腹部地区扩散。

随着持续引水，苏南运河下游出境断面氨氮浓度有所下降，至沿江连续机引水第四天澡港水利枢纽开机后，上游氨氮污染物再次向苏南运河下游出境断面迁移，沿江连续机引水第七天，遥观南枢纽开机排水，苏南运河下游出境断面氨氮浓度再次升高，但武进区腹部地区氨氮浓度有所下降，降幅为6.22%。

沿江连续机引水停机后，污染物迁移效应逐渐消失；至停机后第三天，滆湖以东河流氨氮浓度分布基本恢复到沿江连续机引水前分布状况。详见图7.1-1。

（2）高锰酸盐指数

沿江连续机引水前，武宜运河沿线高锰酸盐指数本底浓度较低，苏南运河下游出境断面以及太滆运河、漕桥河出境断面浓度相对较高。武进区滆湖以东河流高锰酸盐指数本底浓度总体呈东高西低分布。

沿江连续机引水第二天，武宜运河出境断面高锰酸盐指数浓度增幅为28.0%，武进港入太口门处高锰酸盐指数浓度增幅为31.0%。

至沿江连续机引水第四天澡港水利枢纽开机后，苏南运河出境断面高锰酸盐指数浓度显著升高，增幅达21.8%。沿江连续机引水第七天，遥观南枢纽开机排水，苏南运河下游出境断面高锰酸盐指数浓度下降，降幅达35.9%。

沿江连续机引水第十至第十五天，武宜运河沿线及武进区腹部地区河流高锰酸盐指数基本保持稳定。

沿江连续机引水停机后，武进腹部地区河流高锰酸盐指数浓度逐渐降低，至停机后第三天，滆湖以东河流高锰酸盐指数浓度分布恢复到沿江连续机引水前分布状况。详见图7.1-2。

（3）总磷

从本底总磷浓度分布来看，沿江连续机引水前，苏南运河出境断面、锡溧漕河东段沿线和武进港上游段沿线总磷浓度较高，苏南运河上游入境断面总磷浓度相对较低。武进区滆湖以东河流总磷浓度总体呈东高西低分布。

沿江连续机引水第一天，仅魏村水利枢纽开机，总磷污染物明显向武宜运河下

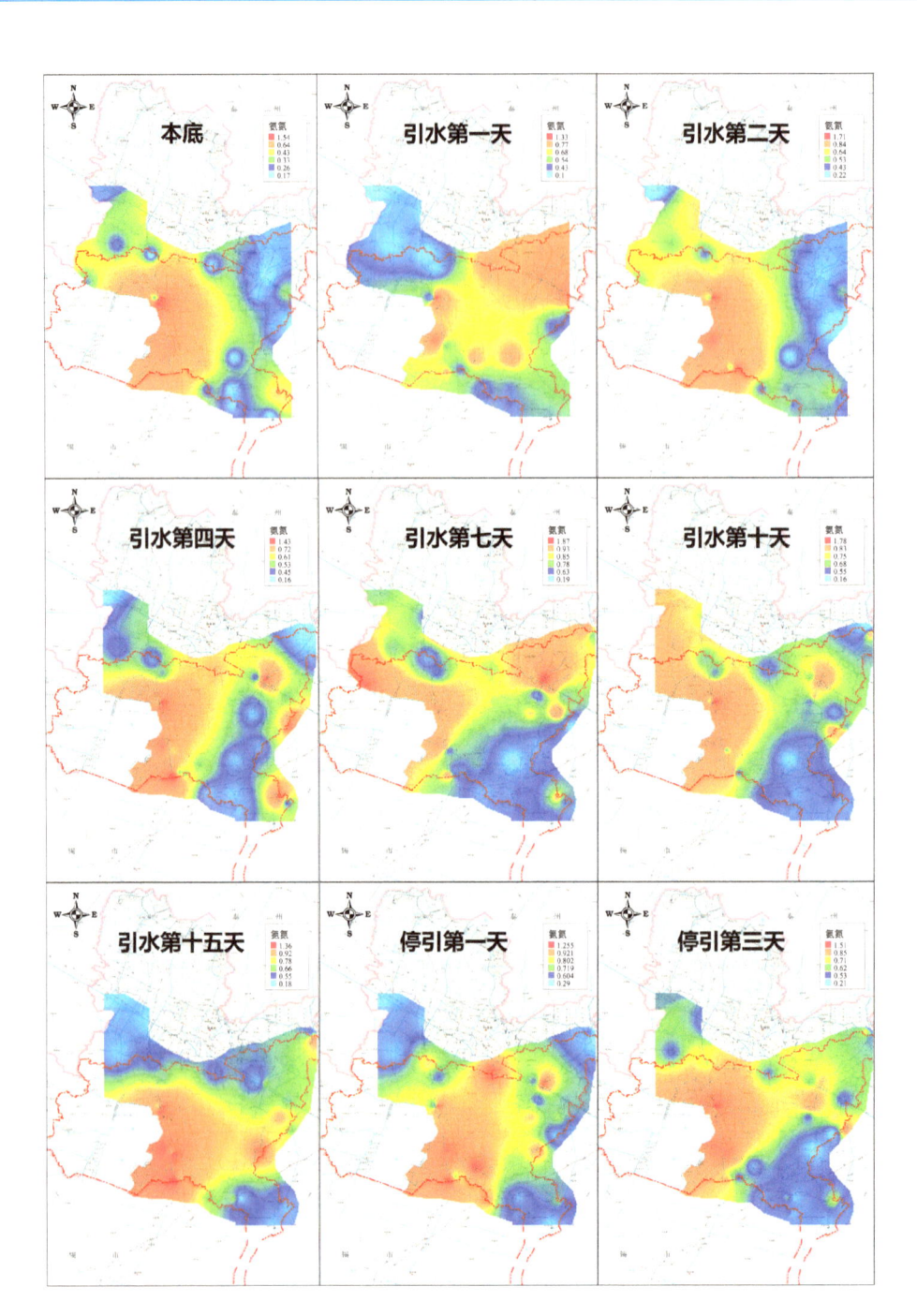

图 7.1-1　引水期间氨氮浓度空间变化示意图(单位:mg/L)

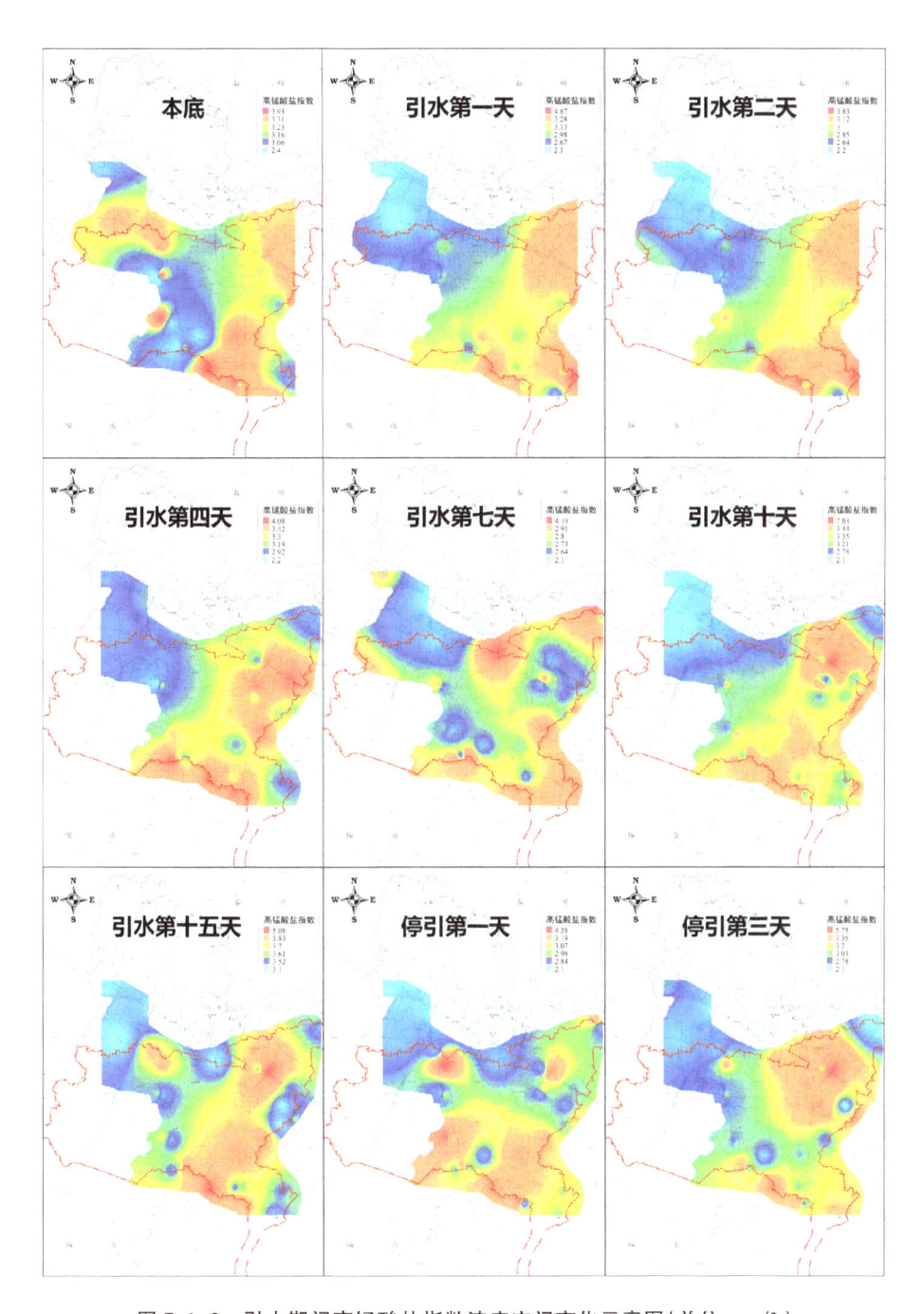

图 7.1-2　引水期间高锰酸盐指数浓度空间变化示意图(单位:mg/L)

游迁移,总磷浓度增幅达38.9%;苏南运河下游出境断面总磷浓度降低,降幅为34.0%。

至沿江连续机引水第四天澡港水利枢纽开机后,上游总磷污染物向苏南运河下游出境断面迁移,而武宜运河沿线总磷浓度因来水水质改善而降低。沿江连续机引水第七天,遥观南枢纽开机排水,武进腹部地区河流总磷浓度持续降低,而武进港上游断面总磷浓度上升,增幅达40.1%。

沿江连续机引水第十至第十五天,武进区武宜运河沿线及腹部地区河流总磷浓度变化受沿江连续机引水影响明显,沿太口门处总磷浓度显著下降。

沿江连续机引水停机后,滆湖以东河道总磷浓度分布无明显变化,基本与沿江连续机引水结束时总磷浓度分布状况一致。详见图7.1-3。

（4）总氮

从本底总氮浓度分布来看,沿江连续机引水前,武宜运河沿线总氮浓度较高,苏南运河下游出境断面及入太口门处总氮浓度相对较低。武进区滆湖以东河流总氮浓度明显呈西高东低分布。

沿江连续机引水第一天,仅魏村水利枢纽开机,总氮污染物明显向苏南运河下游出境断面迁移,总氮浓度增幅达12.9%;武宜运河沿线受上游清水汇入影响,总氮污染物被稀释,浓度降幅达7.3%,但总氮污染物由太滆运河沿线及采菱港沿线向武进区腹部地区扩散。

随着持续引水,苏南运河下游出境断面总氮浓度又有所下降,至沿江连续机引水第四天澡港水利枢纽开机后,上游总氮污染物再次向苏南运河下游出境断面迁移,而武宜运河沿线总氮浓度变化主要受上游来水影响。沿江连续机引水第七天,遥观南枢纽开机排水,苏南运河下游出境断面总氮浓度进一步升高,但武进区腹部地区总氮浓度有所下降,降幅达2.0%。

沿江连续机引水第十至第十五天,武宜运河沿线及武进区腹部地区河流总氮受上游沿江连续机引水氨氮污染物迁移的影响明显。

沿江连续机引水停机后第三天,滆湖以东河流总氮浓度分布基本变回沿江连续机引水前分布状况。详见图7.1-4。

（5）小结

魏村水利枢纽和澡港水利枢纽连续机引长江水对滆湖以西河道水质无影响。

魏村水利枢纽和澡港水利枢纽连续机引长江水促使河网原有污染物向东、向南迁移。其中魏村水利枢纽连续机引长江水主要影响武宜运河沿线水域,澡港河水枢纽连续机引长江水主要影响苏南运河出境段沿线水域。

长江常州段沿江口门连续引水水质符合或优于Ⅲ类标准;沿江口门连续引水在一定程度上改善了运南滆东河网水质,原水体所含污染物得到稀释并向东、东南迁移出境,持续引水第十至第十五天,入太口门水质得到改善。

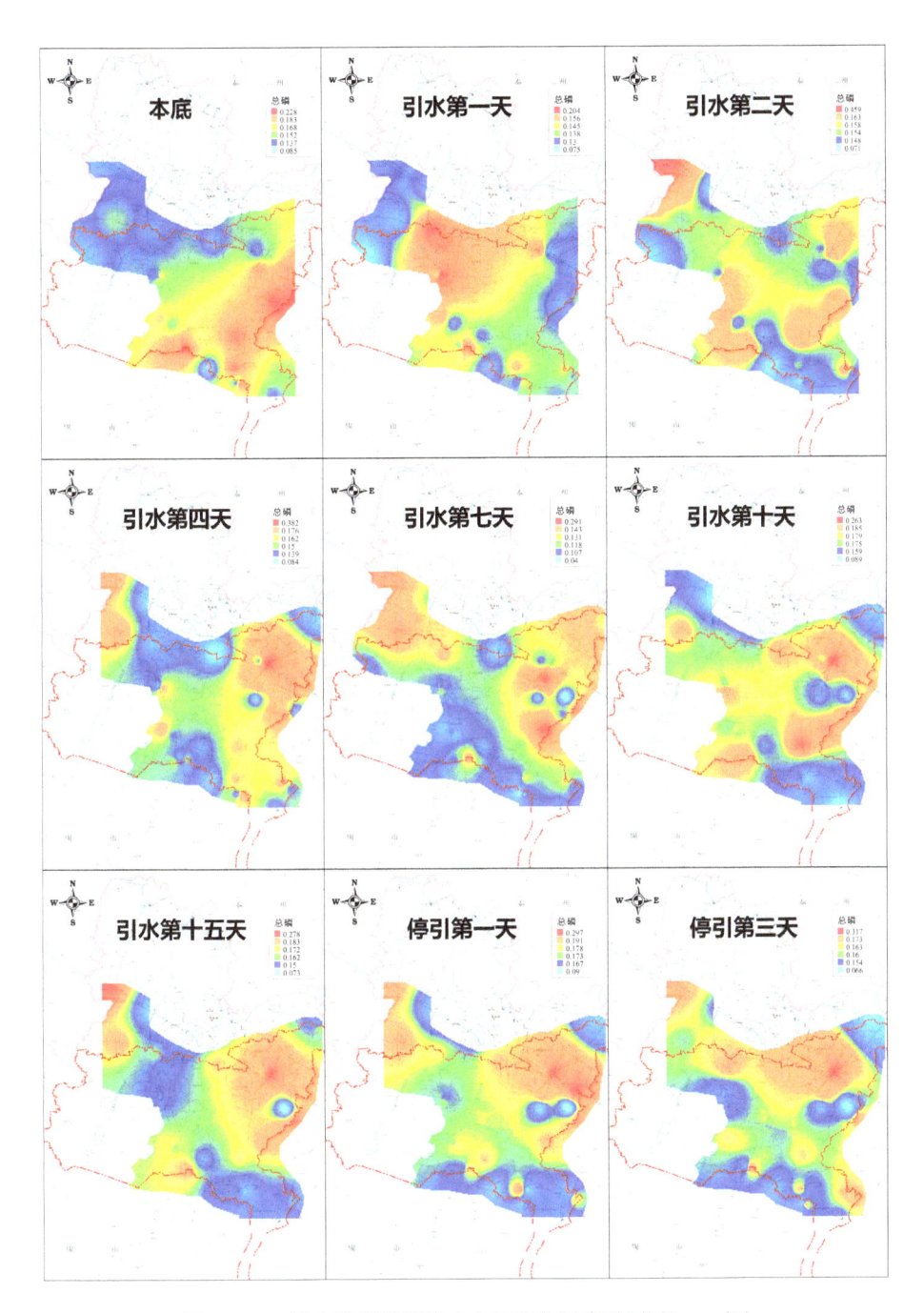

图 7.1-3 引水期间总磷浓度空间变化示意图（单位：mg/L）

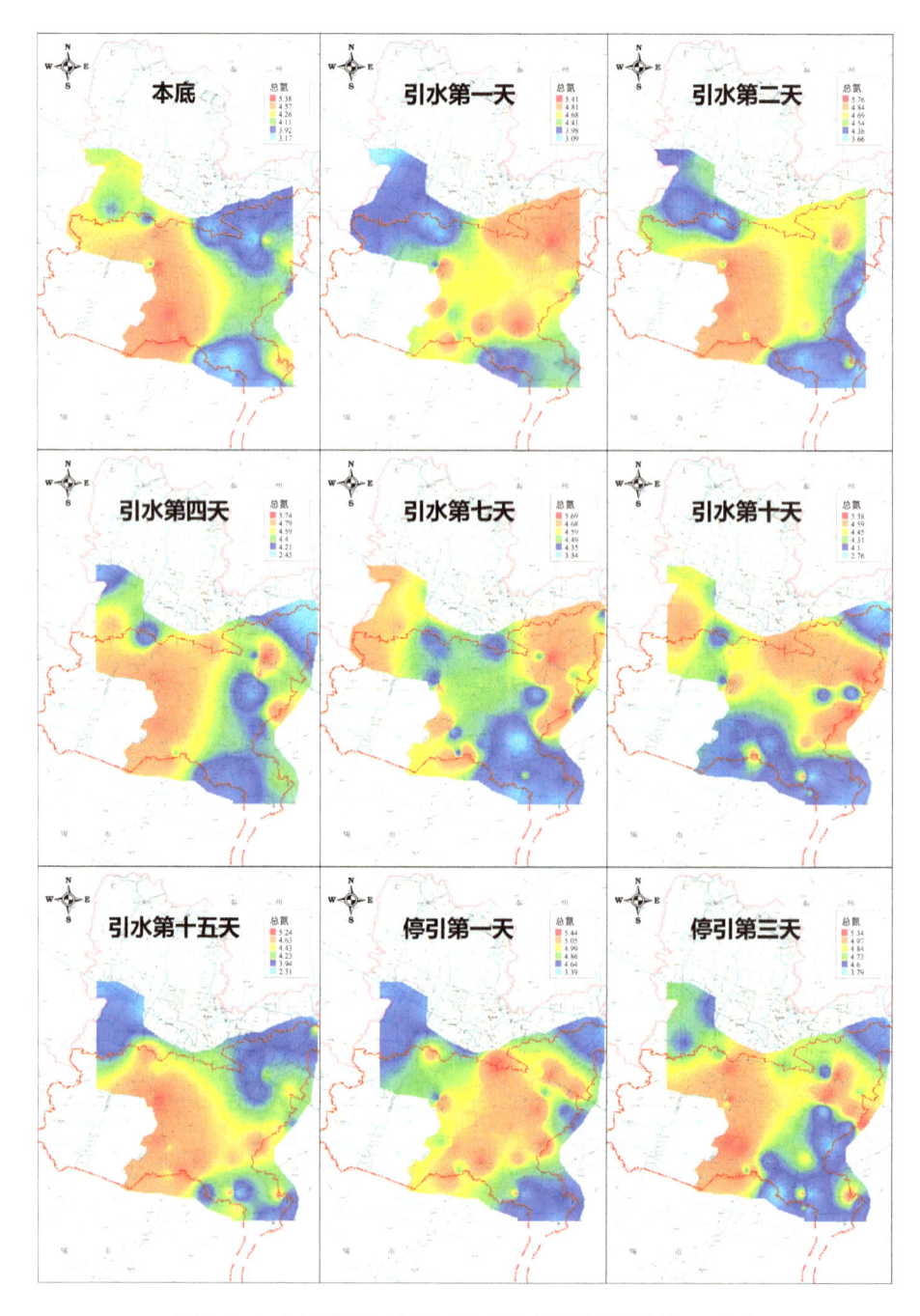

图 7.1-4 引水期间总氮浓度空间变化示意图(单位:mg/L)

7.2 典型城市强降雨主要污染物迁移

2019年第9号台风"利奇马"(超强台风级)于8月10日1时45分前后在浙江省温岭市登陆,登陆时中心附近最大风力达16级(52 m/s)。受其影响,8月10日起常州市普降暴雨,常州市防汛抗旱指挥部(以下简称市防指)于8月10—12日启用运北片城市防洪大包围工程。

7.2.1 强降雨过程

常州市自8月10日凌晨起普降暴雨到大暴雨,至8月11日8时,全市累计面平均雨量为131.8 mm,其中,常州市区130.2 mm、金坛区139.0 mm、溧阳市129.1 mm。全市降雨量在100 mm以上的笼罩面积为4 283 km²,占全市总面积的98%。

上游镇江地区累计面雨量105.0 mm,下游无锡地区累计面雨量148.4 mm。

常州市主要代表站累计雨量分别为:常州站145.0 mm、金坛站132.0 mm、溧阳站118.0 mm,最大点为金坛区新浮山水库站的189.0 mm。详见图7.2-1。

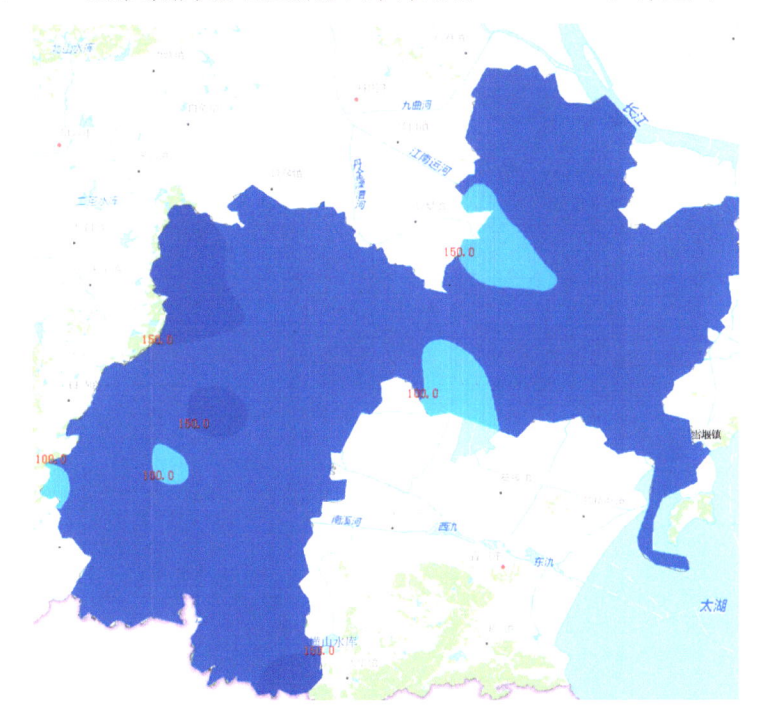

图 7.2-1 常州市 2019 年 8 月 9 日 8 时—11 日 8 时雨量等值面图(单位:mm)

7.2.2 河湖水位过程

2019年台风期间,受强降水影响,从8月10日上午开始,常州市江、河、湖、库水位出现了一次明显的上涨过程,最大涨幅为0.44~1.13 m。

自8月10日19时20分起,大运河常州站开始超警戒水位,江苏省水文水资源勘测局常州分局于10日19时20分发布大运河洪水蓝色预警,市防指随即调度启用运北片城市防洪大包围工程,10日18时至11日14时,大包围工程累计排涝192.53台时,累计排涝561.45万 m³。11日6时,大运河常州水位涨至最高4.58 m(超警戒0.28 m),随后呈缓慢下降趋势;老运河三堡街站10日19时10分出现最高水位4.43 m(超警戒0.13 m),大包围工程运行后,水位迅速回落,20时退至警戒水位,11日8时水位为4.05 m(低于警戒水位0.25 m),呈缓慢下降趋势。详见表7.2-1。

至11日8时,大运河上游丹阳站水位涨至4.97 m,下游大运河洛社站水位达4.41 m(超警戒0.41 m),无锡站水位为4.45 m(超警戒0.55 m)。

受台风影响,沿江小河新闸站最高潮位为5.40 m(11日0时45分)、最低潮位为4.36 m(10日8时50分)。

表7.2-1 常州市主要江、河、湖、库代表站台风期水情统计表　　　单位:m

河名	站名	9日8时	10日8时	11日8时	12日8时	过程最高水位(出现时间)	警戒水位	超警戒水位
大运河	常州	3.68	3.78	4.56	4.10	4.58(11日6:00)	4.30	0.28
老运河	三堡街	3.69	3.79	4.05	3.84	4.43(10日19:10)	4.30	0.13
丹金溧漕河	金坛	3.67	3.74	4.71	4.41	4.76(11日10:10)	5.00	−0.24
宜溧漕河	溧阳	3.60	3.78	4.39	4.20	4.40(11日8:10)	4.50	−0.10
滆湖	坊前	3.63	3.55	4.08	4.14	4.18(11日12:55)	4.10	0.08
洮湖	王母观	3.63	3.70	4.53	4.33	4.58(11日10:35)	4.60	−0.02
沙河水库	沙河水库	20.25	20.29	20.65	20.78	20.93(13日20:35)	21.00	−0.07
大溪水库	大溪水库	11.51	11.53	11.73	11.75	11.75(11日13:50)	12.00	−0.25
太湖	百渎口	3.42	3.49	3.76	3.75	3.83(13日23:40)	3.80	0.03

注:表中除大溪水库水位为黄海基面,其他水位均为吴淞基面。

7.2.3 水污染物浓度变化及空间分布

本底数据采用8月7日监测资料,暴雨后数据采用8月20日监测资料,分析暴雨后典型城市河网水污染物浓度变化及其空间分布。8月7—21日常州代表站水位雨量过程见图7.2-2、图7.2-3。

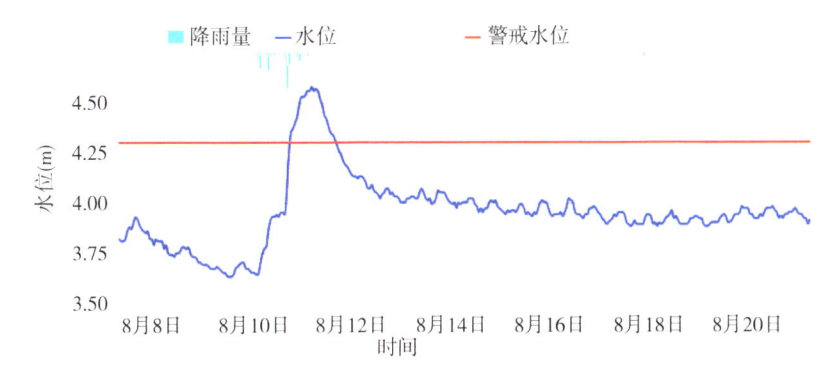

图7.2-2　8月7—21日大运河常州站水位雨量过程图

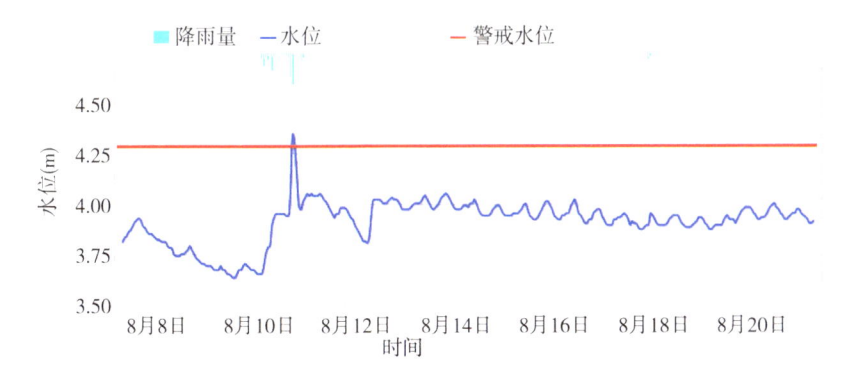

图7.2-3　8月7—21日老运河三堡街站水位雨量过程图

由图7.2-4至图7.2-7可以看出，暴雨后，河网水体污染物浓度均有所上升，其中苏南运河下游出境断面氨氮浓度增幅为35.6%，高锰酸盐指数浓度增幅为17.9%，总磷浓度增幅为7.2%，总氮浓度增幅为24.2%；武宜运河出境断面氨氮浓度增幅为73.3%，高锰酸盐指数浓度增幅为9.5%，总磷浓度增幅为35.4%，总氮浓度增幅为29.8%；锡溧漕河出境断面氨氮浓度增幅为230%，高锰酸盐指数浓度增幅为9.1%，总磷浓度增幅为107%，总氮浓度增幅为26.9%；百渎港入湖口门氨氮浓度增幅为122%，高锰酸盐指数浓度增幅为13.9%，总磷浓度增幅为87.5%，总氮浓度增幅为39.9%。

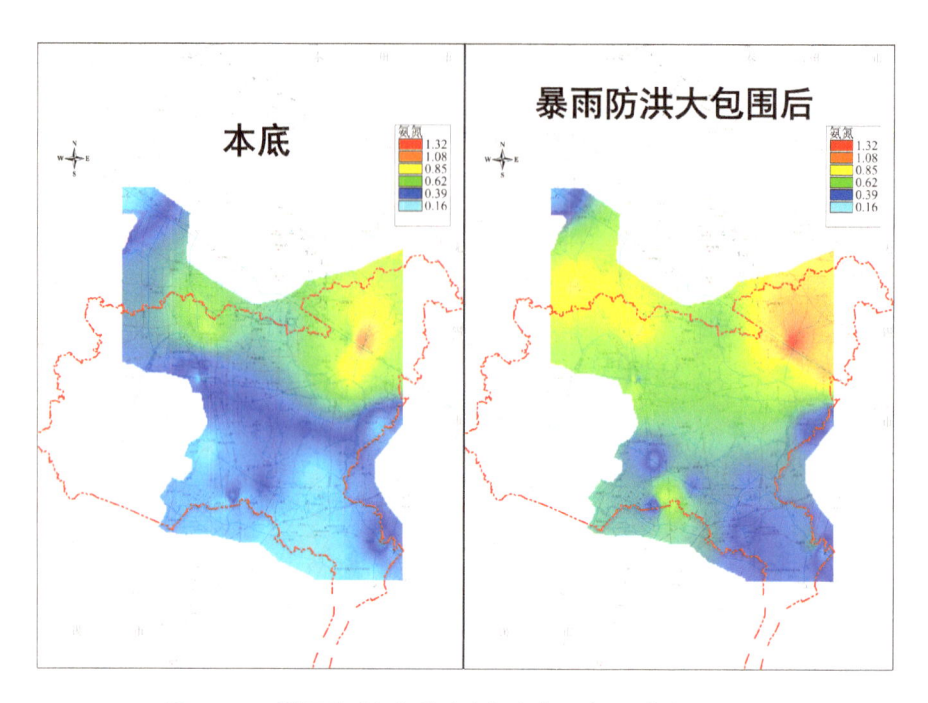

图 7.2-4 暴雨前后氨氮浓度空间变化示意图(单位:mg/L)

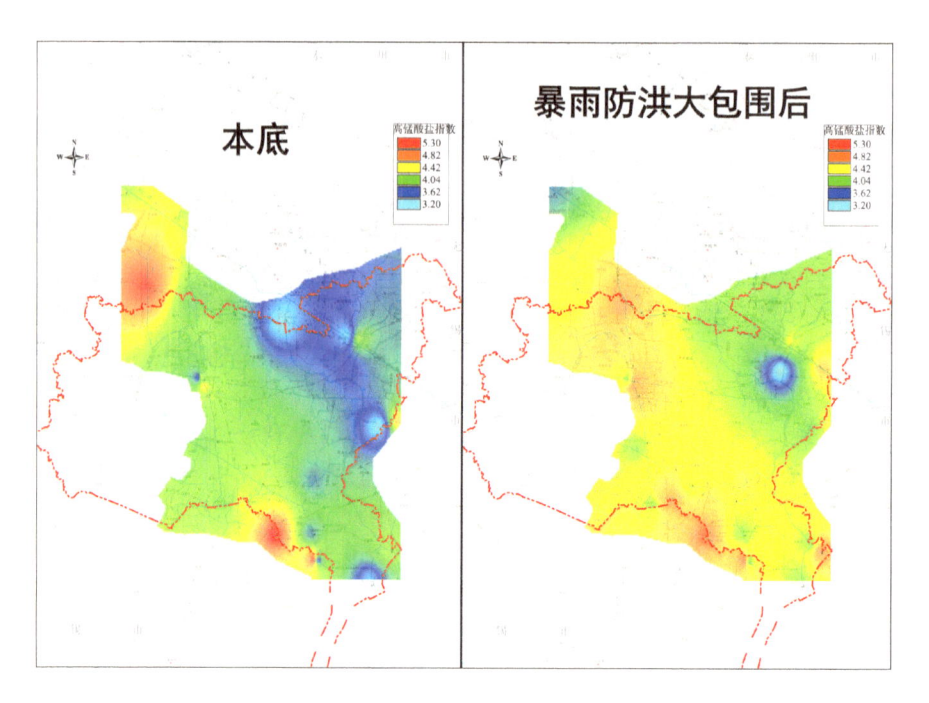

图 7.2-5 暴雨前后高锰酸盐指数浓度空间变化示意图(单位:mg/L)

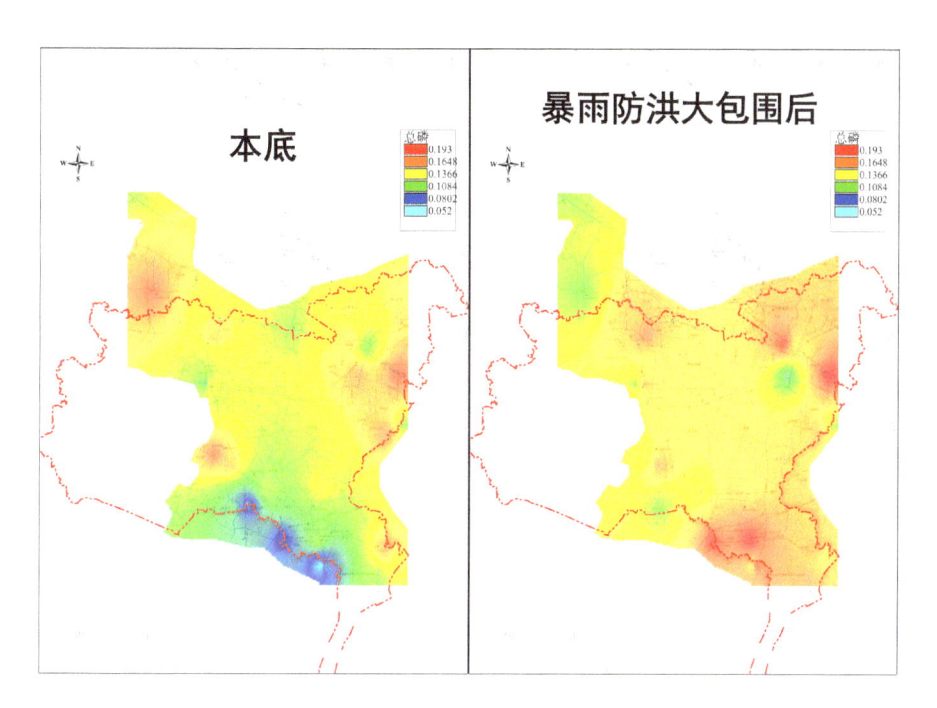

图 7.2-6 暴雨前后总磷浓度空间变化示意图(单位:mg/L)

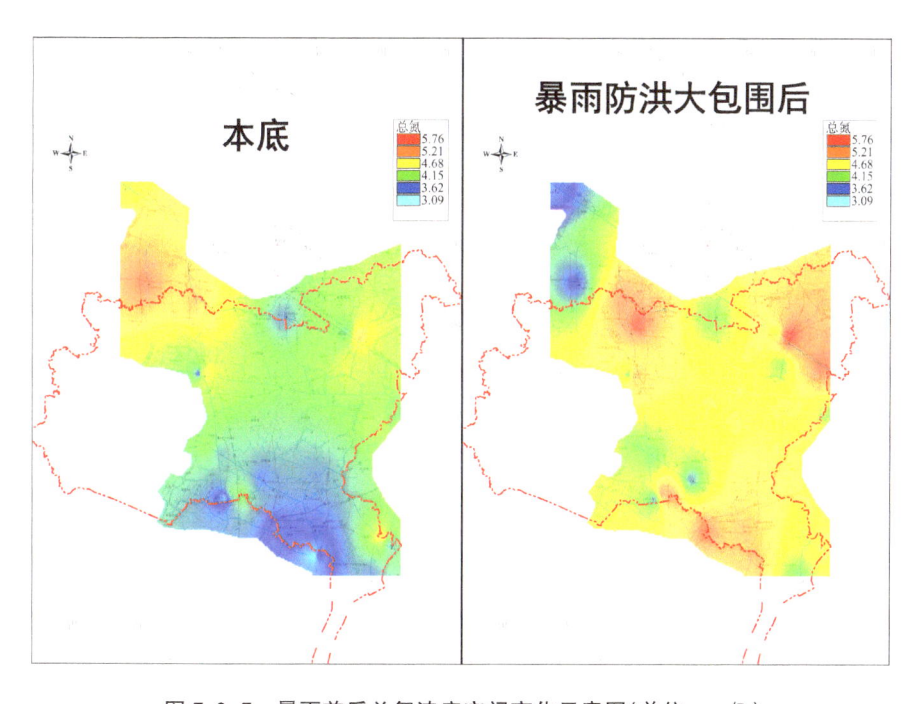

图 7.2-7 暴雨前后总氮浓度空间变化示意图(单位:mg/L)

参考文献

[1] 查慧铭,朱梦圆,朱广伟,等.太湖出入湖河道与湖体水质季节差异分析[J].环境科学,2018,39(3):1102-1112.

[2] 孔景.太湖东部湖区水生植物和水环境特征及相关性分析[D].南京:南京林业大学,2022.

[3] 李青云,汤显强,林莉.长江科学院流域水环境与水生态研究进展及展望[J].长江科学院学报,2021,38(10):48-53,59.

[4] 陆志华,韦婷婷,王元元,等.太湖流域水生态环境保护现状、存在问题及面临形势分析[C]//中国水利学会2021学术年会论文集第一分册.郑州:黄河水利出版社,2021.

[5] 罗敏纳.太湖流域浮游植物功能类群分布特征及水质生物学评价[D].哈尔滨:哈尔滨师范大学,2022.

[6] 吕文,杨惠,杨金艳,等.环太湖江苏段入湖河道污染物通量与湖区水质的响应关系[J].湖泊科学,2020,32(5):1454-1462.

[7] 田凯达.城市河道水文情势及水环境修复效果模拟研究——以巢湖流域十五里河为例[D].合肥:合肥工业大学,2018.

[8] 万晓凌,马倩,董家根,等.江苏省入太湖河道污染物分析[J].水资源保护,2012,28(3):38-41.

[9] 王倩,吴亚东,丁庆玲,等.西太湖入湖河流水系污染时空分异特征及解析[J].中国环境科学,2017,37(7):2699-2707.

[10] 王业耀,阴琨,杨琦,等.河流水生态环境质量评价方法研究与应用进展[J].中国环境监测,2014,30(4):1-9.

[11] 王峥,朱洪涛,孙德智.长江干流江苏段及环太湖区域典型城市水生态环境问题解析及控制对策[J].环境工程技术学报,2022,12(4):1064-1074.

[12] 王峥,曾令武,张妍妍,等.长江中下游城市水生态环境综合整治对策与路线图研究[J].环境工程,2022:1-13.

[13] 杨素,万荣荣,李冰.太湖流域水文连通性:现状、研究进展与未来挑战[J].湖泊科学,2022,34(4):1055-1074.

[14] 杨珏婕,李广贺,张芳,等.城市河道生态环境质量评价方法研究[J].环境保护科学,2022,48(6):81-85,115.

[15] 朱金格,刘鑫,邓建才,等.太湖西部环湖河道污染物输移速率变化特征[J].湖泊科学,2018,30(6):1509-1517.

[16] 朱伟,程林,薛宗璞,等.太湖水体交换周期变化(1986—2018年)及对水质空间格局的影响[J].湖泊科学,2021,33(4):1087-1099.

[17] 曾令武,王峥,朱洪涛,等.长江流域赣皖区域城市水生态环境特征解析及整治对策[J].环境工程技术学报,2023,13(1):36-46.

[18] 秦伯强,胡维平,陈伟民,等.太湖水环境演化过程与机理[M].北京:科学出版社,2004.

[19] 水利部太湖流域管理局,《太湖志》编纂委员会.太湖志[M].北京:中国水利水电出版社,2018.

[20] 杨金艳,王雪松,沈顺中,等.环太湖出入湖河道污染物通量[M].南京:河海大学出版社,2019.

[21] 朱永华,韩青,戴晶晶,等.太湖流域与水相关的生态环境承载力研究[M].北京:科学出版社,2020.

[22] 江苏省水利厅.生态河湖状况评价规范:DB32/T 3674—2019[S].北京:中国标准出版社,2019.